工业清洁生产培训系列教材

钢铁行业清洁生产培训教材

环境保护部清洁生产中心
冶金清洁生产技术中心　编著

北京
冶金工业出版社
2012

内 容 提 要

本书是环境保护部清洁生产中心和冶金清洁生产技术中心组织钢铁行业以及清洁生产领域的知名专家共同编写而成。本书紧密结合钢铁行业的现状和特色，系统介绍了钢铁行业清洁生产发展历程、现状及发展规划，清洁生产审核具体操作方法和案例等。最后在附录中介绍了钢铁行业清洁生产有关的相关法律法规和文件。

本书可用于钢铁企业在开展清洁生产审核过程中的相关培训指导，也可作为政府职能部门人员、行业主管部门人员、钢铁企业员工、清洁生产审核中介机构从业人员学习参考。

图书在版编目(CIP)数据

钢铁行业清洁生产培训教材/环境保护部清洁生产中心，冶金清洁生产技术中心编著．—北京：冶金工业出版社，2012.5

工业清洁生产培训系列教材

ISBN 978-7-5024-5924-6

Ⅰ.①钢… Ⅱ.①环… ②冶… Ⅲ.①钢铁工业—无污染技术—技术培训—教材 Ⅳ.①TF4

中国版本图书馆 CIP 数据核字(2012)第 084958 号

出 版 人　曹胜利
地　　址　北京北河沿大街嵩祝院北巷 39 号，邮编 100009
电　　话　(010)64027926　电子信箱　yjcbs@cnmip.com.cn
责任编辑　李　雪　卢　敏　美术编辑　彭子赫　版式设计　葛新霞
责任校对　卿文春　责任印制　张祺鑫
ISBN 978-7-5024-5924-6
北京慧美印刷有限公司印刷；冶金工业出版社出版发行；各地新华书店经销
2012 年 5 月第 1 版，2012 年 5 月第 1 次印刷
169mm×239mm；16.5 印张；342 千字；249 页
45.00 元

冶金工业出版社投稿电话：(010)64027932　投稿信箱：tougao@cnmip.com.cn
冶金工业出版社发行部　电话：(010)64044283　传真：(010)64027893
冶金书店　地址：北京东四西大街 46 号(100010)　电话：(010)65289081(兼传真)
(本书如有印装质量问题，本社发行部负责退换)

《工业清洁生产培训系列教材》
编辑委员会

主　任　柴发合

副主任　杨晓东　于秀玲　程言君　周献慧

委　员　柴发合　杨晓东　于秀玲　程言君　周献慧

尹　洁　刘志鹏　闫润生　张岩男

《钢铁行业清洁生产培训教材》
编写委员会

主　　编　刘志鹏　尹　洁　张六零

编写人员　宋丹娜　吕爱玲　郭　磊　王　笑　周　奇

姚治华　杨宝玉　白艳英　吴　昊　李旭华

序

改革开放以来，我国国民经济取得了巨大发展，工业规模迅速扩大，综合实力不断增强。但总体上看，工业发展方式仍然以粗放型、外延式为主，主要依靠投资和物质资源消耗拉动，资源能源消耗高、污染排放重、产出效率低、产业结构不合理等矛盾和问题仍然比较突出。

当前，我国还处在工业化中期，全面建设小康社会、消除贫困和城乡差别，加快工业化、城镇化进程是一项长期的重大战略任务。面对短缺的资源、巨大的环境压力以及应对气候变化的需要，粗放型发展模式已不能满足当前发展要求。

清洁生产从理念提出到实践探索，都具有先进性和根本性。首先，清洁生产是资源的有效利用。清洁生产以节约资源能源，提高资源能源利用效率和尽可能减少污染物产生为目标，符合环境保护和资源节约的趋势，符合我国可持续发展战略，体现了科学发展观的要求。其次，清洁生产强调预防和源头控制，追求的是尽可能少消耗、尽可能减少污染物的产生或零排放，是从根本上控制能耗、物耗和污染物产生的措施，这一措施带有根本性。如果说末端治理是治标，以治病为主，清洁生产则是治本，重在强体健身，是从源头上治理。第三，清洁生产贯穿工业生产全过程，从研发设计、生产过程控制、回收利用、企业管理以及产品服务等各个环节，都要体现节能、降耗、绿色、环保要求。这对提升企业技术水平，提高产品质量和档次，改进企业管理都具有重要的推动作用。

工业是资源消耗和污染物排放的重点领域。2010 年，工业领域能源消耗占全社会 70% 以上，化学需氧量（COD）、二氧化硫（SO_2）、氨氮排放量分别占 35.1%、85.3% 和 22.7%。我国工业目前还属于高消耗、高排放、综合利用率低的粗放发展模式。“十二五”时期是全面建设小康社会，深入贯彻落实科学发展观，转变经济发展方式，建设资源节约型、环境友好型社会的关键时期。加快推进工业清洁生产，减少资源能源消耗、降低污染物排放、提高资源综合利用率是转变工业发展方式的一项紧迫任务，也是走新型工业化道路的必然选择。

为进一步有效推动工业清洁生产工作，使企业的管理者和技术人员，特别是高层管理者了解清洁生产，认识到清洁生产对于企业节约成本、提高产品竞争力、树立良好的环境保护形象的重要作用，环境保护部清洁生产中心和有关行业协会及行业清洁生产中心，在总结以往工作实践经验的基础上，对行业清洁生产政策、相关法律法规进行了深入研究，从规范行业清洁生产审核的具体操作的角度，编写了《工业清洁生产培训系列教材》丛书。主要目的是：普及清洁生产知识、提高工业企业的清洁生产意识；为在工业领域推行清洁生产，开展清洁生产培训提供有针对性的教材和必要的支持；指导企业正确制定和实施清洁生产方案，提高企业实施清洁生产的水平。

做好新时期清洁生产工作，是贯彻落实党中央、国务院科学发展观重要思想的切入点和抓手，是建设两型企业，走新型工业化道路和环保新道路的共同要求，是转变工业发展方式和经济增长方式的根本途径，也是“十二五”乃至今后一个时期我国环境保护的重要工作任务之一。我们相信，《工业清洁生产培训系列教材》丛书的出版发行，将会对广大从事清洁生产工作者和企业带来方便和帮助，使清洁生产成为千万家企业的自觉行动。

2012 年 2 月

前　言

钢铁工业是国民经济发展的支撑产业，钢铁产品是现代工业中应用最广、发展最快的金属材料，是建筑、汽车、铁路、机械制造、航运、电器、电力等工业不可缺少的材料。

2011 年全球粗钢产量为 15.27 亿吨，而我国粗钢产量达到 6.83 亿吨，占全球总产量的 44.7%。钢铁工业是资源密集型产业，其特点是产业规模大、生产工艺流程长，包括采矿、选矿、烧结（球团）、焦化、炼铁、炼钢、轧钢、金属制品及辅料等生产工序。当前，我国重点统计钢铁企业烧结、炼铁、炼钢等工序能耗与国际先进水平相比还有一定差距，二次能源回收利用效率有待进一步提高，成熟的节能减排技术有待进一步系统优化。另外，钢铁工业也是高污染、高能耗、资源消耗型产业，其污染物排放量大、电耗高，并需消耗大量的矿产资源、水资源等。由于清洁生产技术的研究和推广还不尽如人意，绿色低碳工艺技术开发还处于起步阶段，因此钢铁行业的清洁生产还有较大潜力。

为了进一步推动钢铁行业的清洁生产工作，帮助更多钢铁行业的企业开展清洁生产工作，环境保护部清洁生产中心与冶金清洁生产技术中心组织有关钢铁行业专家以及清洁生产方法学专家共同编写了这本《钢铁行业清洁生产培训教材》。该教材较为系统地介绍了清洁生产的起源、意义、发展历程，国家的有关法律、法规、标准和政策，并紧密结合了国内钢铁行业的现状、行业特点、行业发展规划，行业相关法律法规等，较为系统地介绍了钢铁行业清洁生产审核的具体操作方法和案例。

本教材中第 1 章、第 4 章及第 5 章由环境保护部清洁生产中心编写，第2章、第3章及附录由冶金清洁生产技术中心编写。本教材在编写过程中，得到了许多企业和专家的支持和帮助，对此深表感谢。

本教材不仅对咨询机构清洁生产审核人员，而且对钢铁行业从业人员开展清洁生产及审核工作均具有较好的指导意义，同时对相关主管部门的工作人员，以及有关大专院校的学生也有很大的参考价值。

由于编者水平有限，加之钢铁行业生产工序繁多、工艺流程复杂，不妥之处望批评指正，以便我们不断修改和完善。

《钢铁行业清洁生产培训教材》编写委员会

2012年2月

目　　录

1 清洁生产概述

1.1 清洁生产的起源、概念及其内涵

1.1.1 清洁生产的起源——工业污染防治的新阶段

清洁生产作为创新性的环境保护理念与战略，它摈弃了传统环境管理模式的"先污染后治理"，逐渐由末端治理向全过程控制的源削减转变。清洁生产使原有的被动、事后、补救、消极的环保战略转变为主动、事前、预防、积极的环保战略。纵观工业污染防治的发展历程，清洁生产的起源与其有着密不可分的关联。

工业发展之路伴随着对地球资源的过度消耗和对环境的严重污染。自 18 世纪中叶工业革命以来，传统的工业化道路主宰了发达国家几百年的工业化进程，它使社会生产力获得了极大的发展，创造了前所未有的巨大物质财富，但是也付出了过量消耗资源和牺牲生态环境的惨重代价。

1.1.1.1 工业污染自由排放阶段

在工业化最初阶段，由于人类对工业化大生产对于资源消耗和环境污染这样的负面作用没有任何认识，企业直接将工业生产中非产品部分即污染物任意排放到环境中，让自然界通过大气、水、土壤等的扩散、稀释、氧化还原、生物降解等的作用，将污染物质的浓度和毒性自然降低，从而实现环境自净。这也就是工业化初期污染物的"自由排放"阶段。此时企业对工业污染没有进行任何有意识的控制措施，而这种状态一直持续了上百年。

然而工业界长期采取自由排放污染物的行为使得污染物排放量超过了自然界的容量和自净能力。尤其在第二次世界大战以后，全球经济进入快速发展阶段，全球性的环境污染问题与地区性的环境"公害"事件开始频繁出现，并且大规模暴发。20 世纪 30 年代至 60 年代，在发达国家暴发了著名的"八大公害"事件，即比利时的马斯河谷事件、美国的多诺拉事件和洛杉矶光化学烟雾事件、英国的伦敦烟雾事件，以及日本的四日市哮喘事件、水俣病事件、骨痛病事件和米糠油事件。这些公害事件大都与当地工业企业排放的污染有着直接联系。以 1930 年 12 月发生在比利时的马斯河谷事件和 1952 年至 1955 年发生在日本的水俣病事件为例，前者是典型的大气污染事件而后者则是典型的水污染事件。

在比利时的马斯河谷事件中，由于马斯河谷工业区处于狭窄的盆地中，且谷

地中工厂集中，烟尘量大，适逢当年12月发生气温逆转，工厂排出的有害气体在近地层积累，不易扩散。烟气中的有害气体如SO_2、SO_3和金属氧化物颗粒进入人体肺部，导致数千人中毒，一周内有60多人死亡，许多家畜也纷纷死去，这是20世纪最早记录下的大气污染事件。

而日本的水俣病事件，则是由于水俣镇附近的一家工厂在生产氯乙烯和醋酸乙烯时采用氯化汞和硫酸汞催化剂，并向周边水域排放含有甲基汞的工业废水，污染水体，甲基汞进入水体后使鱼和贝类富含甲基汞，人和猫食用了这些鱼和贝类就患上极为痛苦的汞中毒病。这种病被称作水俣病。据日本环境厅1972年公布，日本前后三次发生水俣病，患者计900人，受威胁者达2万人，其中60人死亡。

工业化发达国家暴发的这一系列举世震惊的环境公害事件，以血淋淋的事实向人们敲响了警钟：工业化进程所带来的环境污染已经开始直接威胁到了人类生命健康与社会经济的持续发展。于是，在20世纪四五十年代，人们开始从沉痛的代价中觉醒，西方工业国家开始关注环境问题，并进行了大规模的环境治理，环境保护历程也由此拉开序幕。工业化国家的污染防治先后经历了“稀释排放”、“末端治理”、“现场回用”直至“清洁生产”的发展历程，见图1－1。

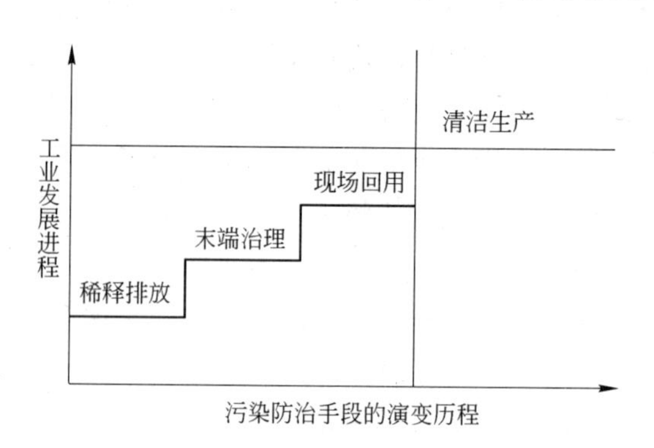

图1－1 污染防治手段随工业发展的演变历程

1.1.1.2 工业污染防治第一阶段：稀释排放阶段

工业化进程中最初的污染防治手段是稀释排放。20世纪三四十年代开始，随着各类环境事件在工业化国家中的频繁发生，人们开始寻求解决环境污染的手段与途径。由于当时尚未搞清这些环境事件产生的根本原因和污染机理，所以一般只是采取限制措施以及稀释排放的方式。如伦敦发生烟雾事件后，英国制定了法律，限制燃料使用量和污染物排放时间。同时由于已经意识到大自然在一定时间内对污染物的吸收能力是有限的，各国开始根据环境的承载能力计算一次性污染排放限额，并颁布各类环境标准，对工厂排放的污染物进行监测、控制。为了降低排污口浓度，达到这些限制性标准，工业企业采用的对策是先对产生的污染进行人为“稀释”，然后再直接排放到环境中，由此解决污染问题，这种做法被称为“稀释排放”。这种初期的污染控制手段无疑是消极的环境战略。

1.1.1.3 工业污染防治第二阶段：末端治理阶段

随着工业的继续大规模快速发展，人们很快发现单纯的限制性措施和稀释排放的环境治理手段，根本无法遏制工业发展带给全球环境的污染问题，因为这些污染物最终仍要自然界来消纳。对于整个自然环境而言，不但没有稀释反而持续增加了污染物在环境中的总体浓度和数量，从而导致环境污染事件依然频繁发生，环境质量持续恶化。

于是，从20世纪60年代开始，各国主要是发达国家开始采取了大量措施控制工业企业所产生的污染。由于这些措施是通过各种方式和手段对生产过程中已经产生的废物进行处理，控制措施位于企业生产环节的最末端，因此称为“末端治理”。当时，各国开始通过立法、行政管理、开发和应用治理技术等基于末端治理的控制手段和理念来解决污染问题。各发达国家相继成立环境保护专门机构。在法律措施上，颁布了一系列环境保护的法规和标准，加强环境保护的法制建设。在经济措施上，采取给工厂企业补助资金的方式，帮助工厂企业建设净化设施，这类末端治理设施和技术如过滤器和净化装置在当时还曾被称为“清洁技术”。同时，通过征收排污费或实行“谁污染、谁治理”的原则，解决环境污染的治理费用问题。

以“末端治理”为主的环境保护战略在其出现后的30多年里长期主导着各国的工业污染防治工作。在这个阶段，各国投入了大量资金，并且研发了大量末端治理技术。与稀释排放相比，末端治理是一大进步，不仅有助于消除污染事件，也在一定程度上减缓了生产活动对环境的污染和破坏程度。但所采取的末端治理措施，由于只是对已经产生的废弃物进行被动处理，以降低其对外环境的污染与影响，虽在一定时期内或在局部地区起到一定的作用，但从根本上来说是末端治理依然是被动的环境保护战略，并未从根本上解决工业污染问题。

随着工业化进程的不断深入，末端治理的弊端也逐步体现出来，主要表现在以下几个方面：

（1）与企业生产过程相脱节。末端治理设施与企业原本的生产过程相割裂，并不是企业为了实现其生产出最终产品这一目的而必备的生产过程之一，而是为了解决环境污染问题而附加的处理设施。对于企业，这种末端治理设施的配备更多是基于环境管理要求和企业社会责任，而不是出于企业创造生产价值、获得经济收益的初衷。因此，在环境监管不到位、企业社会责任意识淡薄的情况下，企业必然视之为额外的负担。

（2）高额的投资与运行费用。在环境成本还无法有效核定的时候，末端治理对于企业来说是只有投入没有经济回报的投资。末端治理设施高昂的设备投资、惊人的日常维护成本和最终处理费用直接带给企业的是沉重的经济包袱。据美国环保局统计，美国用于包括末端治理设施投资和运行费用在内的污染治理的总费用，1972 年为 260 亿美元（占当年 GNP 的 1%），1987 年猛增至 850 亿美元，而 1990 年则高达 1200 亿美元（占当年 GNP 的 2.8%）。在企业层次上，以美国杜邦公司为例，其每磅废物的处理费用以每年 20% ~30% 的速率递增，焚烧一桶危险废物可能要花费 300 ~1500 美元。在中国，某化工厂的污染水处理厂每小时处理能力为 1500t，投资高达 3.8 亿元，而其日常运行费用则高达每年上千万元。即便如此，这样高的资金投入有时也难以达到预期的污染控制目标。沉重的经济负担往往会迫使部分企业尝试通过各种手段加以逃避，从而导致末端治理设施无法正常运转，其存在的环境意义也就大打折扣了。

（3）很难从根本消除污染。末端处理往往不能从根本上消除污染，而只是使污染物在不同介质中转移，还可能造成二次污染。例如，污水处理厂产生的活性污泥，如果处理不当，会产生二次污染。对于这些活性污泥，如果采取堆放的形式，污泥中的污染物可能重新进入地表水环境；如果采取焚烧的方式进行处理，诸如纺织废水等废水中的二噁英则会进入大气；如果作为肥料施肥，则可能导致土地板结等。再如，在大气污染治理中，污染物转移到吸收液，这些吸收液的浓度通常都不高，但是量较大，还需二次处理，同时吸收液也容易进入排水系统，造成水体污染。

1.1.1.4 工业污染防治第三阶段：现场回收利用阶段

基于上述末端治理设施的一系列弊端，尤其是为了减轻这一沉重的经济负担，一些企业开始尝试着减少进入末端治理设施的废弃物处理数量，开始寻找新的解决环境污染问题的途径。此时，人们开始对企业现场产生出来的废弃物进行现场回收利用，将废弃物中含有的有用的生产资料直接或者经过简单厂内处理后回用于生产过程，在减少了末端治理设施的处理压力的同时，也减少了原辅材料的投入，在一定程度上节约了企业的生产成本。这种通过对废弃物进行现场回收利用而尽可能实现厂内生产物资“闭路循环”的环境战略可以说是清洁生产走出的第一步，但是由于其依然是在废弃物产生之后进行的被动措施，因此还是一种“先污染，后治理”的被动的环境战略。

1.1.1.5 工业污染防治第四阶段：基于清洁生产的污染预防阶段

工业化国家经过了三十多年以末端治理为主导的环境保护道路之后，全球环境恶化趋势依然没有得到有效的遏制，全球性的环境问题逐步彰显出来，例如全球气候变暖、臭氧层的耗损与破坏、生物多样性锐减、土地荒漠化以及水、大气、土壤等环境介质的严重污染等。这些问题都促使各国尤其是发达的工业化国家开始重新审视走过的污染治理道路。而清洁生产就是各国在反省传统的以末端治理为主的污染控制措施的种种不足后，提出的一种以源削减为主要特征的环境战略，是人们思想和观念的一种转变，是环境保护战略由被动反应向主动行动的一种转变。

清洁生产最初是源自企业，面对高额的环境治理费用，大多数企业都不堪重负，纷纷开始寻找出现这种现象的根本原因并试图找出解决方法。

人们对造成环境污染的污染物进行重新审视和全面分析发现，企业产生的污染物在排放到外环境之前并不是真正意义上的环境污染物，而是生产过程中相对于产品输出的非产品性输出，也就是通常人们所说的生产过程中的废弃物。废弃物本身的成本并不单单是人们通常所看到的“污染物治理成本”，还有更深层次的隐形成本为人所忽略。废弃物同产品一样并不是在生产之初就存在的，而是通过企业的技术工艺过程生产加工而成的，其间和产品一样消耗的是企业的原辅材料、水、能源、设备、人员操作、管理时间等等。因此，如果我们运用和产品成本核算同样的方法审视废弃物成本时，会吃惊地发现我们所看到的这些废弃物表面成本即处理成本仅仅是冰山一角，其隐藏成本则像隐藏在海面下的庞大冰山一样可能会随时影响到企业的正常生产与运行。从这个角度上看，从源头上削减废弃物的产生，将更多的资源和能源转化为可以给企业带来直接效益的产品，同时减少污染物的产生量和处理量，是解决工业企业环境污染问题的根本之路，即清洁生产之路。清洁生产有效地解决了末端治理等传统的污染防治手段在经济效益和环境效益之间的矛盾，实现了两者的有机统一，从而形成了企业内部实施和推广清洁生产的原动力。清洁生产最先起源于企业内部也正是因为这个原因。

因此，清洁生产作为全新的污染防治手段，从源头就开始避免损失和浪费，从根本上预防了环境污染物的产生，将传统的污染治理转变为污染预防，将消极被动的工业污染防治转为积极主动的基于清洁生产污染预防战略。

1.1.2 清洁生产的概念及其内涵

清洁生产在不同的发展阶段或不同的国家有不同的提法，如“污染预防”、“废弃物最小化”、“源削减”、“无废工艺”等，但其基本内涵是一致的，即对生产过程、产品及服务采用污染预防的战略来减少污染物的产生。

1.1.2.1 联合国环境规划署的清洁生产概念及其内涵

联合国环境署1989年首次提出清洁生产的定义，并于1996年对清洁生产的定义进行了进一步修订，其定义为：“清洁生产是一种新的创造性思想，该思想将整体预防的环境战略持续应用于生产过程、产品和服务中，以增加生态效率和减少人类及环境的风险。

——对生产过程，要求节约原材料和能源，淘汰有毒原材料，削减所有废弃物的数量和毒性。

——对产品，要求减少从原材料提炼到产品最终处置的全生命周期的不利影响。

——对服务，要求将环境因素纳入设计和所提供的服务中。”

在这个定义中充分体现了清洁生产的三项主要内容，即清洁的原辅材料与能源、清洁的生产过程及清洁的产品与服务。

A 清洁的原辅材料与能源

清洁生产首先强调生产过程中的输入必须是清洁的，即清洁的原辅材料与能源：

(1) 对于原辅材料，要求尽可能采用无毒无害或低毒低害的原辅材料替代正在使用的有毒有害原辅材料；

(2) 对于能源，则要求尽可能采用清洁的能源。采用各种方法对常规的能源如煤采取清洁利用的方法，如城市煤气化供气等，为企业或用户提供清洁的二次能源；对沼气等再生能源进行充分利用；尽可能使用适合当地条件的新能源，例如太阳能、风能等所提供的能源。

B 清洁的生产过程

其次，清洁生产强调生产过程本身是清洁的，即强调清洁生产要渗透到原辅材料的投入到产品产出的全部生产过程：

(1) 尽可能选用先进的少废、无废工艺、高效设备和节能技术等，节约能源与资源，实现资源和能源的高效利用。

(2) 尽量减少生产过程中的各种危险性因素，如高温、高压、低温、低压、易燃、易爆、强噪声、强振动等。因为通常生产过程中的安全事故势必伴随着环境事故的发生。发生于2005年11月13日的松花江水污染事件就是最好的实证。

(3) 采用可靠和简单的生产操作和控制方法，并且不断对生产控制进行系统优化，有效提高现有生产系统的生产效率。

(4) 对离开正常生产过程的物料即废弃物尽可能进行内部循环利用和资源化综合利用，进一步提高资源的利用率。

(5) 不断完善生产管理，减少跑、冒、滴、漏和物料流失，加强人员培训和技术水平，提高企业的科学管理水平和人员素质。

C 清洁的产品与服务

清洁生产最后强调的是生产过程的产出是清洁的，即清洁的产品与服务，要以不危害人体健康和生态环境为主导因素来考虑产品的制造过程甚至使用之后的回收利用，减少原材料和能源使用。

获得产品是任何生产活动的最终目的，企业需要依靠产品获得经济收入并且实现生产的持续性和生产再扩大。产品本身决定了所要使用的原辅材料以及需要采用的技术工艺和生产过程，因此清洁生产要求：

（1）产品在设计之初就要考虑生态设计，将污染预防的理念全面系统地贯穿于产品的设计中，尽可能节约原材料和能源，少用或不用昂贵和稀缺的原料及有毒有害的原料等。

（2）产品在使用过程中以及使用后不危害人体健康和破坏生态环境。

（3）产品的包装要合理，通过改进包装物的原料和包装形式、规格等，在保证实现其包装功能的前提下，尽可能减少包装物的使用量及最终的废弃物量。

（4）产品使用后要易于拆解、回收、重复使用和再生利用等。

（5）产品的使用寿命和使用功能要合理，最大限度减少其对环境的影响。

联合国环境署1996年对清洁生产的定义补充了对服务的要求，即要求将环境因素纳入设计和所提供的服务中，这是对产品生态设计的进一步补充和完善。

1.1.2.2 我国的清洁生产定义及其内涵

我国2003年开始实施的《中华人民共和国清洁生产促进法》中，结合中国经济发展的特点，对清洁生产给出的定义是："清洁生产，是指不断采取改进设计、使用清洁的能源和原料、采用先进的工艺技术与设备、改善管理、综合利用等措施，从源头削减污染，提高资源利用效率，减少或者避免生产、服务和产品使用过程中污染物的产生和排放，以减轻或者消除对人类健康和环境的危害。"

在这个清洁生产定义中包含了两层含义：

（1）清洁生产的目的。清洁生产的目的是从源头削减污染物的产生量，以减轻或者消除对人类健康和环境的危害。

（2）清洁生产实施手段及措施。清洁生产的实施手段及措施包括"改进设计"、使用"清洁原料和能源"、采用"先进工艺技术与设备"、进行"综合利用与循环利用"和"改善管理"等。除了"改善管理"以外，其他的所有内容都与应用清洁生产技术有关。实施清洁生产战略的核心是让企业通过技术进步，实现生产工艺、技术、装备的升级改造，提高资源与能源利用效率，减少污染物的生产与排放，实现经济、环境、社会效益相统一，从而促进企业可持续发展。值得指出的是，在这里，把产生的废弃物的厂内回收后进行循环利用和资源化综合利用纳入清洁生产范畴，而不划归末端治理范围。

1.1.3 清洁生产的特点

清洁生产是在较长的污染预防进程中逐步形成的，也是国内外几十年来污染预防工作基本经验的结晶。究其本质，在于源头削减和污染预防。它不但覆盖第二产业，同时也覆盖第一、三产业。清洁生产是从全方位、多角度的途径去实现"清洁生产"的。与末端治理相比，它具有十分丰富的内涵和鲜明的特点，主要表现在：

（1）战略性。清洁生产是全新的污染预防战略，是实现可持续发展的环境战略。它有理论基础、技术内涵、实施工具、实施目标和行动计划。

（2）预防性。传统的末端治理与生产过程相脱节，是在污染物产生之后进行被动的污染治理，即“先污染，后治理”，而清洁生产则是强调从源头最大限度地预防污染物的产生，其实质是预防污染，而非单纯的污染治理。

（3）综合性。实施清洁生产的措施是综合性的预防措施，强调的是污染源头削减的全过程预防与控制，包括有毒有害原辅材料替代、强化过程控制、技术进步、完善管理、改进产品设计等一系列污染预防措施。

（4）统一性。传统的末端治理投入多、治理难度大、运行成本高，经济效益与环境效益不能有机结合，而清洁生产最大限度地利用资源，将污染物消除在生产过程之中，不仅环境状况从根本上得到改善，而且能源、原材料和生产成本降低，经济效益提高，竞争力增强，能够实现经济效益与环境效益相统一。清洁生产最终实现的是“节能、降耗、减污、增效”。

（5）持续性。清洁生产不是一时之事，而是一个相对的、不断的持续改进的过程，强调要将清洁生产作为一种企业战略和经营管理的理念持续贯穿于企业的生产与环境管理制度中，以期达到长久持续的污染预防效果。

清洁生产一经提出后，在世界范围内得到许多国家和组织的积极推进和实践。其最大的生命力在于可取得环境效益和经济效益的“双赢”，它是实现经济与环境协调发展的根本途径。

1.2　工业领域推进清洁生产的重大意义

工业是资源、能源消耗和污染物排放的重点领域，资源、能源消耗约占全国总量的70%，化学需氧量（COD）、二氧化硫（SO_2）排放量分别占35%和86%，是推行清洁生产的重点领域。党的十六大明确提出，要坚持走新型工业化道路。“科技含量高、经济效益好、资源消耗低，环境污染少、人力资源优势得到充分发挥”作为新型工业化道路的基本标志和落脚点。清洁生产所要实现的目标与新型工业化要求一致。因此，在工业领域推进清洁生产具有重大意义。

（1）推进清洁生产是转变工业发展方式、走新型工业化道路的必然选择。党的十七届五中全会指出：转变经济发展方式是一项紧迫的战略任务，刻不容缓。工业作为资源消耗、污染排放的主要领域，更是要首当其冲。过去30多年我国工业快速发展，但长期以牺牲资源、环境为代价的粗放型增长模式，使得我们在发展的同时也付出了沉痛的代价。工业发展过多依靠物质资源消耗和使用廉价劳动力，重增量、轻存量，重外延、轻内涵现象普遍，工业发展内在动力不足。转变工业发展方式，走新型工业化道路，客观要求建立少消耗、少排放、高产出的先进清洁生产方式，要求我们把清洁生产作为转变工业发展方式的重要措施。这也是清洁生产理念的先进性，清洁生产从根本上提高资源利用效率、从源头上削减污染物产生的本质属性决定的。

（2）推进清洁生产是建设“两型”工业的重要抓手。党的十七大明确提出“必须把建设资源节约型和环境友好型社会放在工业化、现代化发展战略的突出位置”。党的十七届五中全会进一步要求把建设资源节约型、环境友好型社会作为转变经济发展方式的重要着力点。贯彻党的十七大、十七届五中全会精神，推动“两型”社会建设，要求工业领域把建设资源节约型、环境友好型工业作为一项重要任务。工业是资源消耗和污染物排放的重点领域。2010 年，工业领域能源消耗占全社会 70% 以上，化学需氧量（COD）、二氧化硫（SO_2）、氨氮排放量分别占 35.1%、85.3% 和 22.7%。因此，实现工业领域的资源节约、环境友好是“两型”社会建设的重要内容。

（3）推进清洁生产是应对贸易保护，提高企业竞争力的重要途径。在应对全球经济危机的背景下，各种形式的贸易保护主义有所抬头，与环境相关的绿色贸易壁垒已成为一个重要的非关税贸易壁垒。发达国家设置了一些发展中国家难以达到的资源环境技术和产品标准，一些国家还酝酿把碳排放与贸易挂钩，征收所谓的“碳关税”，这些都将可能对我国的对外贸易和相关产业发展构成较大影响。大力推进清洁生产，将清洁生产理念与企业的生产过程和经营活动相结合，体现符合环保要求的“清洁产品”，可以切实提高我国企业的国际竞争力，在国际竞争中立于不败之地。

（4）推进清洁生产是促进环境保护从被动的末端治理向污染预防转变的根本途径。传统的末端治理与生产过程相脱节，即“先污染，后治理；边治理，边污染”，立足点是被动的“治”。清洁生产从源头抓起，实行生产全过程控制，减少乃至消除污染物的产生，立足点是主动的“防”。传统的末端治理投入多、治理难度大、运行成本高，往往只有环境效益，没有或少有经济效益，企业缺乏治理的积极性。清洁生产最大限度地利用资源，在生产过程之中减少污染物产生，减轻末端治理的难度和压力，不仅环境状况从根本上得到改善，而且能源、原材料和生产成本降低，经济效益提高，能够实现经济与环境“双赢”。清洁生产与传统的末端治理的最大不同是找到了环境效益与经济效益相统一的结合点，能够充分调动企业防治污染的积极性。

1.3 清洁生产在国际上的发展历程

清洁生产最早起源于 20 世纪 60 年代美国化学行业的污染预防审计。因此“清洁生产”在北美各国如美国、加拿大等称为“污染预防”。随着“污染预防”的理念由北美传入欧洲，“清洁生产”概念开始出现，20 世纪 70 年代末，欧盟（原欧共体）开始在欧盟各国正式推行“清洁生产”政策，开展了一系列清洁生产示范工程。1989 年，联合国正式提出“清洁生产”的概念，开始在全球范围内推行清洁生产。自此，清洁生产开始在全世界全面推广、施行并取得了良好的成果。

现在全世界已经有70多个国家全面或部分开展清洁生产工作，包括美国、加拿大、日本、澳大利亚、新西兰以及欧盟各国（以法国、荷兰、丹麦、瑞典、瑞士、英国、奥地利等国为主）在内的发达国家以及中国、巴西、捷克、南非等近50个发展中国家。同时有47个发展中国家在联合国工业与发展组织和联合国环境规划署的资助下建立了国家清洁生产中心。

清洁生产在国际上的发展历程简述如下：

（1）20世纪60年代，美国化工行业的污染预防审计，清洁生产萌芽；

（2）1976年，欧盟（原欧共体）在巴黎的“无废工艺与无废生产国际研讨会”上提出“消除造成污染的根源”的思想，初步提出清洁生产理念；

（3）1979年，欧盟（原欧共体）理事会正式宣布推行清洁生产政策；

（4）1984～1987年期间，欧盟（原欧共体）环境事务理事会拨款支持建立清洁生产示范项目，在欧盟各国示范推广清洁生产理念及实践；

（5）1989年，联合国环境规划署制定《清洁生产计划》，正式提出“清洁生产”的概念，并开始在全球范围内推行清洁生产；

（6）1990年以来，联合国环境规划署先后举办了六次“国际清洁生产研讨会”；

（7）1992年，联合国环境与发展大会通过《21世纪议程》，清洁生产被作为实施可持续发展战略的关键措施正式写入《21世纪议程》，清洁生产进入了快速发展时期；

（8）1996年，联合国环境规划署更新“清洁生产”的定义；

（9）1998年，在韩国首尔召开的第五次国际清洁生产研讨会上，提出并通过了《国际清洁生产宣言》；

（10）至今，全球有70多个国家开展清洁生产，并在47个发展中国家和地区建立了国家清洁生产中心。

1.3.1 发达国家的清洁生产

美国、澳大利亚、荷兰、丹麦等发达国家在清洁生产立法、组织机构建设、科学研究、信息交换、示范项目和推广等领域已取得明显成就。特别是进入21世纪后，发达国家清洁生产政策有两个重要的倾向：其一是着眼点从清洁生产技术逐渐转向清洁产品的整个生命周期；其二是从大型企业在获得财政支持和其他种类对工业的支持方面拥有优先权转变为更重视扶持中小企业进行清洁生产，包括提供财政补贴、项目支持、技术服务和信息等措施。

1.3.1.1 美国

清洁生产在美国称为“污染预防”，最早起源于20世纪60年代的化工行业，并逐步在全国推广实行。

（1）1984年，美国国会通过《资源保护与回收法—有害和固体废物》，提出“废物最小化”政策。

（2）1989年，美国环保局提出了“污染预防”的概念，并以之取代废物最小化。

（3）1990年10月美国国会通过《污染预防法》，正式宣布污染预防是美国的国策，作为环境管理政策体系的最高重点是通过源削减实现污染预防，从而在国家层次上通过立法手段确认了污染的“源削减”政策。这是工业污染控制战略的一个根本性变革，取代了长期采用的末端处理的污染控制政策，要求工业企业通过源削减，包括：设备与技术改造、工艺流程改进、产品重新设计、原材料替代以及促进生产各环节的内部管理，减少污染物的排放，并在组织、技术、宏观政策和资金方面做了具体的安排。

（4）1991年2月美国环保局发布了《污染预防战略》，其目标为：（1）在现行的和新的指令性项目中，调查具有较高费用有效性的清洁生产投资机会；（2）鼓励工业界的志愿行为，以减少美国环保局根据诸如有害物质控制条例采取的行动。这是美国用预防污染取代末端治理政策的重大创举，是美国环境保护战略的重大变革。根据《污染预防法》，美国从联邦到各州的环保局都设立了专门的污染预防办公室，推动组织实施清洁生产，并且为各地方环保局开展污染预防工作提供全部工作经费，用于企业清洁生产审核咨询和清洁生产研究工作。在美国环保局指导下，33/50计划及能源之星计划等项目都取得了成功。

1.3.1.2 加拿大

加拿大于1991年成立了“全国污染预防办公室”，协调和推动全国的污染预防工作，与工业企业共同推进最大限度从源头削减污染物的产生与排放的自愿创新行动。此外，该办公室还负责一个旨在推进自愿减少使用或消除使用列入清单的有毒化学品的项目。到1996年已有100余家公司同意参加到该项目中来。加拿大自1996年起制定了为期三年的“绿色洗衣项目”，目的是设法减少并尽可能消除氯代溶剂尤其是全氯乙烯的使用，这也是安大略洗衣业主要的一项志愿污染预防举措。

同时加拿大各省的环境部门也开始积极采取行动，例如在大湖地区联合开展污染预防工作，并且建立污染预防的信息系统。加拿大政府为废弃物管理确定了新的方向，他们制订了资源和能源保护技术的开发和示范规则，其目的是促进开展减少废弃物和循环利用及回收利用废弃物的工作，以促进清洁生产工作的开展。加拿大还率先开展了“3R”运动，即循环经济，延伸了清洁生产的概念及范围。加拿大不列颠哥伦比亚省在全省动员开展“3R”运动，范围相当广泛，从省制订大的计划到民间组织自发的活动，形式多种多样。

1.3.1.3 欧盟

欧盟最初开展清洁生产工作的国家是瑞典。1987年瑞典引入了美国废物最小化评估方法。随后，荷兰、丹麦和奥地利等国也相继开展了清洁生产。欧盟的重点是清洁技术，强调技术上的创新。同时欧盟几乎所有的国家，都把财政资助与补贴作为一项基本政策。其政策的基本点都着眼于如何减轻末端治理的压力，而将污染防治上溯到源头，拓展到全过程。欧洲开展清洁生产的国家还普遍对企业清洁生产审核提供政府补贴。例如，在荷兰，咨询公司为任何一家企业进行清洁生产审核，政府补贴咨询公司5000美元（人工工资）；在挪威，政府对于帮助企业进行清洁生产审核的公司补助其咨询费用的50%；瑞士、丹麦等国情况也大致如此。

在美国的《污染预防法》颁布前后，荷兰和丹麦吸收了美国的经验，采用美国出版的手册和培训教材，邀请美国的清洁生产专家指导本国的清洁生产工作。在政策法规的制定方面，吸取了美国污染预防的思想，同时结合本国实际，走出了一条与自己国家的文化传统、经济社会和政治运行手段相适应的道路。

欧盟委员会在正式提出“清洁生产”政策以来，一直在通过一些法规促进清洁生产在其成员国内推行。其中，最值得注意的是1996年通过的“综合污染预防与控制”（IPPC）指令。该指令要求欧盟成员国在3年内建立本国的法律法规，将污染预防和污染控制综合起来考虑以减少对环境的总危害，通过建立协调一致的一体化工业污染防治系统，防止或减少企业向大气、水体和土壤中排放污染物，从而在整体上对环境实现高水平保护。

该指令的主要做法是要对有关工业装置颁发综合的排污许可证，而不仅仅像以往一样针对水或大气某一单独的环境相颁发排污许可证。新的指令使得企业在某些情况下无法通过简单的末端处理来满足新的要求。因为有些污染物在简单的末端处理中只是由一个环境相转移到另一个环境相中（例如废水中的重金属由絮凝沉淀而转移到污泥中），并不能减少其排放到外环境的总量。在这种情况下，只有通过清洁生产，直接减少污染物的产生才能使企业满足指令中新的综合性要求。

欧盟IPPC指令最重要的特点就是，针对企业工业生产全过程的、以污染预防为主、综合性的污染防治战略，这一点恰恰体现了清洁生产的理念。

为了帮助欧盟各国实现欧盟IPPC指令的有关要求，欧盟已经针对主要的重污染行业研究制定出了33个行业的最佳可行技术参考文件（BREF），例如大型火电、精炼、制浆与造纸、钢铁等。每个行业的最佳可行技术参考文件都介绍了整个欧盟这一行业的整体概况、技术装备水平、环境污染现状等总体情况，并针对每一种工艺路线提出了一系列技术建议和分析，最终针对每种工艺路线的每一个技术环节提出了多种备选的最佳可行技术，供企业根据自身情况进行选用。而在这一系列最佳可行技术中，除了技术工艺外，还有许多是关于员工培训、管理方面的软技术。欧盟制定的最佳可行技术参考文件为欧盟全面推行污染预防战略提供了坚实的技术基础，使得欧盟各国在 IPPC 指令框架下能够较为顺利地实现预期目标。

1.3.2 发展中国家的清洁生产

1.3.2.1 发展中国家的清洁生产概况

1992 年在巴西里约热内卢召开的联合国环境与发展大会上，工业化国家在“二十一世纪议程”中做出了郑重承诺，即承诺要为发展中国家和经济转制国家提供帮助，使他们有机会了解可持续生产即清洁生产的方法、实践和技巧。随后，联合国工发组织和联合国环境署在部分国家启动了清洁生产试点示范项目，将清洁生产这一预防性的环境战略引入这些国家并加以实践验证。在这些清洁生产试点项目取得成功之后，联合国工发组织和联合国环境署于 1994 年共同启动了“建立发展中国家清洁生产中心”的项目，自此，清洁生产这一理念和实践经验开始正式引入发展中国家。

在瑞士、奥地利政府以及其他双边和多边资助方的支持下，联合国工发组织和联合国环境署通过“建立国家清洁生产中心”项目计划共帮助 47 个发展中国家建立了国家或地区级清洁生产中心，培训了大批清洁生产专家，完成了大量企业清洁生产审核，并对清洁生产审核成果和经验进行了宣传推广，为发展中国家的清洁生产工作在清洁生产审核实践、清洁生产能力建设等诸方面奠定了扎实的基础，为这些国家今后在本国内进一步推行清洁生产提供了有力支撑。

这些发展中国家包括：

非洲与阿拉伯地区（13 个）：佛得角、埃及、埃塞尔比亚、肯尼亚、黎巴嫩、摩洛哥、莫桑比克、卢旺达、南非、突尼斯、乌干达、坦桑尼亚、津巴布韦；

亚太地区（7 个）：柬埔寨、中国、印度、老挝、朝鲜、斯里兰卡、越南；

东欧及中亚（15 个）：阿尔巴尼亚、亚美尼亚、保加利亚、克罗地亚、捷克、匈牙利、黑山、摩尔多瓦、罗马尼亚、俄罗斯、塞尔维亚、斯洛伐克、马其顿、乌克兰、乌兹别克斯坦；

拉丁美洲（12 个）：玻利维亚、巴西、哥伦比亚、哥斯达黎加、古巴、厄瓜多尔、萨尔瓦多、危地马拉、洪都拉斯、尼加拉瓜、秘鲁。

从图 1－2 可以看出，发展中国家清洁生产推动工作在各大洲之间基本保持平衡。发展中国家的一些主要大国例如中国、印度、巴西在 20 世纪 90 年代中晚期即开始推行清洁生产，在一定程度上通过清洁生产有助于抑制这些发展中国家粗放型重污染工业的污染排放。

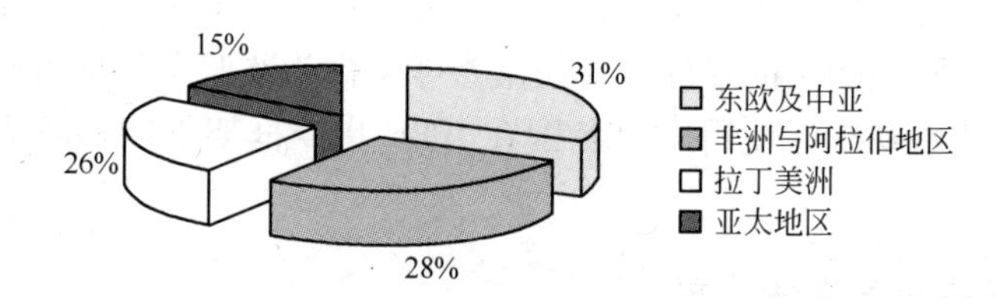

图1－2　各大洲发展中国家清洁生产工作的推动情况

1.3.2.2　发展中国家清洁生产特点

发展中国家清洁生产的特点主要有两点。

（1）较为统一的清洁生产方法学体系与审核实践程序。大多数发展中国家都有着类似的经济发展基础、相近的工业发展模式、共同的环境问题。而由于大部分发展中国家的清洁生产工作都是通过联合国在全球的清洁生产项目机会进行启动并推动的，因此发展中国家对清洁生产都有较为一致的认识，并且有统一的清洁生产审核方法学和推动模式，包括政策建议、能力建设、审核经验等。因此在清洁生产的整体推动和实施过程中，大部分发展中国家也存在着非常多的共同之处，这样有力地强化了各国之间清洁生产信息分享与交流的基础。

（2）良好的区域合作。各发展中国家在启动各国国内清洁生产工作的同时，也开始在区域范围内加强合作，共同获取相关知识、分享信息与资源。

在拉丁美洲，已经建立起了“拉丁美洲清洁生产网”，共有12个国家加入这一网络，并共同实施清洁生产项目。该网络的关键要素就是在瑞士和奥地利政府的资助下开发了“知识管理系统”，这为在拉丁美洲区域范围内获得清洁生产专家资源提供了便捷渠道。

在非洲，清洁生产带动了整个区域在可持续消费与生产方面的区域机构建设的进程，并建立了“非洲可持续消费与生产圆桌会议”。该圆桌会议的秘书处设在坦桑尼亚。“非洲可持续消费与生产圆桌会议”制定了“非洲可持续消费与生产10年框架计划”，“非洲环境部长联席会议”已经批准了该计划。该计划主要包括4个优先领域的活动：能源、水与卫生、栖息地与农村地区的可持续发展以及工业发展。另外埃及和莫桑比克还分别为部分城市制定了可持续消费与生产的试点计划。

同样，在亚洲，各国支持并协助组织了“亚太地区可持续消费与生产圆桌会议”。另外，亚洲9个国家的国家清洁生产中心和其他相关机构还共同合作完成了一项为期3年的项目。该项目主要是在5个行业示范应用清洁生产方法节约能源、削减温室气体。这5个行业包括：制浆造纸、水泥、钢铁、化工及陶瓷。通过在38个试点企业的示范应用，每年共削减温室CO_2气体排放100多万吨。

1.3.2.3 发展中国家清洁生产工作的未来发展趋势

发展中国家在过去十五年的清洁生产推进过程中主要依靠发达国家和联合国组织的技术援助与资金支持。随着清洁生产在发展中国家的不断推广与完善，许多发展中国家都积累了非常好的实践经验和技术力量，例如中国在法律、政策法规方面的突出成就以及创新性地提出了强制性清洁生产审核，为污染严重企业的环境保护道路指明了以源头削减的清洁生产方向；印度则在能源审计与清洁生产方面取得了较为显著的工业行业实践成果，为在全球发展中国家推行能效-清洁生产综合类手段提供了技术支撑。因此，在发展中国家未来的清洁生产推行工作中，加强发展中国家之间的项目合作与交流将更加适应各发展中国家的实际国情，更为经济有效。

此外，2009年，联合国工发组织与联合国环境署在原有国家清洁生产中心项目的基础上，启动了新一轮的全球性清洁生产项目“资源高效利用与清洁生产”。其中最重要的一项活动就是建立“全球发展中国家清洁生产网络”，进一步建立较为固定和稳妥的合作方式及交流平台，为发展中国家实现南北合作和南南合作奠定坚实的基础。

1.3.3 联合国的全球清洁生产推行计划

联合国环境规划署与联合国工业发展组织极为重视发达国家的清洁生产这一工业污染防治战略的转移，决定在世界范围内尤其是发展中国家推行清洁生产。联合国工业发展组织在20世纪90年代，逐渐形成了在工业发展中实施综合环境预防战略，推行清洁生产的政策。

联合国环境署和联合国工发组织还携手共同在全球尤其是发展中国家推行清洁生产，国家清洁生产中心计划和《国际清洁生产宣言》的签署就是其中最主要的活动。

1.3.3.1 国家清洁生产中心计划

1994年，联合国工业发展组织（UNIDO）和联合国环境署（UNEP）联合提出一项国家清洁生产中心计划（NCPC Programme），旨在帮助发展中国家不重蹈发达国家先污染后治理的覆辙，而是提倡污染预防的先进理念，将污染控制在产生之前而不是产生之后。该项计划主要是帮助发展中国家和经济转型国家建立清洁生产中心，推动清洁生产在这些国家的推广。中国国家清洁生产中心作为首批6家国家清洁生产中心于1995年成立。现在该计划已在47个发展中国家建立了国家级清洁生产中心，有力地促进了当地工业与环境相协调，推动了环境保护的发展。

1.3.3.2　国际清洁生产宣言

1998年9月29日在韩国首尔，在联合国环境署（UNEP）主持下，22位来自各国政府、大型跨国集团的高层人士首批签署了《国际清洁生产宣言》。原国家环保总局王心芳副局长代表中国政府在此宣言上签字，标志中国政府愿意同其他国家和组织共同推行清洁生产，实现污染预防战略。

《国际清洁生产宣言》是一项声明，承诺采用一种旨在系统地削减污染，提高资源利用率的预防性环境管理战略（即清洁生产）。

作为《国际清洁生产宣言》发起人，UNEP已经对公共和私营行业领导人就清洁生产的效益进行了广泛宣传教育，但还需做更多的工作，需要有新的伙伴参加。由具有影响力的政治家、公共事业及私营企业领导人承诺采用清洁生产将会增强世界各国对清洁生产的认识和认同，并且有利于在世界范围内更深入、更广泛地推行清洁生产。

迄今为止，全世界已经有89个国家或地方政府（包括54个国家政府、35个省级地方政府）、220家企业和220个组织共529个签署人签署了该宣言。

可以预见，《国际清洁生产宣言》在世界范围内的广泛签署，将极大地推进环保事业的发展。

1.4　我国的清洁生产发展历程与成就

1.4.1　我国的清洁生产发展历程

清洁生产在我国的发展历程总体上分为三个阶段，即：

第一阶段（1983～1992年）清洁生产引进消化阶段；

第二阶段（1993～2003年）清洁生产立法阶段；

第三阶段（2004年至今）清洁生产循序推进阶段。

1.4.1.1　第一阶段（1983～1992年）清洁生产引进消化阶段

（1）1983年，第二次全国环境保护会议，明确提出经济、社会、环境效益“三统一”的指导方针，同年国务院发布技术改造结合工业污染防治的有关规定。

（2）1989年联合国环境规划署提出推行清洁生产的行动计划后，清洁生产的理念和方法开始引入我国，有关部门和单位开始研究如何在我国推行清洁生产。

（3）1992年8月，国务院制定了《环境与发展十大对策》，提出“新建、改建、扩建项目时，技术起点要高，尽量采用能耗物耗小、污染物排放量少的清洁生产工艺”。清洁生产成为解决我国环境与发展问题的对策之一。

（4）1992年发布“中国清洁生产行动计划（草案）”。

在这一阶段，我国的清洁生产工作主要集中在对清洁生产概念的消化吸收方面和清洁生产政策的初步研究，是清洁生产工作在我国的起步阶段。由最初的“三统一”指导方针到配合联合国环境署在全球的清洁生产推广工作而草拟的“中国清洁生产行动计划（草案）”共经历了近十年的时间。

1.4.1.2 第二阶段（1993～2003年）清洁生产立法阶段

（1）1993年10月在上海召开的第二次全国工业污染防治会议上，国务院、国家经济贸易委员会及国家环境保护总局的领导明确提出了工业污染防治必须从单纯的末端治理向生产全过程控制转变、实行清洁生产的要求，明确了清洁生产在我国工业污染防治中的地位。

（2）1994年3月，国务院常务会议讨论通过了《中国21世纪议程——中国21世纪人口、环境与发展白皮书》，专门设立了“开展清洁生产和生产绿色产品”这一领域。

（3）1996年8月，国务院颁布了《关于环境保护若干问题的决定》，明确规定所有大、中、小型新建、扩建、改建和技术改造项目，要提高技术起点，采用能耗物耗小、污染物排放量少的清洁生产工艺。

（4）1997年4月，国家环境保护总局制定并发布了《关于推行清洁生产的若干意见》，要求地方环境保护主管部门将清洁生产纳入已有的环境管理政策中，以便更深入地促进清洁生产。在《节约能源法》、《固体废物污染环境防治法》等法律中，都增加了清洁生产这方面的内容。

（5）1999年3月，朱镕基总理在全国人大九届二次大会上所作的政府工作报告中明确提出“鼓励清洁生产”。

（6）1999年5月，国家经贸委发布了《关于实施清洁生产示范试点的通知》，选择北京、上海、天津、重庆、兰州、沈阳、济南、太原、昆明、阜阳等10个试点城市和冶金、石化、化工、轻工、纺织等5个试点行业开展清洁生产示范和试点。

（7）2002年6月29日，九届全国人大常委会第28次会议审议通过了《中华人民共和国清洁生产促进法》（2003年1月1日施行），该法是我国第一部以污染预防为主要内容的专门法律，是我国全面推行清洁生产的新里程碑，标志着我国清洁生产进入了法制化的轨道。

第二阶段，我国的清洁生产由自发阶段进入政府有组织的推广阶段，也正式加入到世界范围内的清洁生产的行动中。这一阶段的基本特征是清洁生产概念和方法学的引进及其在中国的初步实践，最终在政策研究和实践经验的基础上，制定了《清洁生产促进法》。这一阶段也历经十年。

1993年至2003年期间，我国与美国、加拿大、荷兰、挪威等多个发达国家以及世界银行、亚洲开发银行、联合国环境署、联合国工业发展组织等多家国际组织展开了全面的清洁生产国际合作。这些国际合作项目为我国清洁生产概念的系统引入、清洁生产方法学的建立以及清洁生产审核实践经验的积累提供了有效的资金支持和技术援助。这些国际合作项目中的清洁生产审核试点主要集中在一些传统的重污染行业，例如造纸、化工、石化、酿造、电镀等，合作的区域主要是一些当时经济欠发达而污染又较为严重的地区，例如陕西、黑龙江、辽宁、安徽、云南等。这些国际合作项目的共同目标就是通过清洁生产这一污染预防的先进理念帮助我国的重污染行业和污染严重的欠发达地区走出一条环境与经济双赢的工业发展之路。

1993 年启动实施的世界银行技术援助项目“推进中国的清洁生产”（B4 子项目）是我国首个清洁生产国际合作项目。该项目首次将联合国环境署在全球推广的清洁生产方法学引入中国，初步形成了符合中国国情的清洁生产审核方法学体系，完成了首批 29 家企业的清洁生产审核试点示范项目，取得了良好效果，并且提出了综合有效的清洁生产政策建议。

1994 年，我国与加拿大政府正式签署了“中国－加拿大清洁生产合作项目”，项目从 1997 年正式启动到 2002 年结束，在污染比较严重的淮河流域选择化工和轻工两个重点行业中的 4 个子行业（化肥、造纸、氯碱、酿造）开展进行清洁生产试点工作，在清洁生产政策研究、清洁生产审核、清洁生产培训与宣传以及建立行业清洁生产技术信息系统方面取得了显著的成效。

1.4.1.3 第三阶段（2003 年至今）清洁生产循序推进阶段

从 2003 年开始我国清洁生产工作进入有法可依、有章可循阶段。国家发展和改革委员会等有关部门根据《清洁生产促进法》中的有关要求与职能分工，出台和制订了较为详细的清洁生产政策、法规、技术规范、评价指标体系等一系列政策和技术支撑文件，我国清洁生产工作也取得了初步进展与成就。

1.4.2 我国清洁生产的初步成就

我国政府部门有组织地推行清洁生产大大加速了我国清洁生产的进程。自《清洁生产促进法》实施以来，我国清洁生产在以下几方面取得了显著进展。

1.4.2.1 出台相关政策

2003 年国务院转发了国家发展和改革委员会等部门《关于加快推行清洁生产的意见》，对推行清洁生产做了部署，提出了加快结构调整和技术进步、推进企业实施清洁生产、完善法规体系、强化监督管理等重点任务。2004 年，国家发展和改革委员会同国家环境保护总局制定发布了《清洁生产审核暂行办法》，对清洁生产审核做出明确规定。工业和信息化部发布了《关于加强工业和通信业领域清洁生产促进工作的通知》，将清洁生产作为促进产业升级、技术进步、管理创新的重要措施。国家环境保护部出台了针对重点企业实施强制性清洁生产审核的若干政策措施，制定了《关于印发重点企业清洁生产审核程序的通知》、

《关于进一步加强重点企业清洁生产审核工作的通知》、《关于深入推进重点企业清洁生产的通知》等文件，建立了促进重点企业清洁生产的政策法规标准体系，使重点企业清洁生产审核有法可依。目前，全国有3个省（市）出台了《清洁生产促进条例》，20多个省（区、市）印发《推行清洁生产的实施办法》，30个省（区、市）制定了《清洁生产审核实施细则》，22个省（区、市）制定了《清洁生产审核验收办法》。

1.4.2.2 宣传与培训

《清洁生产促进法》颁布以来，国务院有关部门和地方政府开展了各种形式的法律宣传，通过在网站开辟专栏、在主要媒体组织专版、召开现场会等方式，广泛深入宣传有关法律法规。近年来，全国累计对25015家工业企业有关人员进行了培训。2001年至2010年，全国举办了330期“国家清洁生产审核师培训班”，培训人员近2万人，强化了从业人员的队伍建设。各地也普遍举办各类清洁生产培训班，每年培训人员超过5万人次。

1.4.2.3 机构建设

国家有关部委共同组建了“国家清洁生产专家库”，为清洁生产审核、评估提供技术和智力支撑。各地也逐步建立清洁生产专家库和咨询服务机构，积极指导企业开展清洁生产审核工作。目前，各省（区、市）成立了565家清洁生产技术咨询服务机构，有专职人员4200多人，成为清洁生产技术交流、咨询、推广和清洁生产审核技术服务、项目评审的重要力量。

1.4.2.4 清洁生产实施成效显著

自《清洁生产促进法》颁布实施以来，在经济综合部门、环保部门和工业行业管理部门的共同推动下，各省（区、市）相继开展清洁生产示范工作，涉及的行业包括化工、轻工、建材、冶金、石化、电力、飞机制造业、医药、采矿、电子、烟草、机械、纺织印染等。截至2009年底，全国已有12650家企业实施了清洁生产审核。据初步统计，2003年至2009年，通过实施清洁生产方案累计削减化学需氧量227万吨、二氧化硫71.2万吨、氨氮5.1万吨，节水118亿吨，节能4932万吨标煤，取得经济效益482亿元。

1.5 我国清洁生产法律法规、政策综述

我国颁布的《清洁生产促进法》2003年生效实施。从法律上明确了我国从粗放生产方式向清洁生产方式转型的基本任务。但落实《清洁生产促进法》提出的任务，还需制定相应配套的政策措施，监督实施，不断完善，才能加快粗放生产方式向清洁生产方式转化。为此，我国政府有关部门陆续颁布了有关政策、指导意见、管理办法、技术导向目录、清洁生产技术推行方案等，初步形成了促进清洁生产的政策法规体系，为全面推动我国清洁生产工作提供了有力支撑。

1.5.1 清洁生产的法律基础——中华人民共和国清洁生产促进法

2003 年，《中华人民共和国清洁生产促进法》（以下简称《清洁生产促进法》）正式施行，标志着我国迈向了清洁生产有法可依的全新阶段。为了配合《清洁生产促进法》的有效落实，相关部委按照各自职能颁布了多个推行方案及政策：

（1）2003 年 12 月 17 日，国务院转发国家发展和改革委员会等 11 个部门联合文件《关于加快推行清洁生产的意见》，提出了推行清洁生产的总体工作规划。

（2）2004 年，国家发展和改革委员会同原国家环境保护总局制定发布了《清洁生产审核暂行办法》，对清洁生产审核的作用、对象、程序做出明确规定。

（3）2005 年，国务院印发了《节能减排综合性工作方案》，将清洁生产作为节能减排工作的重要方面，提出全面推行清洁生产。

2012 年 2 月 29 日，中华人民共和国第十一届全国人民代表大会常务委员会第二十五次会议表决通过了《全国人民代表大会常务委员会关于修改〈中华人民共和国清洁生产促进法〉的决定》，国家主席胡锦涛签署第 54 号主席令予以公布。这一决定自 2012 年 7 月 1 日起施行。

修改后的清洁生产促进法规定，有下列情形之一的企业，应当实施强制性清洁生产审核：污染物排放超过国家或者地方规定的排放标准，或者虽未超过国家或者地方规定的排放标准，但超过重点污染物排放总量控制指标的；超过单位产品能源消耗限额标准构成高耗能的；使用有毒、有害原料进行生产或者在生产中排放有毒、有害物质的。

修改后的清洁生产促进法还规定，中央预算应当加强对清洁生产促进工作的资金投入，包括中央财政清洁生产专项资金和中央预算安排的其他清洁生产资金，用于支持国家清洁生产推行规划确定的重点领域、重点行业、重点工程实施清洁生产及其技术推广工作，以及生态脆弱地区实施清洁生产的项目。

1.5.2 清洁生产技术目录

清洁生产技术作为清洁生产以污染源头削减的方式实现工业行业技术进步和提升的核心与关键，一直是国家相关部委在清洁生产推行工作中的重点与发展方向。

原国家经济贸易委员会、国家发展和改革委员会和原国家环境保护总局分期发布了三批《重点行业清洁生产技术导向目录》，引导企业采用先进、适用的清洁生产工艺技术。为新建项目、技术改造建设项目、扩建项目优先采用资源利用率高、污染物产生量少的清洁生产技术、工艺、设备，提供先进的技术资源。

2009 年，工业和信息化部作为工业行业清洁生产的推进部门，在原有的

《重点行业清洁生产技术导向目录》的基础上，继续印发了聚氯乙烯等17个重点行业清洁生产技术推行方案，加快先进清洁生产技术的应用推广，提升行业清洁生产水平。

1.5.3 清洁生产评价指标体系

自2006年以来，国家发展和改革委员会陆续发布30个行业清洁生产评价指标体系，主要用于评价企业清洁生产水平，作为创建清洁生产先进企业的主要依据，并为企业推行清洁生产提供技术指导。

环境保护部也陆续编制并颁布了58个行业清洁生产标准，为各行业推行清洁生产提出了量化标准，同清洁生产评价指标体系共同为推动我国工业企业清洁生产工作提供了技术支撑。

从2011年起，国家发展和改革委员会将联合环境保护部、工业和信息化部等相关部委共同编制并颁布统一的清洁生产评价指标体系，逐步建立我国较为系统、完善的清洁生产评价技术支撑体系。

1.5.4 清洁生产激励政策及措施

1.5.4.1 财政政策

财政政策是世界各国推行清洁生产的重要手段。通常采用优先采购、补贴或奖金、贷款或贷款加补贴的形式鼓励企业实施清洁生产计划及节约能源项目。

修订后的《清洁生产促进法》中规定我国推行清洁生产采取的财政鼓励政策主要有：

（1）中央预算应当加强对清洁生产促进工作的资金投入，包括中央财政清洁生产专项资金和中央预算安排的其他清洁生产资金，用于支持国家清洁生产推行规划确定的重点领域、重点行业、重点工程实施清洁生产及其技术推广工作，以及生态脆弱地区实施清洁生产的项目。

（2）县级以上地方人民政府应当统筹地方财政安排的清洁生产促进工作的资金，引导社会资金，支持清洁生产重点项目。

（3）各级人民政府应优先采购或者按国家规定比例采购节能、节水、废弃物再生利用等有利于环境与资源保护的产品，并应通过宣传、教育等措施，鼓励公众购买和使用节能、节水、废弃物再生利用等有利于环境与资源保护的产品。

（4）对从事清洁生产研究、示范和培训，实施国家清洁生产重点技术改造项目和自愿节约资源、削减污染物排放协议中载明的技术改造项目，由县级以上人民政府给予资金支持。

（5）在依照国家规定设立的中小企业发展基金中，应当根据需要安排适当数额用于支持中小企业实施清洁生产。

2003 年，财政部会同原国家环境保护总局出台了《排污费资金收缴使用管理办法》，要求排污费收入的 10% 作为中央环境保护专项资金，90% 作为地方环境保护专用资金。资金用于四个方面：一是重点污染源防治项目；二是区域性污染防治项目；三是污染防治新技术工艺的研发项目以及清洁生产技术和工艺的推广应用；四是国务院规定的其他污染防治项目。

2009 年，财政部会同工业和信息化部联合印发了《中央财政清洁生产专项资金管理暂行办法》（财建［2009］707 号），利用中央财政资金专项支持清洁生产技术示范项目，支持和引导企业实施重大清洁生产共性关键技术，推广先进适用的清洁生产技术。

1.5.4.2 税收政策

我国为加大环境保护工作的力度，制订了一系列的环保税收优惠政策，在推行清洁生产过程中，企业可充分利用这些优惠政策，主要有：

（1）所得税优惠：对利用废水、废气、废渣等废弃物作为原料进行生产的，在 5 年内减征或免征所得税——《关于企业所得税若干优惠政策的通知》（财税字［1994］001 号）。

（2）增值税优惠：对利用废物生产产品的和从废物中回收原料的，税务机关按照国家有关规定，减征或者免征增值税。如对以煤矸石、粉煤灰和其他废渣为原料生产的建材产品，以及利用废液、废渣提炼黄金、白银等免征增值税——《关于对部分资源综合利用产品免征增值税的通知》（财税字［1995］44 号）。

企业可以结合以上各税收减免优惠，按有关规定向有关部门进行申报和审批。

1.5.5 钢铁行业产业政策及与清洁生产相关的要求

1.5.5.1 钢铁行业产业发展政策

2005 年 7 月，国家发展和改革委员会发布了《钢铁行业产业发展政策》，成为钢铁行业最直接的产业政策要求，其中与清洁生产相关的政策如下：

（1）产业政策要求：

1）按照可持续发展和循环经济理念，提高环境保护和资源综合利用水平，节能降耗。最大限度地提高废气、废水、废物的综合利用水平，力争实现“零排放”，建立循环型钢铁工厂。钢铁企业必须发展余热、余能回收发电，500 万吨以上规模的钢铁联合企业，要努力做到电力自供有余，实现外供。

2）2005 年，全行业吨钢综合能耗降到 0.76t 标煤、吨钢可比能耗 0.70t 标煤、吨钢耗新水 12t 以下；2010 年分别降到 0.73t 标煤、0.685t 标煤、8t 以下；2020 年分别降到 0.7t 标煤、0.64t 标煤、6t 以下。即今后十年，钢铁工业在水资源消耗总量减少和能源消耗总量增加不多的前提下实现总量适度发展。

3）在2005年底以前，所有钢铁企业排放的污染物符合国家和地方规定的标准，主要污染物排放总量应符合地方环保部门核定的控制指标。

（2）技术政策要求：

1）新上项目高炉必须同步配套高炉余压发电装置和煤粉喷吹装置；焦炉必须同步配套干熄焦装置，并匹配收尘装置和焦炉煤气脱硫装置；焦炉、高炉、转炉必须同步配套煤气回收装置；电炉必须配套烟尘回收装置。

2）企业应根据发展循环经济的要求，建设污水和废渣综合处理系统，采用干熄焦，焦炉、高炉、转炉煤气回收和利用，煤气－蒸汽联合循环发电，高炉余压发电、汽化冷却，烟气、粉尘、废渣等能源、资源回收再利用技术，提高能源利用效率、资源回收利用率，改善环境。

3）企业应积极采用精料入炉、富氧喷煤、铁水预处理、大型高炉、转炉和超高功率电炉、炉外精炼、连铸、连轧、控轧、控冷等先进工艺技术和装备。

1.5.5.2　钢铁产业调整和振兴规划

2009年3月，为了应对国际金融危机的影响，落实党中央、国务院保增长、扩内需、调结构的总体要求，确保钢铁产业平稳运行，加快结构调整，推动产业升级，国务院办公厅发布了《钢铁产业调整和振兴规划》，成为2009～2011年钢铁产业综合性应对措施的行动方案。

规划中与清洁生产相关的内容有：重点大中型企业吨钢综合能耗不超过620kg标煤，吨钢耗用新水量低于5t，吨钢烟粉尘排放量低于1.0kg，吨钢二氧化硫排放量低于1.8kg，二次能源基本实现100%回收利用，冶金渣近100%综合利用，污染物排放浓度和排放总量双达标。

1.5.5.3　钢铁行业生产经营规范条件

2010年6月，工业和信息化部为进一步加强钢铁行业管理，规范现有钢铁企业生产经营秩序，根据《国务院办公厅关于进一步加大节能减排力度加快钢铁工业结构调整的若干意见》（国办发［2010］34号）和相关法律法规及政策的规定，工业和信息化部会同有关部门制定了《钢铁行业生产经营规范条件》（工信原公告105号），其中对钢铁行业清洁生产提出了下列严格要求：

（1）钢铁企业吨钢污水排放量不超过2.0m^3，吨钢烟粉尘排放量不超过1.0kg，吨钢二氧化硫排放量不超过1.8kg。

（2）钢铁企业须具备健全的环境保护管理体系，配套完备的污染物排放监测和治理设施，安装自动监控系统并与当地环保部门联网。

（3）钢铁企业须具备健全的能源管理体系，配备必要的能源计量器具。有条件的企业要建立能源管理中心。

（4）钢铁企业主要生产工序能源消耗指标须符合《粗钢生产主要工序单位产品能源消耗限额》（GB 21256—2007）和《焦炭单位产品能源消耗限额》

（GB 21342—2008）的规定，其中焦化工序吨钢能耗不大于155kg标煤、烧结工序吨钢能耗不大于56kg标煤、高炉工序吨钢能耗不大于446kg标煤、转炉工序吨钢能耗不大于0kg标煤、普钢电炉工序吨钢能耗不大于92kg标煤、特钢电炉工序吨钢能耗不大于171kg标煤。吨钢新水消耗不超过5t。高炉渣综合利用率不低于97%，转炉渣不低于60%，电炉渣不低于50%。

（5）高炉有效容积400m^3以上，转炉公称容量30t以上，电炉公称容量30t以上，烧结机使用面积90m^2以上，焦炉炭化室高度4.3m以上，及不属于《产业结构调整指导目录》规定淘汰类工艺装备；《钢铁产业发展政策》颁布实施后建设改造的装备须满足《钢铁产业发展政策》规定的装备准入要求且不属于《产业结构调整指导目录》规定的限制类工艺装备，即烧结机使用面积180m^2及以上，焦炉炭化室高度6m及以上，高炉有效容积1000m^3及以上，转炉公称容量120t及以上，电炉公称容量70t及以上。高炉须配套煤粉喷吹和余压发电装置，焦炉、高炉、转炉须配套煤气回收装置。有条件的企业焦炉须采用煤调湿并配套干熄焦装置，烧结机须配套烟气余热回收及脱硫装置，轧钢采用蓄热式加热炉。

同时为配合该政策，2010年9月20日环境保护部办公厅下发了《关于开展现有钢铁生产企业环境保护核查的通知》（简称《通知》），对现有钢铁企业生产经营规范条件环保要求符合性审查工作进行了部署，明确了审查工作的程序、时间及内容等，内容基本上是对工信部工信原公告105号文的环境管理要求的细化。

1.5.5.4 工业和信息化部关于钢铁工业节能减排的指导意见

2010年4月，为深入贯彻落实科学发展观，加快钢铁工业结构调整和产业升级，切实转变钢铁工业发展方式，促进节约、清洁和可持续发展，工业和信息化部发布了《工业和信息化部关于钢铁工业节能减排的指导意见》（工信部节［2010］176号），其中与钢铁工业清洁生产相关的主要目标和重点任务如下：

（1）主要目标：到2011年底，重点大中型钢铁企业吨钢综合能耗不超过620kg标煤；吨钢耗用新水量低于5m^3，水重复利用率95%以上；吨钢烟粉尘排放量小于1.0kg，吨钢二氧化硫排放量低于1.8kg，吨钢化学需氧量排放量低于0.2kg；二次能源基本实现回收利用；钢渣综合利用率94%，铁渣综合利用率97%，尘泥综合利用率99%，尾矿综合利用率10%。钢铁工业新增2200万吨标煤的节能能力，污染物排放浓度和排放总量双达标。

（2）到“十二五”末，重点大中型企业基本建成资源节约型、环境友好型企业，能耗、水耗达到国际先进水平。吨钢综合能耗不超过615kg标煤，主要生产工序能耗全部达到国家《粗钢生产主要工序单位产品能源消耗限额》和《焦炭单位产品能源消耗限额》限定值（电力折标系数按当量值计算）。全面实施综合污（废）水回收利用，钢铁联合企业废水基本实现“零”排放；氮氧化物、二噁英等污染物排放得到有效控制。冶金废渣基本实现综合利用，尾矿综合利用率较大幅度提高。大幅提升废钢资源循环利用水平，铁钢比降低5个百分点。全国钢铁行业初步形成资源节约型、环境友好型发展模式。

（3）重点任务：全面推行清洁生产。组织编制和实施钢铁行业清洁生产推行方案，加强非高炉冶炼-炼钢、精炼-直接轧制全新流程清洁工艺技术研发和试验，推广应用烧结烟气循环富集技术、高炉喷吹废塑料技术、洁净钢生产系统优化技术、转炉炼钢自动控制技术、转底炉处理含铁尘泥生产技术、废水膜处理回用技术等典型清洁生产工艺技术。积极支持钢铁企业编制清洁生产规划，组织钢铁企业对照钢铁行业清洁生产评价指标体系开展清洁生产审核，支持钢铁企业清洁生产中高费方案的实施，到2011年重点大中型企业达到“清洁生产企业”以上水平。

1.5.5.5 其他清洁生产相关标准及政策

除了以上钢铁行业产业政策及清洁生产相关法律法规之外，工业和信息化部、国家发展和改革委员会等部门还颁布了一系列促进钢铁行业结构调整、节能减排等方面的清洁生产推广政策，主要有以下几个方面。

A 清洁生产技术推行及导向政策

清洁生产技术是钢铁行业清洁生产发展的支撑，国家为推广清洁生产技术，各部门相继出台了一系列清洁生产技术政策，主要见表1-1。

表1-1 钢铁行业有关重点清洁生产技术导向/推广政策

序号	政策名称	发布部门	文号或发布日期
1	国家重点节能技术推广目录（第一批）	国家发展和改革委员会	2008年5月
2	国家重点节能技术推广目录（第二批）	国家发展和改革委员会	2009年12月
3	国家清洁生产技术导向目录（第一批）	国家经济贸易委员会	国经贸源［2000］137号
4	国家重点行业清洁生产技术导向目录（第二批）	国家经济贸易委员会、国家环境保护总局	2003年第21号公告
5	国家重点行业清洁生产技术导向目录（第三批）	国家发展和改革委员会、国家环境保护总局	2006年第86号公告
6	关于印发钢铁行业烧结烟气脱硫实施方案的通知	工业和信息化部	工信部节［2009］340号
7	钢铁企业能源管理中心建设实施方案	工业和信息化部	2009年7月
8	钢铁行业清洁生产技术推行方案	工业和信息化部	工信部节［2010］104号
9	钢铁企业炼焦煤调湿技术推广实施方案	工业和信息化部	工信部节［2010］24号
10	钢铁企业干式TRT发电技术推广实施方案	工业和信息化部	工信部节［2010］24号
11	钢铁企业蓄热式燃烧技术推广实施方案	工业和信息化部	工信部节［2010］24号
12	钢铁企业和焦化企业干熄焦技术推广实施方案	工业和信息化部	工信部节［2010］24号

B　其他相关政策

除了以上钢铁行业阶段性产业政策及清洁生产技术推广导向文件外，各部委其他一些相关的法律法规、标准也从工艺装备与技术、资源能源综合利用、产品、环境管理等方面进行了规定。

我国钢铁行业清洁生产相关的主要标准及规范见表1－2。

表1－2　钢铁行业清洁生产相关的主要标准及规范

序号	政策名称	发布部门	文号/标准号或发布日期
1	钢铁行业清洁生产评价指标体系（试行）	国家发展和改革委员会、国家环境保护总局	2007年11月29日
2	钢铁工业资源综合利用设计规范	建设部、国家质量监督检验检疫总局	GB 50405—2007
3	钢铁工业环境保护设计规范	建设部、国家质量监督检验检疫总局	GB 50406—2007
4	钢铁企业节水设计规范	住房与城乡建设部	GB 50506—2009
5	粗钢生产主要工序单位产品能源消耗限额	国家质量监督检验检疫总局	GB 21256—2007
6	焦炭单位产品能源消耗限额	国家质量监督检验检疫总局	GB 21342—2008
7	焦化行业准入条件（2008年修订）	国家发展和改革委员会	产业［2008］第15号
8	钢铁工业发展循环经济环境保护导则	环境保护部	HJ 465—2009

2 钢铁行业的清洁生产

2.1 钢铁行业概况

根据行业类似性和关联性，本教材所指的钢铁行业包括：烧结、球团、焦化、炼铁、炼钢、轧钢，暂不包括采选矿、自备电厂、铁合金等。钢铁企业的采选矿、自备电厂、铁合金分别参照其清洁生产审核培训教材进行。

2.1.1 钢铁行业发展现状

我国钢铁工业在“十五”及“十一五”期间随着国民经济高速发展表现出迅猛发展的态势，粗钢产量屡创新高，已连续十多年位居世界首位，2009 年我国粗钢产量近 5.7 亿吨。图 2－1 为我国 2001～2009 年粗钢产量与增长速率图。

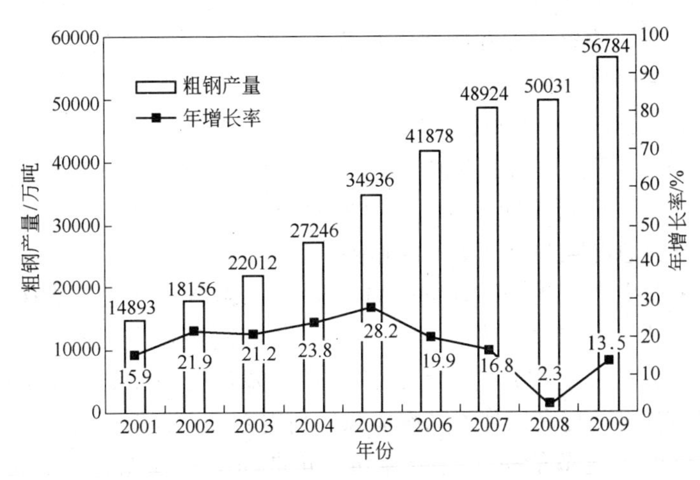

图 2－1 2001～2009 年中国粗钢产量与增长速率图

数据来源：中国钢铁工业统计月报（2001～2009 年）

钢铁工业是资源消耗大户，每生产 1t 钢材需要消耗 0.6～0.8t 标煤、1.55～1.65t 铁矿石（烧结矿、球团矿）、50～150kg 废钢、2～8t 新水；钢铁工业是能源消耗大户，能源消耗量分别占全国能源消耗总量和工业能源消耗总量的 15%、23%；同时钢铁工业是污染物排放大户，SO_2 排放量占全国工业总排放量的 4.3%，烟尘占 2.7%，工业粉尘占 7.1%；外排废水总量占全国工业总排放量

3.5%，其中COD占0.12%、氨氮占0.04%[1]。随着钢铁行业的产能快速增长，随之带来一系列资源和环境问题。

2.1.1.1 铁矿石——对外依存度高、国内矿品位低

我国铁矿资源对外依存度高。粗钢产量增长幅度远远高于我国铁矿石产量的增长幅度，导致近年来铁矿石的进口量不断提高。自2000年以来，我国铁矿石进口量逐年大幅增长。目前对进口铁矿资源的依赖程度已经超过50%[2]，过度依赖国外铁矿资源对我国钢铁工业的发展已经产生了不利影响。

开发利用我国铁矿资源在缓解当前矿石供应紧张的同时，也对当地生态环境产生了较大负荷，尤其是低品位铁矿石开采，容易引起植被破坏、土壤扰动、表土破坏、矿井水排泄、地表塌陷以及由此引起的水土流失等。

2.1.1.2 水资源——吨钢耗新水逐年下降

钢铁企业是用水大户，用水途径包括：设备和产品的冷却，热力供蒸汽，除尘洗涤和工艺用水（如轧钢除鳞等）；用水种类包括：地表水、地下水、矿井废水、城市污水、雨水、海水等。

2001~2009年间我国钢铁工业用水指标有显著进步，据统计[3]，2009年全国重点大中型企业吨钢新水平均为4.50m^3，较2001年下降了76.08%，重复利用率提高了4.28%。钢铁企业在用水方面最大限度地实现了水的循环利用与串级利用，使污水处理量最小化。

2.1.1.3 能源——吨钢综合能耗/可比能耗逐年下降

2001~2009年[4]，我国重点大中钢铁企业的吨钢综合能耗从0.823标煤下降到0.619t标煤，吨钢可比能耗从0.747t标煤下降到0.595t标煤，但是由于钢产量的不断攀升，总能耗却呈现上升的趋势。

在整个钢铁生产流程中，铁前系统（炼铁、烧结、焦化）能耗最大，占总能耗的65%以上，从整体上来看2001~2009年期间钢铁生产各个工序能耗均呈下降趋势，电炉工序在2005年以后冶炼电耗下降最为明显。钢铁生产除了一次能源利用效率有显著提高以外，二次能源的利用方式也日趋完善。钢铁企业以流程优化为主体的系统节能思想逐步确立，并带动了一批先进节能技术的应用，如：烧结余热回收、干熄焦（CDQ）、高炉炉顶煤气余压发电（TRT）、转炉“负

---

[1] 数据来源：中国钢铁工业节能减排统计季报（中国钢铁工业协会），中国钢铁工业环境保护统计（2009年）（中国钢铁工业协会信息统计部、中国统计学会冶金统计分会），中国环境状况公报（2009年）（环境保护部）。

[2] 王申强，王建国. 全球铁矿石资源态势与中国铁矿石资源战略分析［J］. 资源与产业，2009，11（2）：13。

[3] 数据来源：中国钢铁工业统计月报。

[4] 数据来源：中国钢铁工业统计月报。

能”炼钢、高温蓄热燃烧、煤气-蒸汽联合循环发电（CCPP）等。这些技术的推广，有效地提高了企业的清洁生产水平及绿色化程度，在实际生产中践行了“3R”原则。

2.1.1.4 污染物——处理率和达标率逐年上升

2001~2009年间❶，我国钢铁工业的外排废水总量在逐渐减少，从19.5亿m^3下降到7.995亿m^3，下降了59%；吨钢外排废水量在逐渐减少，从14.72m^3/t下降到1.41m^3/t，下降了90.42%；废水处理率逐年上升，由98.96%增加至99.98%；外排废水达标率除2003年有所下降外，整体呈上升趋势，由92.77%增加至98.63%。

2001~2009年间❷，我国钢铁工业外排废气总量呈现逐年上升趋势，从19209.46亿m^3（标态）增加至75830.12亿m^3（标态），增加了294.75%；吨钢外排废气量整体呈现上升趋势，但2008年、2009年下降较明显，由2001年的14492.08m^3（标态）下降至13354.08m^3（标态），下降了7.85%；废气处理率和排放达标率均逐年上升，分别由97.96%、94.02%上升至99.84%、99.44%。

2001~2009年间❸，我国钢铁工业的固体废物（包括高炉/转炉/电炉渣、含铁尘泥、电镀金属污泥、六价铬渣等）产生量逐年增加，妥善处理及综合利用率也呈整体上升趋势❹。

2.1.2 钢铁行业存在问题

2.1.2.1 节能降耗压力大

2009年我国重点大中型钢铁企业总能耗达到23832.88万吨标煤，比上年增加1186.66万吨标煤，增长5.24%。除去调整电力折标系数的影响，从吨钢综合能耗上来看，全国重点钢铁企业能耗与国际先进水平相比较差距在10%左右❺。

从节能技术上来讲，我国钢铁企业采用节能技术不均衡，有相当一部分企业的高炉煤气放散率还较高，焦炉煤气也有放散，有大量的余能余热还没有回收。目前个别钢铁企业高炉煤气损失占全部消耗煤气的21%、焦炉煤气损失占17%，减亏潜力十分巨大❻。虽然我国大中型钢铁企业对环保的重视度逐渐加强，能耗指标在逐步降低，但是根据《中国钢铁工业统计月报（2010年6月）》，2010年

❶ 数据来源：中国钢铁工业统计月报。

❷ 数据来源：中国钢铁工业统计月报。

❸ 数据来源：中国钢铁工业统计月报。

❹ 数据来源：中国钢铁工业统计月报。

❺ 苏天森. 当前中国钢铁工业节能减排技术［J］. 冶金信息导刊，2007. 3：1~3。

❻ 薛惠锋. 钢铁行业二次能源回收利用效率亟待提高［EB/OL］. http：//news. sina. com. cn/o/2007-12-14/180013081006s. shtml. 2010-12-17。

上半年重点大中型钢铁企业的粗钢产量仅占全国粗钢总产量的82.7%，仍有近18%的份额是中小型钢铁企业生产的。中小型企业的污染控制和节能措施远没有大中型企业完善。个别企业受经济利益驱使不计环境代价，国家已明令淘汰的落后工艺、装备依然存在。这对钢铁行业的健康发展带来极其不利的影响。资源、能源消耗居高不下，且我国中小型钢铁企业的能耗值约比大中型钢铁企业高50%❶，所以中小企业也是重点能耗控制对象。

2.1.2.2 污染物防治水平参差不齐

从钢铁行业废气烟尘控制技术来看，我国已经基本成熟并广泛应用，但是由于投资、成本、主体装备的差异直接决定了各钢铁企业废气治理措施的应用效果，企业焦炉除尘、转炉二次除尘、高炉出铁场等在实际运行过程中除尘效果差别比较大。

中国废水处理技术具有自身的特色，但与国外一些发达国家同类企业相比，我国水处理及回用技术在乳化油废水和破乳、超滤与反渗透、高效、低毒的药剂种类与品质、药剂自动投加与监控等方面还存在一定的差距。

我国钢铁企业的高炉渣、转炉渣和电炉渣等主要工业固废均得到了有效处理和回收利用，但尚需进一步优化处理工艺技术，力争实现100%资源化的目标。

2.1.2.3 产品结构仍需优化，关键技术需进一步开发

我国虽然在钢铁行业的结构调整、节能减排方面取得了巨大的进步，基本上实现了炼铁、炼钢和轧钢技术装备先进化，但是并未完全达到我们的初衷，主要存在的问题包括：未彻底解决我国国民经济各部门所需的钢材品种依靠进口的问题，还有一定数量的高附加值、高性能的产品至今不能完全自给，还需要进口；某些重大节能减排关键技术我国还不能完全自主提供等。❷

2.1.2.4 企业管理水平尚待改进，清洁生产组织仍需加强

在“十五”以及即将结束的“十一五”期间，钢铁企业自身的环境管理已经成为不可缺少的重要一环，且在“十二五”期间会越来越重要。现在越来越多的钢铁企业已经建立了完善的管理体系，并积极申请且通过了ISO14001体系及“环境友好企业”认证，进行了“清洁生产审核”，在积极参与节能减排、保护环境的同时也增强了企业自身的竞争力。

但是，众多的中小企业环境管理和生产管理体系尚不完善，甚至游离于政府的监管之外，从而造成了大量的资源浪费、环境污染和生态破坏。从清洁生产组织管理方面还存在以下问题：很多企业仍未普遍建立有效的清洁生产组织管理机构和管理制度；行业清洁生产标准体系仍未健全；行业清洁生产统计指标体系、

---

❶ 中国金属学会. 2001~2005中国钢铁工业科技进步报告［R］. 北京：冶金工业出版社，2008：6。

❷ 方孺康，孙辰. 钢铁产业与循环经济［M］. 北京：中国轻工业出版社，2010：120。

监测体系和考核体系仍未健全；仍未建立钢铁协会、钢铁企业、行业清洁生产中心之间的联动机制，未能在行业内有序组织开展清洁生产工作；钢铁行业在推动企业之间节能减排对标挖潜，提高企业节能减排动力方面还需要做许多工作；部分钢铁企业主要领导对清洁生产的认识还有较大差距，尚未形成自我约束和发展的机制等。

2.1.3 钢铁行业发展趋势

2.1.3.1 结合钢铁工业流程优化，加快淘汰落后

我国钢铁行业装备水平及技术水平参差不齐、产业集中度低、布局不合理是制约我国钢铁行业健康可持续发展的重要原因之一，我们需要认真研究飞速发展的中国钢铁工业优化流程，从清洁生产、循环经济的角度，以淘汰落后、优化规模布局为目标，逐步建设全新流程的现代钢铁基地，从而实现钢铁行业的节能减排[1]。

钢铁企业未来发展模式将通过合理利用资源、节约能源、清洁生产、绿色制造等过程，走上生态化转型的道路，逐步形成两种主要的、可选择的模式：即城市周边型钢企和海港工业生态（带）型钢企。与此同时，要推进钢企功能的拓展，充分发挥钢企的钢铁产品制造功能、能源转换功能和废弃物消纳——处理、再资源化功能，提升中国钢铁工业的总体水平[2]。通过节能减排、清洁生产和实施绿色制造等途径，促进形成钢铁与发电、建材等行业的工业生态制造链，为钢铁企业的生态化转型创造条件，融入到循环经济社会。

2.1.3.2 积极推广和研发清洁生产技术

我国将继续推广成熟的钢铁企业节能减排技术，例如：高压 CDQ 回收蒸汽发电、干式 TRT、CCPP、烧结烟气脱硫、烧结尾气回收蒸汽、高炉顶压高精度稳定性控制技术、高炉富氧喷煤工艺等。

同时，我们必须把增强原始创新的能力建设和引进消化吸收再创新的能力建设作为提高钢铁企业自主创新能力的突破口，继续实现“引进－消化吸收－再创新”的“二次创新”，继续开发具有我国自主知识产权的炼铁、炼钢、轧钢的自动化控制技术及从产品生命周期角度具有节能减排优势的钢铁产品品种。

2.1.3.3 从能源管理入手深化系统节能

对现代钢铁生产企业而言，流程高效、连续、紧凑是最重要的节能措施，而

---

[1] 苏天森. 关于提高产业集中度一些问题的思考［C］. 2007 年西南五省市（区）第十二届铁合金学术交流会，2007。

[2] 殷瑞钰. 拓展钢厂功能 实施绿色制造 向工业生态化转型［EB/OL］. http://www.custeel.com/Scripts/viewArticle.jsp?articleID=1219603. 2010－12－10。

且必须把着眼点放在提高能源的利用效率、实现能源的高效转换、回收能源的高效高附加值的利用3个重点上面；另外还必须建立和优化以能源（或能源环保）中心为核心的企业节能、CO_2减排管控体系。在此基础上，大力推进重点节能减排技术的推广应用和优化，才能真正实践建立钢铁产品从设计、原材料（包括铁矿、耐材、铁合金和能源）准备（开采、提纯、加工和输送）、制造、排放物无害化和资源化处理到产品的使用、再使用和回收利用全过程清洁生产的理念并贯彻实行[1]。

钢铁企业系统节能的研究需要采用模型化的研究方法来描述能源系统内部关系，从注重单位设备、工序的节能向企业整体节能方向转变；要从经验管理节能向现代化企业管理方向转变，提高企业节能工作水平和能源利用效率；节能管理体系要从单一的能源部门纵向管理体系，向计划、生产、技术、原燃料供应、设备等部门与能源管理部门分工协作的综合能源管理体系联合进行能源管理。

2.1.3.4 将清洁生产纳入企业日常生产管理规划

随着清洁生产、循环经济、可持续发展理念的深入，钢铁企业将从以下几个方面努力将清洁生产纳入日常生产管理规划。

首先，需要把清洁生产规划纳入企业中长期发展规划，并在新建、技改时，从可行性研究、初步设计阶段就需要考虑可行性方案；其次，在企业管理过程中，需要加强宣传培训，自觉推行清洁生产；积极开展清洁生产审核，找不足，抓改造；建立行业协会、钢铁企业、行业清洁生产中心联动机制，有序推进行业清洁生产工作；建立清洁生产统计指标体系、动态监测体系、考核管理体系等。

2.2 钢铁行业典型工艺流程

钢铁行业典型工艺流程包括长流程和短流程。长流程一般包括烧结（球团）、焦化、炼铁、炼钢（转炉、电炉）、连铸、轧钢等。短流程一般从电炉炼钢开始，以废钢为主要原料。钢铁企业典型工艺流程如图2－2所示。现对长流程各主导工序工艺流程简介如下（短流程参考从电炉炼钢开始）。

2.2.1 钢铁行业主导工序工艺流程1

焦化：将炼焦煤在密闭的焦炉内隔绝空气，高温加热，放出水分和吸附气体，随后分解产生煤气和焦油等，剩下以碳为主体的固体产物即为焦炭。这种煤热解过程通常称为煤的干馏。煤的干馏分为低温干馏、中温干馏和高温干馏三种。它们的主要区别在于干馏的最终温度不同。目前炼焦炉绝大多数属于高温炼焦炉，主要生产冶金焦、炼焦煤气和炼焦化学产品。这种炼焦煤料在炭化室内经

---

[1] 苏天森．低碳经济指导下的钢铁工业发展和展望［J］．山东冶金，2010，32（2）：1～4。

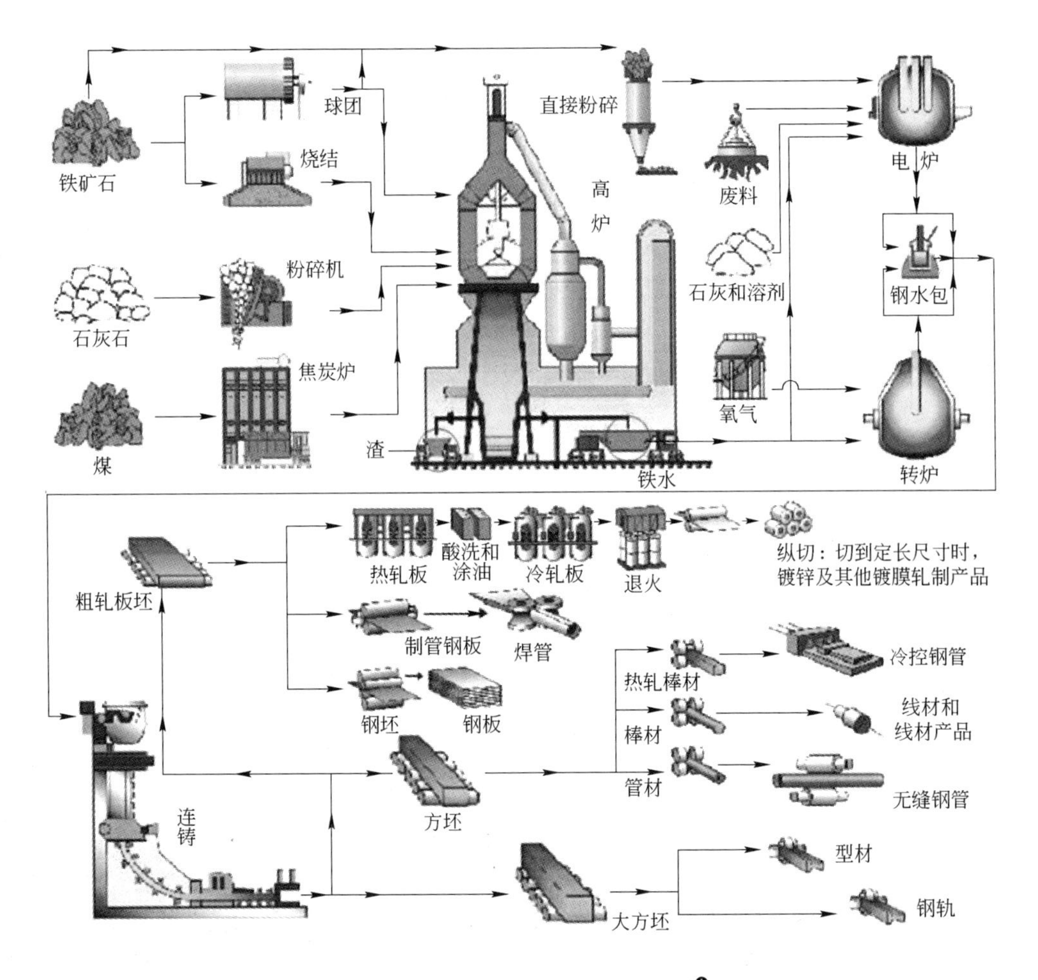

图 2－2　钢铁企业典型工艺流程图[1]

过热解、缩聚、固化和收缩等而成为焦炭的高温炼焦过程，就是高温干馏。该工序生产工艺流程及产排污节点示意图见图 2－3。

2.2.2　钢铁行业主导工序工艺流程 2

烧结/球团：烧结是将矿粉（包括富矿粉、精矿粉以及其他含铁细粒状物料）、熔剂（石灰石、白云石等粉料）、燃料（焦粉、煤粉）按照一定比例配合后，经混匀、造粒、加温（预热）、布料、点火，借助炉料氧化（主要是燃料燃烧）产生的高温，使烧结料水分蒸发并发生一系列化学反应，产生部分液相黏

[1] 钢铁行业生产工艺流程［OB/EL］. http：//www. gkcity. com/n－i－92234－c－News. htm. 2010－12－30。

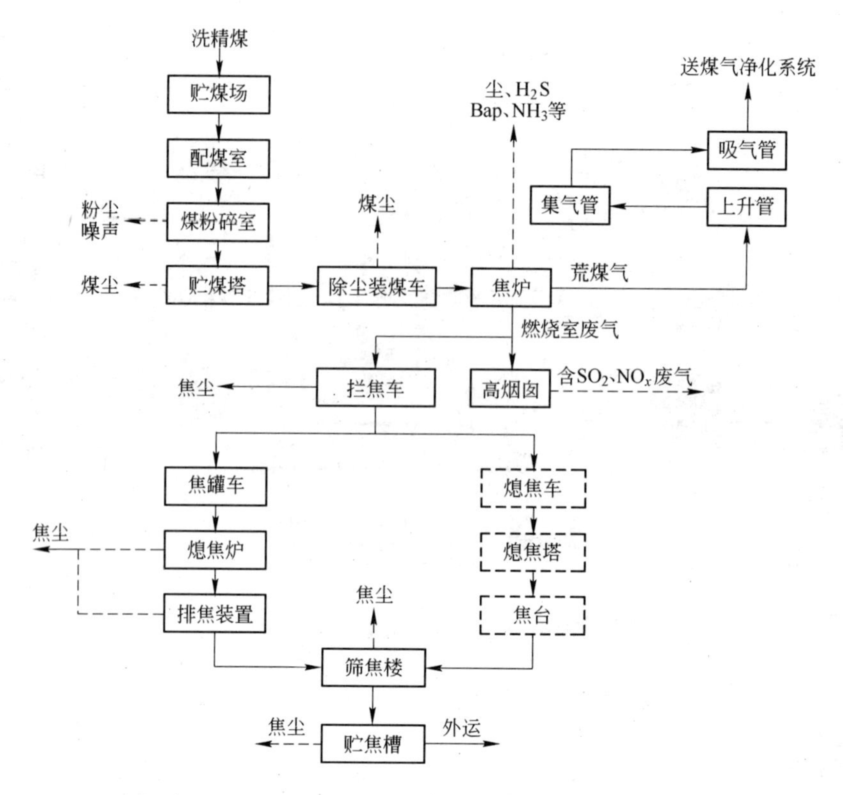

图 2－3 炼焦生产工艺流程及产排污节点示意图
（虚线框为湿熄焦系统）

结，冷却后成块，经合理破碎和筛分，最终得到烧结矿。该工序生产工艺流程及产排污节点示意图见图 2－4。烧结按其生产工艺的不同可分为抽风法和鼓风法，目前普遍采用的是抽风法。烧结矿就其成品是否经过冷却，又有冷矿与热矿之分。不经过冷却和整粒的烧结矿称为热矿，冷矿则需要冷却，可以用皮带运输。

球团是粉矿造球的重要方法之一。球团工艺先将粉矿加适量的水分和黏结剂制成黏度均匀、具有足够强度的生球，经干燥、预热后在氧化气氛中焙烧，使生球结团，制成球团矿。这种方法特别适宜于处理精矿细粉。球团矿具有较好的冷态强度、还原性和粒度组成。在钢铁工业中，球团矿与烧结矿一样，都是重要的高炉炉料，可一起构成较好的炉料结构。球团生产目前有竖炉法、带式球团机法和链箅机－回转窑法三大类。竖炉法的竖炉结构简单，但生产能力小、能耗高、污染大、产品质量难保证；带式球团机虽具有生产效率最高、能耗最低等优点，但也有设备需耐热合金材料等缺点，在我国应用尚不广泛；链箅机－回转窑法产

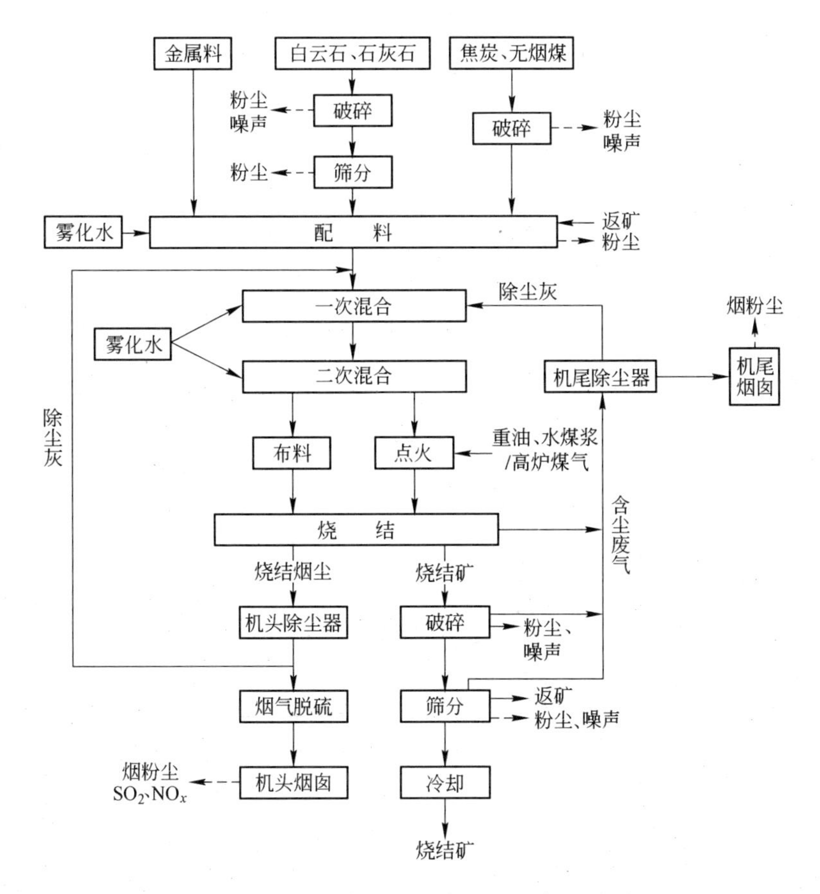

图2-4 烧结生产工艺流程及产排污节点示意图

能高，能耗低，产品质量好，是规模化生产发展的方向。图2-5是链箅机-回转窑生产球团的工艺流程及产排污节点示意图。

2.2.3 钢铁行业主导工序工艺流程3

高炉炼铁：从高炉炉顶不断地装入铁矿石、烧结矿（球团）、焦炭、熔剂，从高炉下部的风口吹进热风，喷入煤粉。装入高炉中的铁矿石等铁素原料，主要是铁和氧的化合物。在高温下，焦炭和喷吹煤粉的碳以及碳燃烧生成的一氧化碳将铁素原料中的氧夺取出来，得到铁，这个过程叫做还原。铁矿石等原料通过还原反应炼出生铁，铁水从出铁口放出。原料中的杂质、焦炭及喷吹物中的灰分与加入炉内的石灰石等熔剂结合生成炉渣，从出铁口和出渣口分别排出。煤气从炉顶导出，经除尘后作为工业煤气用。高炉内的一切反应均发生于煤气和炉料的相向运动和相互作用之中。它包括炉料的加热、蒸发、挥发和分解，铁及其他元素

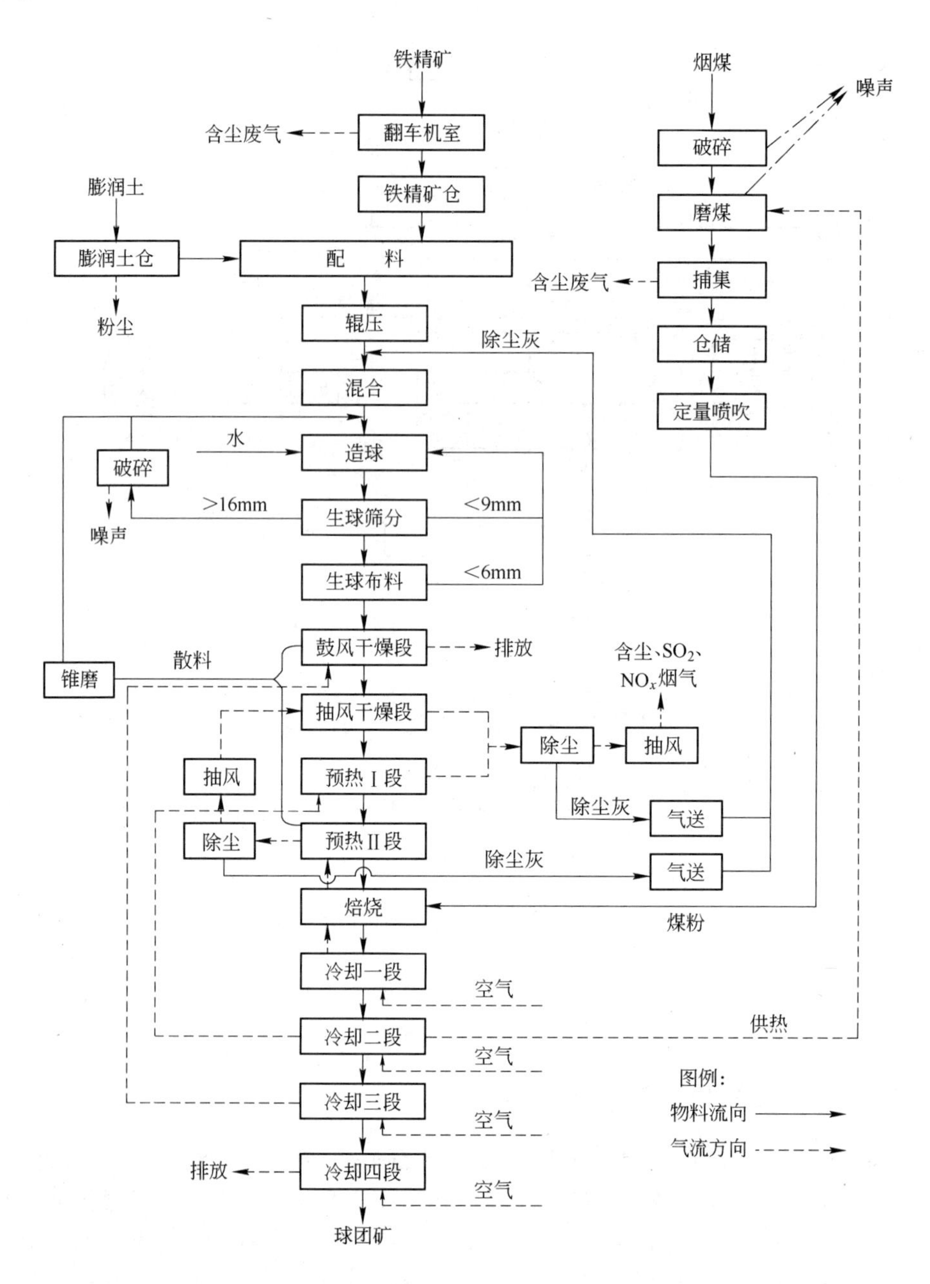

图 2-5 链箅机-回转窑球团生产工艺流程及产排污节点示意图

的还原，炉料中非铁氧化物的熔化、造渣和生铁的脱硫，铁的渗碳及生铁的形成，炉料和煤气之间的热交换等，是一系列物理化学反应过程的总和。高炉炼铁工序生产工艺流程及产排污节点示意图见图 2-6。

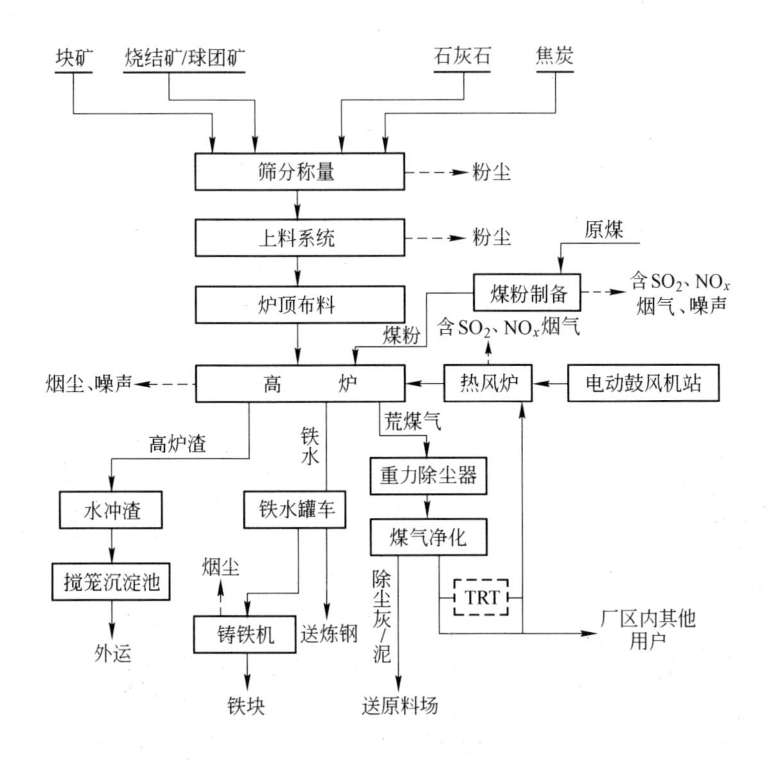

图2－6　高炉炼铁生产工艺流程及产排污节点示意图

2.2.4　钢铁行业主导工序工艺流程4

炼钢：炼钢主要涉及的生产工艺包括：铁水预处理（脱硅、脱磷、脱硫）、冶炼、二次冶金（炉外精炼）、浇铸（连铸）等。任务就是根据所炼钢种的要求，把生铁中的含碳量降到规定范围，并使其他元素的含量减少或增加到规定范围，达到最终钢材所要求的金属成分。炼钢过程基本上是一个氧化过程，这些元素氧化后，有的在高温下与石灰等熔剂起反应，形成炉渣，有的变成气体逸出，留下的金属熔体就是钢水。在炼钢的最后阶段，还要在熔化中和出钢过程中，用脱氧剂进行脱氧。这样，达到一定成分和温度的钢水，用连铸机铸成钢坯，送到轧钢厂轧成各种钢材；以铸钢件为主的铸钢厂，是用钢水直接铸造成铸钢件。

转炉炼钢是利用吹入炉内的氧与铁水中的元素碳、硅、锰、磷、硫反应放出的热量来进行冶炼，可分为氧气顶吹转炉、顶底复合吹炼转炉等。该工序生产工艺流程及产排污节点示意图见图2－7。

电炉炼钢是利用电能作为热源来进行冶炼的。最常用的电炉有直流电弧炉和交流电弧炉两种，其生产工艺流程及产排污节点见图2－8。

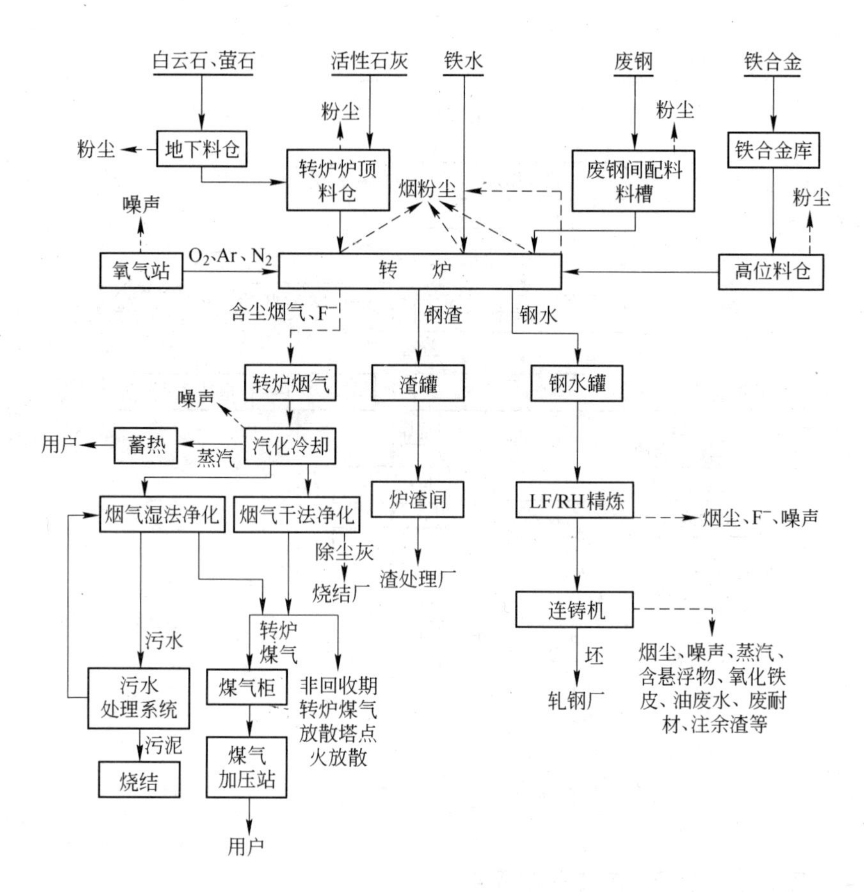

图2－7　转炉炼钢生产工艺流程及产排污节点示意图

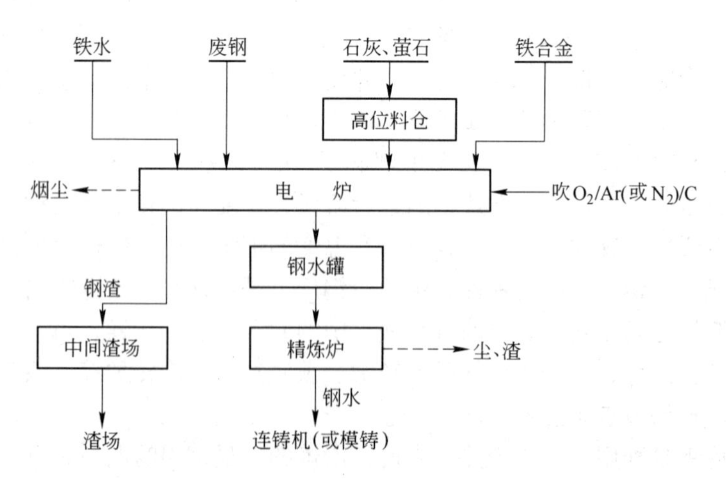

图2－8　电炉炼钢生产工艺流程及产排污节点示意图

2.2.5 钢铁行业主导工序工艺流程 5

轧钢：由炼钢炉炼出来的钢水，经过连铸机得到连铸坯，然后经过压力加工成材，压力加工的方法很多，有轧制、锻压、挤压、拉拔等，但 90% 以上的钢是轧制成材的。轧钢可分为热轧和冷轧。钢坯在常温下很硬，不易加工，一般加热到 1150～1300℃进行轧制叫热轧。热轧会使钢在高温下表面产生很多铁皮使表面粗糙，尺寸波动大。对于表面要求光洁、尺寸精确、机械性能好的钢材，采用冷轧或者冷拔。冷轧和冷拔是将热轧到一定尺寸的钢材，经酸洗后在常温下进行轧制或拉拔。

轧钢工艺流程比较复杂，工序取舍不是任意的，此外，随着对轧制产品质量要求的提高，品种范围的扩大以及新技术、新设备的应用，轧制产品的工艺流程及工序的具体内容也会有相应的变化。但就总体上看，对热轧而言，其生产工艺流程由以下几个基本工序组成：坯料准备、坯料加热、钢的轧制、轧后冷却与精整。产品不同，每个基本工序的内容有所不同，例如，热轧棒材及热轧板卷的工艺流程及产排污节点见图 2－9 和图 2－10；冷轧生产工艺流程受其特点的影响，加工前一般要进行热处理及酸洗，并且在加工过程中要进行一次或多次中间热处理，例如，冷轧（酸洗－轧机联合机组）生产线工艺流程及产排污节点示意见图 2－11。

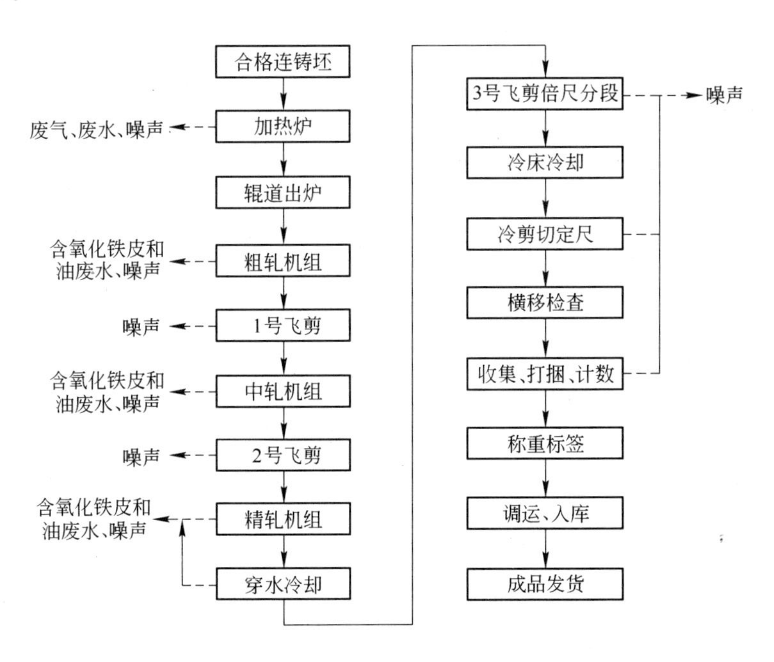

图 2－9 热轧棒材生产工艺流程及产排污节点示意图

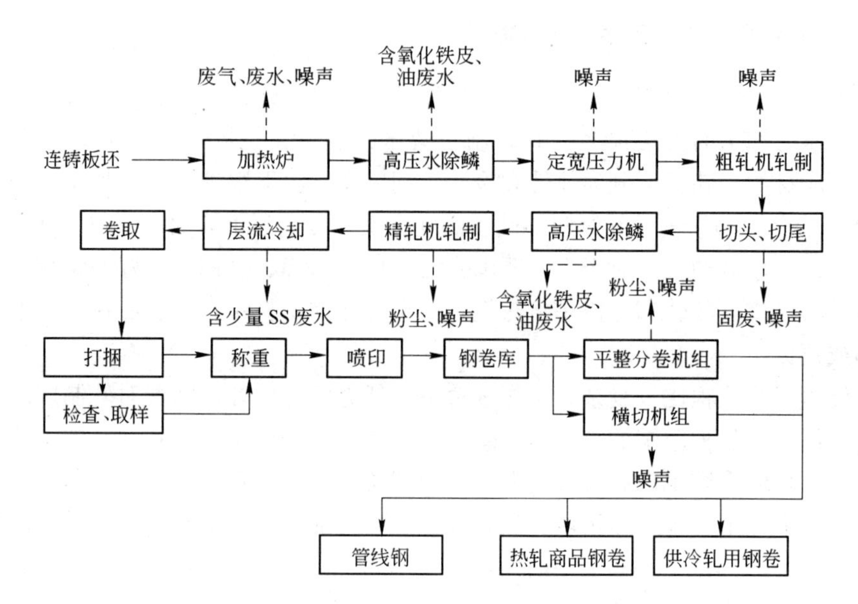

图2－10 热轧板卷生产工艺流程及产排污节点示意图

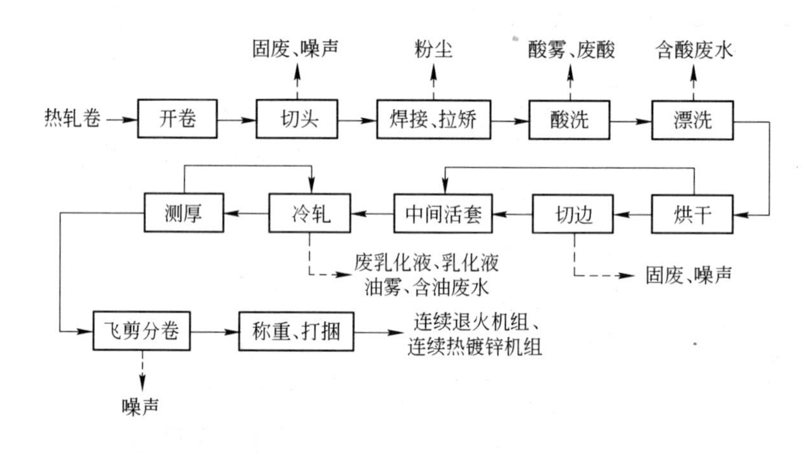

图2－11 冷轧（酸洗－轧机联合机组）生产线工艺流程及产排污节点示意图

轧钢最终产品按照品种一般分为长材和扁平材：工字钢、角钢、槽钢、线材、螺纹、圆钢、管材等都是属于长材系列；扁平材按厚度可分为薄板、中板、厚板、特厚板，按生产方法可分为热轧钢板、冷轧钢板，按表面特征可分为镀锌板（热镀锌板、电镀锌板）、镀锡板、复合钢板、彩色涂层钢板，按用途可分为桥梁钢板、锅炉钢板、造船钢板、装甲钢板、汽车钢板、屋面钢板、结构钢板、电工钢板（硅钢片）、弹簧钢板等。

2.3 钢铁行业清洁生产进展及效果

2.3.1 清洁生产总体进展

（1）产品升级、结构调整取得了重大突破。[1]

主要表现在：1）细晶钢生产与规范化取得新进展；2）汽车用钢已大批量生产，占领国内市场并出口，质量达到和保持国际先进水平；3）电工钢以冷代热，高性能取向、无取向冷轧硅已批量占领国内市场并有出口；4）铁道用钢生产已达到国际先进水平，其中高速（250～350km/h）、重载（80吨/车）及100m长钢轨世界领先，已有出口；5）不锈钢产量世界第一，2009年粗钢产量达880万吨，而且铁素体不锈钢比例首次超过30%；6）X80、X100、X120等高水平管线钢已批量生产或进行试验，X80管线钢已全面占领国内市场，并有出口；7）独特的离心铸造复层钢管坯－热挤压（或冷轧）成形复合管－热处理工艺世界领先，冶金质量生产效率大幅度提高；8）F型中低速磁悬浮铁路线用轨直接轧制工艺世界独创、领先。钢材品种质量突破性进展最重要的原因是掌握了高效率、低成本的两个基础技术，即洁净钢生产平台技术和控轧控冷等先进轧钢技术。

（2）清洁生产技术研发与推广取得了重要进展。

经过近几年在钢铁行业大力推进钢铁行业清洁生产，我国陆续发布了《国家重点行业清洁生产技术导向目录》（第一、二、三批）、《钢铁行业清洁生产技术推行方案》、《钢铁产业调整和振兴规划》等与钢铁行业直接相关的多项清洁生产技术文件。其中，目前国际上普遍推广且切实可行的技术已有很多企业应用，并取得了较好的环境效益、经济效益和社会效益。

与此同时，高水平钢材的生产工艺优化不但降低了钢铁生产过程物料、能源消耗，减小 CO_2 排放，也为用户提供了钢材减量化，长寿命周期使用的基础，为节能减排创造了条件。

（3）新一代可循环钢铁流程工艺技术已建成第一个示范工程——京唐钢铁公司。[1]

从清洁生产、循环经济角度来看，京唐钢铁公司是一个全新的钢铁厂，具有流程动态、有序、连续、紧凑，全量铁水三脱；大型化、高效化；物耗、能耗最低化；干法冷却除尘（干熄焦、高炉和转炉全干法除尘）；海水淡化应用及消纳社会废弃物等显著的特点。

另外鞍钢鲅鱼圈新厂，重钢长寿新厂等在工厂平面布置、风能和太阳能利用

---

[1] 苏天森．低碳经济指导下的钢铁工业发展和展望［J］．山东冶金，2010，32（2）：1～4。

等方面也各有区别于传统钢铁生产流程的显著特点。

（4）钢铁企业积极推进清洁生产审核工作。据不完全统计，截至2009年，全国钢铁行业有354家企业实施了清洁生产审核，企业通过清洁生产审核真正降低了成本，降低了原材料消耗和能耗，提高物料和能源的使用效率。越来越多的钢铁企业将进一步推进清洁生产审核，进行持续清洁生产，完成国家的节能减排任务。例如：某大型钢铁企业通过清洁生产审核，减少钢铁料消耗6944.32吨/年、石灰消耗28211吨/年，提高钢产量650吨/年，增加烟粉尘捕集量9496.08吨/年，减排SO_2量6300.49吨/年、COD量302吨/年、氨氮量36.76吨/年、挥发酚量99.16吨/年；环境效益较明显；通过减少物料消耗，降低生产成本费用800万元/年；通过增加产品产量增加产值128.78万元/年。

2.3.2 总体清洁生产水平评价

现根据2005年5月国家发改委正式发布的《钢铁行业清洁生产评价指标体系（试行）》，冶金清洁生产技术中心对国内钢铁行业年粗钢总产量64.42%的48家大中型长流程钢铁企业2001～2007年的上报材料进行统计分析，将这些企业分为500万吨规模以上和500万吨以下两类以及对全部48家分别进行了评价。

22家500万吨/年规模以上钢铁企业在2001～2007年间粗钢产量占全国粗钢总产量约为46.2%。其定量指标22家平均总得分逐年增加，从2001年的74.23分，上升到2007年的105.39分，年均增长速度为6.02%。从钢铁行业平均值（所有22家企业2001～2007年平均总得分的平均）来评价发现：2001年有3家企业的定量指标总得分（P1）超过行业平均值，2007年达到18家。

26家500万吨/年以下钢铁企业在2001～2007年定量指标总得分的年度定量指标26家平均总得分逐年增加，从2001年的69.97分，上升到2007年的102.83分，年均增长速度为6.63%。从年度来分析，2001年有1家企业的定量指标总得分超过行业平均值（所有26家企业2001～2007年平均总得分的平均），2007年达到了23家。

利用指标体系对上述48家国内大中型长流程钢铁企业在2001～2007年的清洁生产状况进行评价后能够看出：占国内钢铁行业年粗钢总产量64.42%的48家企业，在此期间采取具体措施制定了清洁生产规划，实施了以清洁生产为主要内容的结构调整和技术改造，淘汰了一批落后的技术、工艺和设备，改变了各工序的能耗指数，提高了资源的利用率，降低了污染物的排放。从而使得这48家企业的清洁生产定量指标平均总得分2001～2007年逐年增加，从2001年的73.90分增加到2007年的104.28分，年平均增长率达到5.91%。说明钢铁行业和企业在“十五”期间和到“十一五”中期的清洁生产状况取得稳步进展。

考察其他一级指标得分能够看出2001～2007年的发展变化：这48家企业在

能源、资源、生产技术、综合利用和污染物（控制）这五个指标中得分增长速度最快的是污染物（控制）指标。这一指标的得分年平均增长率达到14.69%。到2007年，该项指标得分已经超过权重值3.98分，达到18.98分。得分增长速度最慢的是生产技术指标，此指标得分的年平均增长率仅为2.22%，2001~2007年该项指标得分均未超过权重值20分的要求，与权重值还有0.67分的差距。其余按照年均增长速度大小排序依次是：资源指标、能源指标和综合利用指标。

3　钢铁行业清洁生产审核

3.1　清洁生产审核定义、目的及思路

3.1.1　清洁生产审核定义

清洁生产审核“是指按照一定程序，对生产和服务过程进行调查和诊断，找出能耗高、物耗高、污染重的原因，提出减少有毒有害物料的使用、产生，降低能耗、物耗以及废弃物产生的方案，进而选定技术经济及环境可行的清洁生产方案的过程”。

具体说，清洁生产审核是对企业从原材料、能源、产品、工艺技术、生产管理等，进行总物料平衡，总水量平衡、废弃物产生及成因等各个方面，结合国内外先进水平，系统地、全面又突出重点地进行分析，并且找出存在的问题，制订解决存在问题的高层次的方案。

3.1.2　清洁生产审核的目的

清洁生产审核作为实施清洁生产战略的最重要的方法和工具，其根本目的是实现企业的清洁生产。通过全面核查评价生产过程中使用的原材料、能源以及和废弃物产生量等的状况；确定废弃物的来源、数量以及类型，从原材料、工艺技术、生产运行及管理、产品和物质循环利用等多种途径，识别、寻找和进行污染物减量的机会和方法，分析、确定废弃物削减的目标，提出削减废弃物的对策、方案并加以实施；进行清洁生产审核是为了节约资源（能源），降低生产成本，提高企业的利润；减少企业生产活动对环境的污染，保护生态环境；促使经济发展与环境保护协调发展。简而言之，清洁生产审核最终是帮助企业实现“节能、降耗、减污、增效”的目的。

3.1.3　清洁生产审核思路

清洁生产审核思路可用一句话概括，即判明废弃物产生的部位，分析废弃物产生的原因，提出方案以减少或消除废弃物。图 3 -1 表述了清洁生产审核思路。从图 3 -1 可以看出，清洁生产审核的思路可以用关于废弃物的三个问题及答案来概括：

（1）废弃物在哪里产生？通过现场调查和物料平衡找出废弃物的产生部位

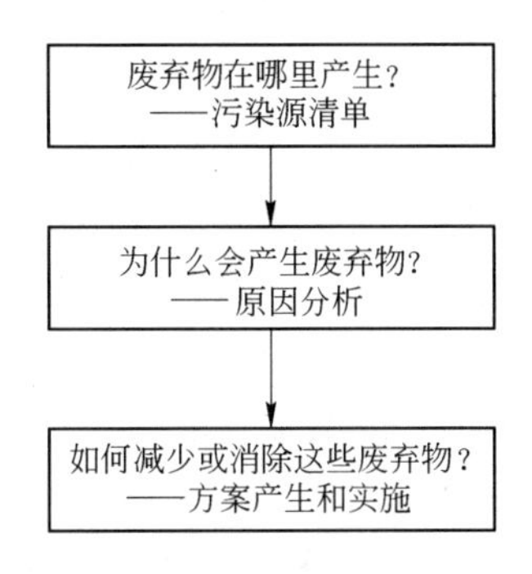

图3-1 清洁生产审核思路

并确定产生量。

（2）为什么会产生废弃物？这要求分析产品生产过程八个方面（见图3-2）中的每一个环节。

（3）如何消除这些废弃物？针对每一个废弃物产生原因，设计相应的清洁生产方案，包括无/低费方案和中/高费方案。方案可以是一个、几个甚至几十个。通过实施这些清洁生产方案来消除这些废弃物产生原因，从而达到减少废弃物产生的目的。

审核思路中提出要分析污染物产生的原因和提出预防或减少污染产生的方案，这两项工作该如何去做呢？为此需要分析生产过程中污染物产生的主要途径，这也是清洁生产与末端治理的重要区别之一。

抛开生产过程千差万别个性，概括出其共性，得出如图3-2所示的生产过程框图。

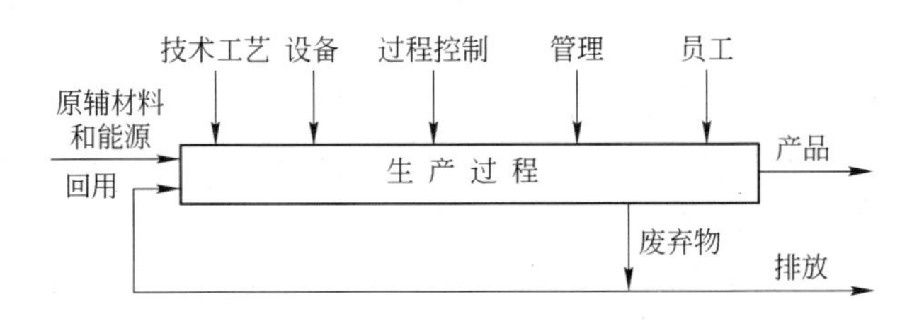

图3-2 生产过程框图

从图3-2可以看出，一个生产和服务过程可抽象成八个方面，即原辅材料和能源、技术工艺、设备、过程控制、管理、员工等六方面的输入，以及得出产品和废弃物的两个方面输出。不得不产生的废弃物，要优先采用回收和循环使用措施，剩余部分才向外界环境排放。从清洁生产的角度看，废弃物产生的原因跟这八个方面都可能有关。这八个方面中的某几个方面直接导致废弃物的产生。

根据上述生产过程框图，对废弃物的产生原因分析要针对以下八个方面进行。

3.1.3.1 原辅材料和能源

原辅材料本身所具有的特性，例如纯度、毒性、难降解性等，在一定程度上决定了产品及其生产过程对环境的危害，因而选择对环境无害的原辅材料是清洁生产所要考虑的重要方面。

企业是我国能源消耗的主体，以冶金、电力、石化、有色、建材、印染等行业为主，尤其对于重点能耗企业（国家规定年综合能耗1万吨以上标煤企业为重点能耗企业；各省市部委将年综合能耗5000t以上标煤企业也列为重点能耗企业）节约能源是常抓不懈的主题。我国的节能方针是“开发和节约并重，以节约为主”。可见节能降耗将是我国今后经济发展相当长时期的主要任务。据统计，产品能耗中国比国外平均多40%，我国仅机电行业的节能潜力为1000亿千瓦·小时，空间十分巨大。同时，有些能源（例如煤、油等的燃烧过程）在使用过程中直接产生废弃物，而有些则间接产生废弃物（例如一般电的使用本身不产生废弃物，但火电、水电和核电的生产过程均会产生一定的废弃物），因而，节约能源、使用二次能源和清洁能源将有利于减少污染的产生。

除原辅材料和能源本身所具有的特性以外，原辅材料的储存、发放、运输，原辅材料的投入方式和投入量等都决定了废弃物产生种类和数量。

3.1.3.2 生产工艺技术

生产过程的技术工艺水平基本上决定了废弃物产生数量和种类，先进技术可以提高原材料的利用效率，从而减少废弃物的产生。结合技术改造预防污染是实现清洁生产的一条重要途径。连续生产能力差、生产稳定性差、工艺条件过严等都可能导致废弃物的产生。

3.1.3.3 生产设备

设备作为技术工艺的具体体现在生产过程中也具有重要作用，设备的搭配（生产设备之间、生产设备和公用设施之间）、自身的功能、设备的维护保养等均会影响到废弃物的产生。

3.1.3.4 生产过程控制

过程控制对生产过程十分重要，反应参数是否处于受控状态并达到优化水平（或工艺要求），对产品的得率和废弃物产生数量具有直接的影响。

3.1.3.5 产品

产品本身决定了生产过程，同时产品性能、种类的变化往往要求生产过程作出相应的调整，因而也会影响到废弃物的种类和数量。此外，包装方式和用材、体积大小、报废后的处置方式以及产品储运和搬运过程等，都是在分析和研究产品相关的环境问题时应加以考虑的因素。

3.1.3.6 生产管理

我国目前大部分企业的管理现状和水平，也是导致物料、能源的浪费和废弃物增加的一个主要原因。加强管理是组织发展的永恒主题，任何管理上的松懈和遗漏，如岗位操作过程不够完善、缺乏有效的奖惩制度等，都会影响到废弃物的产生。通过组织的“自我决策、自我控制、自我管理”方式，可把环境管理融入组织全面管理之中。

3.1.3.7 员工

任何生产过程，无论其自动化程度多高，从广义上讲均需要人的参与，因而员工素养的提高和积极性的激励也是有效控制生产过程废弃物产生的重要因素。缺乏专业技术人员、缺乏熟练的操作工人和优良的管理人员以及员工缺乏积极性和进取精神等都可能导致废弃物的增加。

3.1.3.8 废弃物

废弃物本身所具有的特性和状态直接关系到它是否可再利用和循环使用，只有当它离开生产过程才称其为废弃物，否则仍为生产过程中的有用物质，因此应尽可能回收利用，以减少废弃物排放的数量。

废弃物产生的数量往往与能源、资源利用率密切相关。清洁生产审核的一个重要内容就是通过提高能源、资源利用率、减少废弃物产生量，达到环境与经济“双赢”目的。当然，以上对生产过程八个方面的划分并不是绝对的，在许多情况下存在着相互交叉和渗透的情况。例如一套设备可能就决定了技术工艺水平，过程控制不仅与仪器仪表有关，还与员工及管理有很大的关系等。但八个方面仍各有侧重点，原因分析时应归结到主要的原因上。

注意对于每一个污染源都要从以上八个方面进行原因分析并针对原因提出相应的解决方案（方案类型也在这八个方面之内），但这并不是说每个污染源都存在这八个方面的原因，可能存在其中的一个或几个原因。

3.2 清洁生产审核程序

钢铁联合企业生产工艺流程长、工序繁多，各种生产设备多，原料、燃料、能源、水等资源耗用量大。就我国钢铁行业而言，目前存在装备水平低、规模偏小、能耗物耗大、污染治理设备不完备、处理技术水平低等问题。通过清洁生产，提高原材料和能源的利用率、削减污染物的产生、提高产品质量，从而获得更多的经济效益和环境效益。

清洁生产审核是企业实施清洁生产的重要前提。清洁生产审核的主要内容包括发现企业目前存在的主要问题，分析和评估这些问题，并提出污染预防的合理化建议。通过系统地实施清洁生产审核，企业可以达到“节能、降耗、减污、增效”的目的。

我国钢铁企业多为钢铁联合企业，工序复杂，生产设备多，厂、车间多，因此钢铁企业的清洁生产审核多以分厂、车间为单位，单独进行，以便更为详细地发现企业目前存在的主要问题。

清洁生产审核的基本方法是：

（1）开列企业的污染源清单，即找出废弃物是从哪里产生的；

（2）进行废弃物产生的原因分析，即分析为什么会产生废弃物；

（3）产生清洁生产方案，即思考如何消除废弃物产生原因，从而找到消除或削减废弃物的根本解决方案。

清洁生产审核遵循如下基本原则：

（1）边审核、边实施、边见效，即对于可行的无/低费方案立即着手实施；

（2）物料实测、建立物料平衡并对其结果进行评估分析，从而为废弃物产生原因的深层次分析提供依据；

（3）评价清洁生产方案，即找出具有针对性的最佳可行方案；

（4）开发综合的技术革新计划，即优化整个生产线，而不是某个局部。

一个钢铁企业实施清洁生产审核大约需要6~12个月的时间，清洁生产审核总共包括以下七个阶段。

3.2.1 审核准备

审核准备阶段的工作目的是通过宣传教育使组织的领导和职工对清洁生产有一个初步的、比较正确的认识，消除思想上和观念上的障碍，了解组织对清洁生产审核的内容、要求及工作程序。

3.2.1.1 目的和要求

第一阶段的主要目的是在一个企业中启动清洁生产审核。众所周知，清洁生产审核是一项综合性很强的工作，它涉及企业的各个部门，如生产进度安排、原材料能源采购、设备维修、质量控制等。因此，获得领导的支持至关重要，特别是企业最高管理者的支持，因为企业是由最高管理者进行全权负责的。同时建立一个高素质的审核小组也是企业成功开展清洁生产审核的保障。

3.2.1.2 工作内容

审核准备阶段主要工作如图3-3所示。

A 取得领导的支持

利用内部和外部的影响力，及时向企业领导宣传和汇报，宣讲清洁生产审核可能给钢铁企业带来的经济效益、环境效益、无形资产的提高和推动技术进步等诸方面的好处，介绍其他企业实行清洁生产的成功实例，以取得支持。企业领导对清洁生产所做出的承诺是企业开展清洁生产审核的一个好的开始。

可以通过多种途径获得组织高层领导支持和参与清洁生产审核。在此介绍两

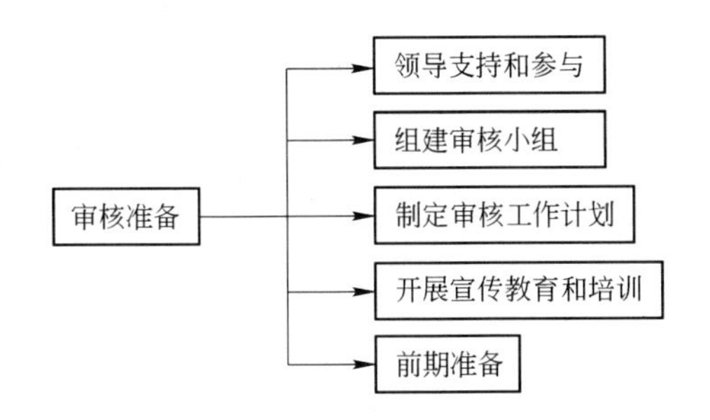

图3－3 企业清洁生产审核准备阶段工作框架图

种方法：一是通过国家和地方环境保护主管部门或工业主管部门的力量，直接对组织高层管理人员进行有关清洁生产知识的培训，使他们了解什么是清洁生产，为什么要实施清洁生产，从而发挥其主观能动作用；二是通过培训组织内部环保部门或工艺部门的管理和技术人员，使他们产生实施清洁生产审核需求，在此基础上由他们向组织的高层管理人员进行宣传和建议。

a 清洁生产审核可能给组织带来的利益

总的来说，通过清洁生产审核，实施清洁生产将对组织产生良好的效果，其正面影响是主要的，主要体现在以下几个方面：

(1) 提高组织环境管理水平；

(2) 提高原材料、水、能源的使用效率，降低成本；

(3) 减少污染物的产生量和排放量，保持环境，减少污染处理费用；

(4) 促进组织技术进步；

(5) 提高职工素质；

(6) 改善操作环境，提高生产效率；

(7) 树立组织形象，扩大组织影响。

b 清洁生产审核所需组织的投入及承担的风险

实施清洁生产会对组织产生正面良好的影响，但也需要组织相应的投入并承担一定的风险，主要体现在以下几个方面：

(1) 需要管理人员、技术人员和操作工人必要的时间投入；

(2) 需要一定的监测设备和监测费用投入；

(3) 承担聘请外部专家费用；

(4) 承担编制审核报告费用；

(5) 承担实施中、高费用清洁生产方案可能产生不利影响的风险，包括技术风险和市场风险。

c 清洁生产与企业技术改造的关系

(1) 根据清洁生产审核程序，清洁生产的实施会使企业的技术改造更具有针对性；

（2）根据清洁生产技术改造方案的确定，清洁生产的实施使企业的技术改造充分利用国内外最新科技成果；

（3）根据清洁生产技术改造方案的可行性分析，清洁生产的实施使企业的技术改造更切合企业实际，易于操作实施；

（4）根据清洁生产技术改造方案可能带来的效益，清洁生产的实施使企业的技术改造达到经济与环境效益的最佳结合。

B 组建审核小组

通常审核小组以分厂为单位，由几名到十几名成员组成，审核小组成员应正式指派和任命，以保证审核工作中现状调研、物料实测、方案实施等工作的顺利进行。

审核小组组长：是审核小组的核心，应由组织主要领导人，最好由总经理直接担任，或由其任命主管技术/生产的副手担任。需要具备生产、工艺、管理与新技术的知识和经验；掌握污染防治的原则和技术，并熟悉有关的环保法规；了解审核工作程序，熟悉审核小组成员情况，具备领导和组织工作的才能，能与其他部门合作等。

审核小组成员：是根据组织的实际情况确定。需要具备组织清洁生产审核的知识或工作经验；掌握组织的生产、工艺、管理等方面的情况及新技术信息；熟悉组织的废物产生、治理和管理情况以及国家和地区环保法规和政策等。

视组织的具体情况，审核小组中还应包括一些非全时制的人员，视实际需要，人数可由几人到十几人不等，也可随着审核的不断深入，及时补充所需要的各类人员。例如当组织内部缺乏必要的技术力量，可聘请外部专家以顾问形式加入审核小组；到审核阶段，进行物料平衡时，审核重点的管理人员和技术人员应及时介入，以利于工作的深入开展。例如表3－1是某钢铁厂的清洁生产审核工作小组成员组成。

表3－1 某钢铁企业清洁生产审核工作小组成员与分工一览表

审核小组	职　务	职　责
组长	安环部分管环保副部长	清洁生产审核总负责，组织落实和监督清洁生产审核工作计划的完成情况
组员	安环部	按单位职能分工，组织本部门参加公司钢铁生产流程审核工作，收集并提供与审核相关的资料，参与审核物料平衡、方案产生与筛选、可行性分析和方案实施工作等
组员	安环部	
组员	安环部	
组员	生产部	
组员	设备部	

续表 3－1

审核小组	职　务	职　　责
组员	技术部	按单位职能分工，组织本部门参加公司钢铁生产流程审核工作，收集并提供与审核相关的资料，参与审核物料平衡、方案产生与筛选、可行性分析和方案实施工作等
组员	财务部	
组员	宣传部	
联络员	安环部	
联络员	原料厂	1. 沟通公司与分厂审核工作小组之间的清洁生产审核工作信息； 2. 与本单位审核工作小组一起参与、配合公司开展审核工作
联络员	烧结厂	
联络员	焦化厂	
联络员	炼铁厂	
联络员	电炉炼钢厂	
联络员	转炉炼钢厂	
联络员	炉料公司	
联络员	棒材厂	
联络员	高速线材厂	
联络员	热轧带钢厂	
联络员	冷轧薄板厂	
联络员	宽厚板厂	
联络员	能源动力厂	
联络员	制氧厂	
联络员	质检中心	
联络员	计控中心	

在组建审核小组时，各组织可按自身的工作管理惯例和实际需要灵活选择形式，例如成立由高层领导组成的审核领导小组，负责全盘协调工作，在该领导小组之下再组织主要由技术人员组成的审核工作小组，具体负责清洁生产工作。

C　制定审核工作计划

制定审核工作计划的目的是保证审核工作的顺利实施，计划的内容包括工作内容、进度、参与部门、负责人、产出等。表 3－2 给出某钢铁企业清洁生产审核工作计划表。

D　开展宣传教育和培训

清洁生产需要企业全体员工的共同参与，是清洁生产审核工作顺利进行和取得更大成效的保证。首先，可以通过企业现行各种例会、电视录像，以及下达文件、组织学习等形式进行全员教育，开展各种培训，提高员工的素质和清洁生产意识；其次，鼓励员工提出有关自己岗位清洁生产的合理化建议，实施被采纳的合理化建议或将其纳入到岗位操作规程中；然后奖励清洁生产有功人员，使清洁生产蔚然成风。表3－3是某钢铁企业清洁生产障碍及解决办法。

表3－2　某钢铁企业清洁生产审核工作计划表

时间	工作阶段	审核工作内容	主要参加人员
2009年9月1～30日	审核准备	(1) 咨询机构向企业提交清洁生产审核方案和工作计划，并与企业主管部门领导达成一致意见； (2) 咨询机构成立审核咨询工作小组； (3) 企业成立公司和分厂清洁生产审核领导小组与工作小组； (4) 咨询机构收集企业有关生产机构设置、生产工艺及装备、生产工艺流程、环保治理与管理、能耗、物耗、环保产排污等资料，准备清洁生产宣贯与内审员培训教材内容	(1) 主管部门领导； (2) 咨询机构专家
		(1) 收集国家清洁生产相关法律、法规和产业政策资料； (2) 收集国内钢铁行业清洁生产技术等相关资料	咨询机构专家
2009年10月12日	清洁生产宣贯	宣贯内容主要有：清洁生产综述、清洁生产促进法讲解、钢铁工业生产与环境影响、钢铁工业的清洁生产、钢铁行业清洁生产评价指标体系、钢铁行业清洁生产标准等	(1) 公司及职能管理部门主管领导干部； (2) 厂及职能管理科室主管领导干部； (3) 公司与厂部分专业技术骨干人员； (4) 咨询机构专家
2009年10月12～14日	清洁生产审核内审员培训	集中3天时间，对公司和厂内审员进行脱产培训，讲授清洁生产审核知识、方法	(1) 咨询机构专家； (2) 公司审核工作小组成员； (3) 各生产厂审核工作小组成员
2009年10月15～30日	预审核	(1) 收集公司清洁生产审核相关资料； (2) 现场调查收集钢铁生产流程生产工艺过程、生产设备运行、生产组织、产排污、生产过程控制、现场环境、管理制度执行等情况； (3) 评价钢铁生产流程清洁生产现状水平，找出问题和潜力； (4) 确定本轮钢铁生产流程清洁生产审核重点和清洁生产目标	(1) 咨询机构工作小组； (2) 公司清洁生产审核工作小组； (3) 各生产厂审核工作小组

续表3-2

时间	工作阶段	审核工作内容	主要参加人员
2009年11月1~15日	审核	（1）咨询机构在收集资料和调研的基础上，对钢铁生产流程进行物料和能源平衡与产排污分析，找出能耗、物耗、产排污部位，与公司审核工作小组共同分析其产生原因，并提出对策；（2）由咨询机构指导公司审核工作小组提出钢铁主流程无/低费方案和中/高费清洁生产方案	（1）咨询机构工作小组；（2）公司清洁生产审核工作小组；（3）各生产厂审核工作小组
	实施方案的产生和筛选	（1）咨询机构指导公司审核工作小组提出和实施钢铁主流程无/低费清洁生产方案；（2）由咨询机构指导公司审核工作小组收集和提供无/低费方案实施后的经济和环境效益统计资料；（3）由咨询机构指导公司审核工作小组提出和研制中/高费清洁生产方案	（1）咨询机构工作小组；（2）公司审核工作小组；（3）各生产厂审核工作小组
2009年11月16~30日	实施方案的确定	对钢铁生产流程中/高费方案进行可行性分析论证；对可行的中/高费方案交由公司纳入实施计划，对已实施方案汇总统计实施效果	（1）咨询机构工作小组；（2）公司审核工作小组；（3）各生产厂审核工作小组
	方案的实施与计划		
	持续清洁生产计划	制定完善企业清洁生产领导机构和管理制度等持续清洁生产方面的计划	（1）咨询机构工作小组；（2）公司审核工作小组；（3）各生产厂审核工作小组
2009年12月1~24日	编制审核报告	咨询机构工作小组编制完成企业清洁生产审核报告	（1）咨询机构工作小组完成；（2）公司审核工作小组参与；（3）各生产厂审核工作小组参与
2009年12月25~31日	审核报告修改完善	对审核报告修改完善，12月31日向企业提交正式报告	由咨询机构工作小组完成

表 3-3 某钢铁企业清洁生产障碍及解决办法

障碍	表现	解决办法
观念障碍	(1) 员工对清洁生产知识和方法缺乏了解; (2) 混淆了 ISO14000 和清洁生产的关系; (3) 清洁生产审核容易流于形式, 认为清洁生产审核又是重谈环保治理工作, 走过场, 对清洁生产审核提出异议; (4) 认为审核工作较为复杂, 影响生产, 不会产生经济效益, 搞不搞清洁生产审核无所谓; (5) 认为企业基本没有清洁生产潜力和机会	(1) 宣传清洁生产知识和方法, 学习同行业开展清洁生产审核工作的先进经验, 了解清洁生产审核工作可给企业带来的经济和环境效益等情况; (2) 编制下发清洁生产宣传材料, 讲清楚 ISO14000 和清洁生产的区别与关系; (3) 编制下发清洁生产宣传材料, 宣传清洁生产与环保末端治理的区别与关系; (4) 宣传已经开展过清洁生产审核企业取得的成功经验和获得的经济效益, 以增强领导干部和广大职工的信心; (5) 开展清洁生产对标和行业对标活动, 分析问题和不足, 寻找清洁生产潜力和机会
技术障碍	(1) 厂内技术力量不足; (2) 过程计量相对缺乏, 个别作业区缺乏分析实测的仪表设备, 一些作业区的原材料和能源的使用量没有单独计量, 有些废弃物排放量无法获得确切的数据	(1) 邀请清洁生产技术专家进行指导; (2) 向专家组进行咨询, 组织有关人员对计量仪器、仪表及时检修维护、校对, 保证实测数据的准确性; 结合本企业的实际情况, 对工人进行技术培训, 同时充分发挥现场技术人员的能动性, 对原始记录资料和历史资料进行反复核实, 准确计算, 提高资料的准确度
资金障碍	(1) 钢铁行业决定了大多数的清洁生产项目投资相对较大, 实施较难; (2) 缺乏清洁生产资金	(1) 对无/低费方案随时发现随时实施, 对中高费的项目下大力量组织实施; 由企业积极筹措资金确保清洁生产方案的实施; (2) 企业内部挖潜, 与当地环保、工业、发改委等部门协调解决资金问题; 申请银行贷款, 用清洁生产取得的效益归还贷款
管理障碍	(1) 涉及部门多, 协调困难; (2) 工作量大, 人员少, 多数为兼职; (3) 重罚不重奖, 员工积极性不高; (4) 部分操作人员素质有待提高	(1) 企业领导直接参与, 协调各部门工作, 各职能部门领导与各生产单位领导组成审核领导小组, 授予审核工作小组相应的职权, 并制定考核方案对各部门进行考核; (2) 合理安排工作, 制定鼓励政策; (3) 制定清洁生产奖励激励机制; (4) 加强对员工的培训, 不断提高员工素质

E 前期准备

清洁生产审核工作, 应该在企业的正常生产运行过程中进行。其前期准备工作包括: 企业的生产设备和运行系统在审核开始前应检修和清洗、在审核中要配备足够的运行维护人员、筹借或购买必要的分析测试仪器。

3.2.2 预审核

预审核是清洁生产审核的初始阶段, 是发现问题和解决问题的起点。要求明确行业主要绩效考核指标，利用企业现有数据，确定企业绩效基准，以便对审核效果的最终认定提供依据和基准数据。结合钢铁行业清洁生产评价标准对企业清洁生产整体水平和分项指标进行综合评价。

3.2.2.1 目的和要求

预审核阶段的目的是对钢铁企业的全貌进行调查分析，发现其主要存在的问题及清洁生产机会，如物料消耗大、生产效率低、排放量大等，从而确定本轮审核的重点。针对审核重点和全厂设置清洁生产目标。选择审核重点的原则是在短期内获得更多的经济效益，即通过实施投入少、见效快的一批无/低费方案提高企业的经济效益和员工素质，增强清洁生产审核工作的信心。

3.2.2.2 工作内容

预审核阶段主要工作如图3-4和图3-5所示。

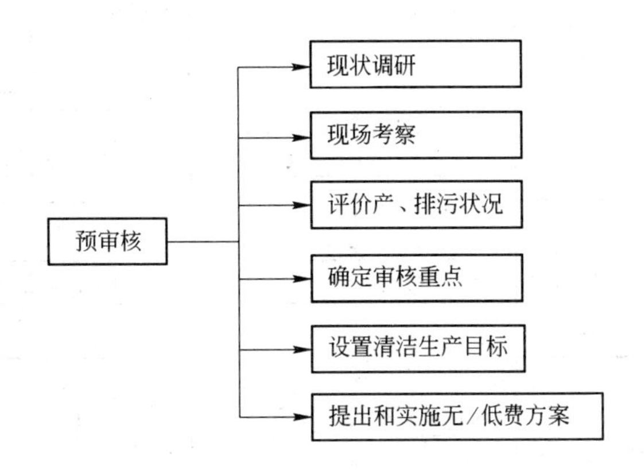

图3-4 企业清洁生产预审核阶段工作框架图

A 进行企业现状调研，列出污染源清单

a 钢铁企业生产工艺流程

对整个企业各个方面的情况进行摸底调查，为下一步现状考察作准备，必要时采用工艺流程图表示。图3-6为某钢铁企业长流程工艺流程图。

b 钢铁企业的生产状况

钢铁企业的生产状况包括原料、能源的消耗情况，设备的操作和维修状况等，具体内容见表3-4某钢铁企业收集资料清单。

注意：企业的主要生产经营情况，产品种类及其产量、销售情况、产值等；企业主要原辅材料消耗报表，对于不同类型的企业所要收集的内容不同；主要是收集生产所用蒸汽消耗、电耗、燃料消耗等消耗量，此阶段要做月耗分析及各车间资源能源消耗分析，还要算出各种产品的资源能源单耗；对于企业的生产状况，首先是弄清生产企业各工艺使用的具体技术和设备，并判断这些技术和设备哪些属于清洁生产技术和设备，哪些不属于，从而可以就工艺技术和设备提出一些清洁生产方案。

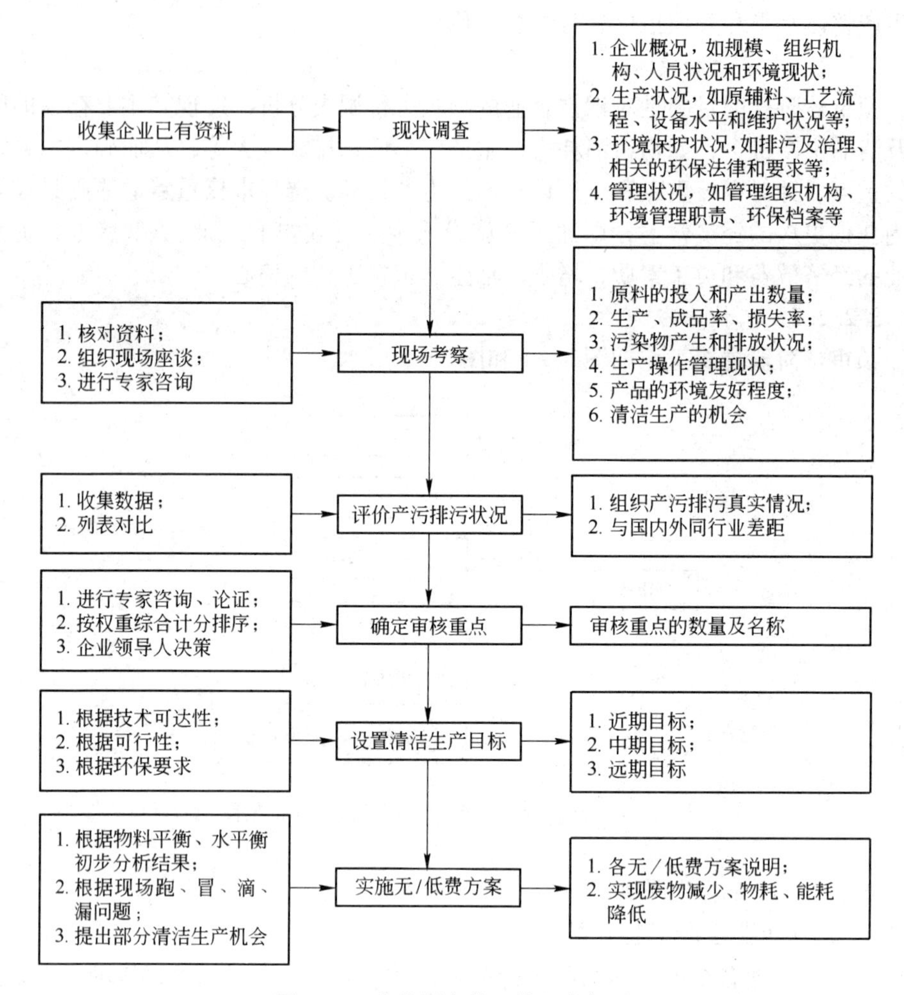

图 3－5　企业预审核工作程序框图

表 3－4　某钢铁企业需要收集资料情况

类　别	收 集 资 料 内 容
生产设施	焦炉、烧结机、高炉、转炉、电炉、连铸、轧机、加热炉、煤气柜、制氧机等
产品	矿石、焦炭、烧结矿、生铁、粗钢、钢材、高线、冷轧薄板、宽厚板、带钢等
原、辅料	铁矿石、焦煤、肥煤、瘦煤、生石灰、白云石、原煤、烧结矿、球团矿、焦炭、铁水、废钢、硅铁、锰铁、石灰、萤石等
能源	电力、原煤、焦炭、汽油、柴油、焦炉煤气、高炉煤气、转炉煤气等

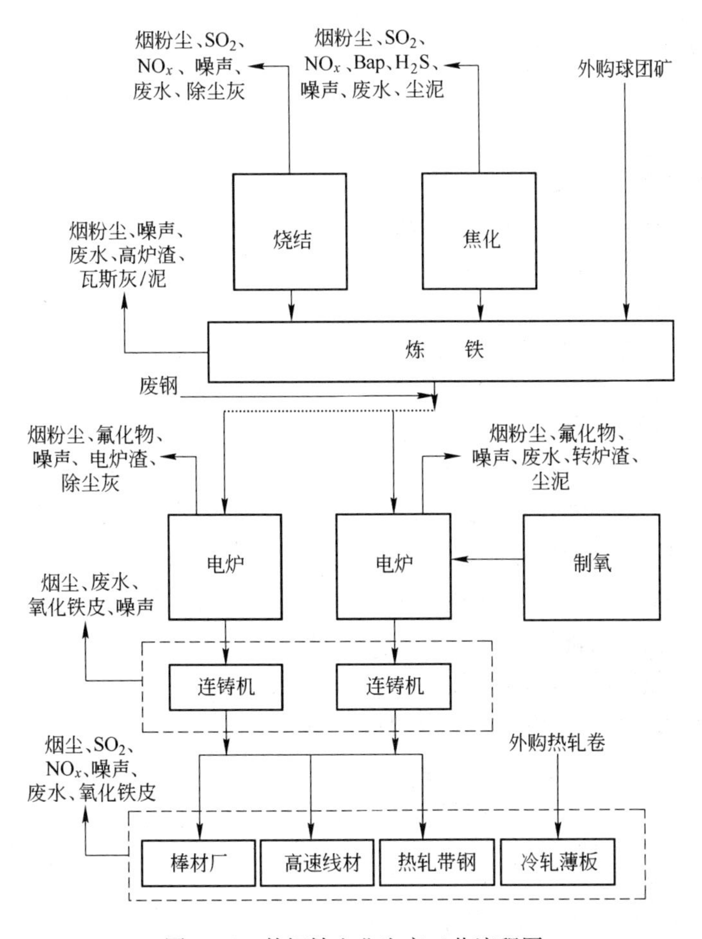

图3-6 某钢铁企业生产工艺流程图

c 企业的环境保护状况

企业的环境保护状况包括排污状况、治理状况及相关的环保法规与要求等：

(1) 主要污染源及其排放情况，包括状态、数量、毒性等；

(2) 主要污染源的治理现状，包括处理方法、效果、问题及单位产品废弃物的年处理费等；

(3)“三废”的循环/综合利用情况，包括方法、效果、效益以及存在问题；

(4) 企业涉及的有关环保法规与要求，如排污许可证、区域总量控制、行业排放标准等。

d 企业的管理状况

企业的管理状况，如管理组织机构、环境管理职责、环保档案等。

B 进行现场考察

（1）能耗、水耗、物耗大的部位；污染物产生与排放多、毒性大、处理处置难的部位；操作困难、易引起生产波动的部位；物料的进出处；设备陈旧、技术落后的部位；事故多发部位；

（2）查阅生产和设备维护（维修）记录；

（3）与各级领导技术人员和管理人员座谈，征求意见；

（4）考察实际生产管理状况。

特别注意：

（1）现场考察要在正常生产条件下；

（2）要全面、仔细；

（3）必须取得工人的积极配合。

C 评价产污排污状况

（1）评价钢铁企业执行国家及当地环保法规及行业排放标准等的情况；

（2）与国内外同类钢铁企业产污排污情况进行对比；

（3）从八个方面对产污原因进行初步分析，即产品更新、原材料替代、技术革新、过程优化、改善设备的操作和维修、加强生产管理、员工的教育和培训以及废弃物的回收利用和循环使用。

表3－5～表3－7为钢铁行业典型产污环节。

表3－5 钢铁行业排放典型废气污染源

主要生产工序	典型污染源及污染物
烧结(球团)	（1）原料准备系统各种原料在卸落、破碎、筛分、混匀和贮运过程中产生的常温含尘废气； （2）混合料在烧结或焙烧时，产生含有烟尘、SO_2、NO_x、CO、CO_2 等的高温烟气； （3）烧结矿在破碎、筛分、冷却、贮存和转运过程中产生的具有一定温度的含尘废气
炼 焦	（1）备煤系统原料破碎、转运时产生的烟尘； （2）焦炉加热燃烧产生的废气； （3）焦炉装煤时，从装煤孔、上升管及平煤孔等处逸散的烟尘； （4）焦炉推焦时，从炉门、拦焦车、熄焦车及上升管等处逸散的烟尘； （5）熄焦时，若采用湿法熄焦，由熄焦塔产生的含尘及挥发物的蒸汽；若采用干法熄焦，在干熄焦槽顶、排焦口及风机放散管等处产生的烟尘等； （6）焦处理工段焦炭成品筛分、贮存产生焦尘
高炉炼铁	（1）矿槽、焦槽供料、上料系统及转运站、点产生的粉尘； （2）高炉冶炼过程中产生大量含尘和CO的烟气； （3）高炉出铁场作业时产生的烟尘和有害气体，污染物主要是烟粉尘和CO、CO_2、SO_2、NO_x、H_2S 等气态有害物； （4）热风炉燃烧废气； （5）煤粉制备系统的储煤仓、磨煤机及煤粉仓产生的煤尘； （6）铸铁机铁水浇注时产生的烟尘，污染物主要是粉尘、石墨炭等； （7）碾泥机室在原料输送、卸料及混碾过程中产生的少量粉尘

续表 3－5

主要生产工序	典型污染源及污染物
转炉炼钢	（1）转炉在加料、出钢、吹氧和冶炼过程中产生的一次烟气、二次烟气，烟气中含烟尘、CO、氟化物等气态有害物； （2）散状料上料系统产生的粉尘； （3）LF、VD 等精炼炉冶炼时产生烟尘； （4）铁水预处理喷粉、吹氧过程中产生的烟尘
电炉炼钢	（1）电炉及精炼装置在加料、出钢、吹氧和冶炼过程中产生烟尘、CO、CO_2、少量氟化物等气态有害物； （2）原、辅料上料系统产生的粉尘
连 铸	（1）连铸结晶器加保护渣时产生的少量烟尘； （2）中间罐倾翻及修砌产生的粉尘； （3）火焰清理机产生的烟气
热 轧	（1）钢锭、钢坯在加热过程中，各种燃料在加热炉内燃烧产生的大量废气，含 SO_2、NO_x 和 CO_2，固体颗粒物含量较低； （2）红热钢坯在轧制过程中，产生大量氧化铁皮、铁屑以及喷水冷却时产生大量水汽
冷 轧	（1）冷轧车间在轧制时，由于冷却、润滑轧辊和轧件而产生乳化液废气； （2）钢材在酸洗过程中，因酸槽加热，酸液蒸发而散出大量酸雾； （3）火焰清理钢坯表面氧化铁层时产生氧化铁烟尘； （4）成品轧件表面镀层时产生各种金属氧化物烟气

表 3－6 钢铁行业排放典型废水污染源

工艺阶段	典型污染源及污染物
烧结（球团）	湿式除尘废水、冲洗物料输送胶带废水、冲洗地坪废水等，废水中污染物成分简单，主要是悬浮物
炼 焦	（1）含有酚、氰、硫化物和有机油类的酚氰污水： 初冷却器冷凝水（剩余氨水）；煤气终冷的直接冷却水；粗苯加工的直接蒸汽冷凝分离水；精苯加工过程的直接蒸汽冷凝分离水；焦油精制加工过程的直接蒸汽冷凝分离水、洗涤水；焦炉煤气管道冷凝水含酚、氰化物等 （2）接触煤、焦粉尘等物质的废水： 炼焦煤储存、转运、破碎和加工过程中抑尘废水、湿法除尘废水；湿法熄焦水等
高炉炼铁	（1）高炉煤气洗涤水——含有大量高浓度的铁氧化物（铁矿粉及其他氧化物、石墨尘等），并溶有一部分无机盐及少量酚、氰等有害有毒的污染物； （2）冲渣废水——含有高浓度颗粒物的热废水； （3）铸铁机废水——含有大量悬浮物； （4）设备间接冷却水——净废水，只是温度升高而未受污染
转炉炼钢	（1）转炉烟气（煤气）湿法净化废水——废水中含悬浮物浓度高（可达 3000 ~ 20000mg/L），其主要成分为氧化铁、氧化钙、二氧化硅等； （2）生产设备间接冷却水——仅水温度升高，不含其他污染物

续表 3-6

工艺阶段	典型污染源及污染物
电炉炼钢	生产设备冷却水
连 铸	连铸坯冷却、钢坯火焰清理的设备冷却等所产生的废水——含有大量氧化铁皮和少量润滑油脂
热 轧	钢锭或钢坯在热态轧制过程中直接冷却轧辊、轧辊轴承等设备及主轧件时产生的废水——含有粒度分布很广的氧化铁皮及为数不小的润滑油
冷 轧	(1) 冷轧酸洗过程中产生酸洗废水及含油、含乳化液的废水; (2) 冷轧板、带钢的后部处理工序较复杂,如碱洗、钝化、涂层等,由于使用各种化学物质,且不同品种的冷轧产品的成分也有所不同,因而还产生含碱、含铬(六价)等废水

表 3-7 钢铁行业排放典型噪声污染源

生产工序	噪声源名称	控 制 措 施
烧结(球团)	主风机	消声器
	带冷风机	消声器
	除尘风机	消声器、机房隔声
焦 化	干熄焦锅炉蒸汽放散	消声器
	除尘风机	消声器、机房隔声
炼 铁	鼓风机	消声器、机房隔声
	喷煤风机	消声器、机房隔声
	高炉放散管	消声器
	除尘风机	机房隔声
	空压机	厂房隔声
电炉炼钢	电炉	厂房隔声
	除尘风机	机房隔声
	空压机	厂房隔声
	鼓风机	厂房隔声
转炉炼钢	转炉	厂房隔声
	鼓风机	消声器、机房隔声
	空压机	消声器、机房隔声
	除尘风机	机房隔声
	汽化冷却汽包放散	消声器
热 轧	轧机及轧线设备	厂房隔声
	助燃风机	消声器、机房隔声
	汽化冷却蒸汽放散	消声器
	冷却塔	隔声屏

续表 3-7

生产工序	噪声源名称	控制措施
冷　轧	轧机及轧线设备	厂房隔声
能源动力	燃气轮机	机房隔声
	水泵	机房隔声
	锅炉蒸汽放散	消声器
制　氧	空压机	隔声罩、机房隔声
	增压机	隔声罩、机房隔声
	气体放散口	消声器
	压力输送管道	隔声包扎

D　确定审核重点

钢铁行业的生产工艺复杂，钢铁行业生产主要分为原燃料装运/准备、烧结/球团、炼焦、炼铁、炼钢、轧钢六大部分。以高炉炼铁为例，生产过程主要包括以下七个步骤：原辅料和燃料的加工破碎筛分、上料、鼓风、还原、出渣、出铁、煤气净化；审核重点可以是生产过程中的某一个工艺技术、一个主要设备，也可以是企业所关注的某个方面，如高的能量消耗、高的原材料消耗或高的废水与废气或粉尘排放等。确定审核重点的原则如下：

（1）污染物产量大，排放量大，超标严重的环节；

（2）严重影响或危胁正常生产，构成生产“瓶颈”的环节；

（3）一旦采取措施，容易产生显著环境效益与经济效益的环节；

（4）物流进出口多、量大、控制较难环节；

（5）企业多年存在“老大难”问题的环节；

（6）污染物毒性大，难于处理、处置的环节；

（7）公众反映强烈，投诉最多的环节；

（8）在区域环境质量改善中起重大作用的环节。

识别审核重点：权重总和计分排序法、头脑风暴法、打分法和投票法。

权重总和法是通过综合考虑各因素的权重及其得分，得出每一个因素的加权得分值，然后将这些加权得分值进行叠加，以求出权重总和，再比较每个权重总和值做出选择的方法。

权重是指对各个因素具有权衡轻重作用的数值，统计学中又称“权数”。此数值的多少代表了该因素的重要程度。权重因素种类：

（1）环境方面：减少废物、有害毒物的排放量；或使其改变组分，易降解，易处理，减小有害性；减小工人安全危害；遵守环保法律法规，达到排放标准。

（2）经济方面：减少投资；降低成本；降低工艺运行费用；降低环境责任

费用；物料或废物可循环利用回收；产品质量提高；

（3）技术方面：技术成熟、技术水平先进；国内同行业成功案例；运行维护容易；

（4）实施方面：对工厂当前正常以及其他部门影响小；施工容易，周期短，占地空间小；

（5）前景方面：符合国家经济发展政策；符合行业结构调整和发展；符合市场需求；

（6）能源方面：水、电、汽、热的消耗。

根据各因素重要程度，将权重值简单分层次：高重要性（权重8～10）；中重要性（权重4～7）；低重要性（权重1～3）。从已进行的清洁生产工作来看，对各权重因素值 W 规定如下：

（1）废物量 $W=10$；

（2）环境代价 $W=8\sim9$；

（3）废物毒性 $W=7\sim8$；

（4）清洁生产潜力 $W=4\sim6$；

（5）车间的关心与合作程度 $W=1\sim3$；

（6）发展前景 $W=1\sim3$。

表3－8为某钢铁企业生产流程审核重点。

表3－8　某钢铁企业生产流程审核重点

分　　类	序　　号	审核重点指标
资源类	1	炼焦耗洗精煤
	2	转炉钢铁料消耗
	3	电炉钢铁料消耗
能源类	1	吨钢综合能耗
	2	焦化工序能耗
	3	烧结工序能耗
	4	炼铁工序能耗
	5	转炉炼钢工序能耗
	6	轧钢工序能耗
	7	吨钢生产取水量
	8	工业水重复利用率
污染物产生与排放类	1	吨钢烟粉尘排放量
	2	吨钢 SO_2 排放量
	3	吨钢外排废水量
	4	吨钢 COD 排放量
	5	吨钢石油类排放量

E 设置清洁生产目标

清洁生产目标是定量化、可操作、并有激励作用的指标。要求不仅有减污、降耗或节能的绝对量，还要有相对量指标，并与现状对照。

钢铁企业可参考《钢铁行业清洁生产评价指标体系（试行）》或钢铁行业清洁生产标准的指标设置企业的目标。根据指标体系的所列指标，按照规定的计算方法，根据已收集到的数据计算被审核企业现有的指标值。

将企业现状与清洁生产评价指标体系基准值进行对比，这时有两种情况，一是企业有些生产指标好于评价基准值，可根据企业的实际情况和企业的规划制定目标值；一是企业现状低于评价基准值，此时可根据基准值制定目标值。

F 提出和实施无/低费方案

根据评价产污排污八个方面对产污原因进行分析，考虑本厂内是否存在无需投资或投资很少，容易在短期见效的清洁生产措施，即无/低费清洁生产方案，边提出，边实施，并及时总结，加以改进。审核小组应将工作表分发到员工手中，鼓励员工提出有关清洁生产的合理化建议，并实施明显可行的无/低费方案。

3.2.3 审核

3.2.3.1 目的和要求

审核阶段的目的是通过物料平衡找出生产过程中低效率的部位、物料损失的部位（这些部位会导致更多污染物的产生），并进行原因分析，最后提出解决这些问题的办法。进行物料实测是企业开展审核最重要的工作，企业需投入一定的资金开展这项工作。由于通过物料实测可以发现很多的清洁生产方案，而实施这些方案又可以给企业带来更多的经济效益，并提高企业的形象，因此一定的资金投入是值得的。

3.2.3.2 工作内容

审核阶段主要工作如图 3－7 所示。

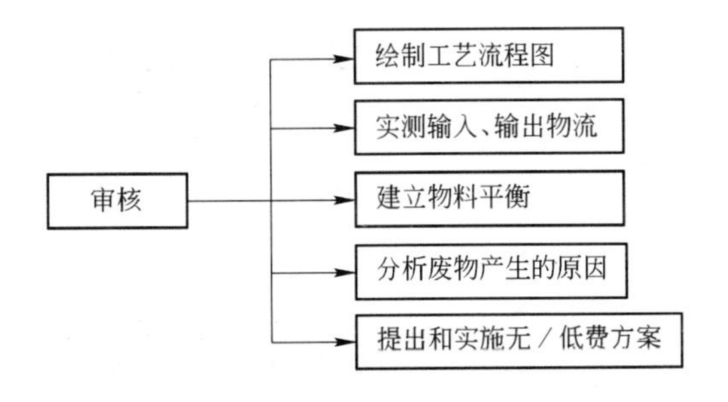

图 3－7 企业清洁生产审核阶段工作框架图

（1）收集汇总审核重点的资料，进行物料实测的准备工作。编制审核重点的工艺流程图，明确原材料和能源的使用和流失情况（绘制审核重点的生产工艺流程图，明确所有的单元操作，能流、物流的流动情况及总的输入输出情况）；制定实测计划，包括监测点位、监测项目、频次、时间表、监测人员、设备及质量保证等。

（2）针对审核重点，对物流、能流的输入输出进行实测。

（3）评估物料的输入输出情况，建立审核重点的物料平衡。通常可对一个车间进行物料实测并建立物料平衡。进行平衡测算时，输入总量和输出总量间的误差小于5%才可以进行原因分析，否则需补测或重测。

以某钢铁企业为例，图3－8为某钢铁厂生产物料流向与金属平衡图，表3－9为某钢铁厂生产流程煤气平衡表，图3－9为某钢铁厂生产流程硫平衡图，表3－10为某钢铁厂生产流程水量平衡表，图3－10为某钢铁厂生产流程水量平衡图。

表3－9　某钢铁厂生产流程煤气平衡表　（万米^3/年）

序号	单　位	焦炉煤气	高炉煤气	转炉煤气	备　注
一、煤气回收					
1	炼铁厂		409249.64		吨铁回收1767 m^3
2	焦化厂	42911.83			吨焦回收430 m^3
3	转炉炼钢厂			12459.51	吨钢回收57 m^3
4	合计	42911.83	409249.64	12459.51	
二、煤气消耗与外供					
1	焦化厂	2703.74	94724.65		
2	烧结厂	4394.72	5445.63		
3	炼铁厂	5441.38	153694.98		
4	转炉炼钢厂	2577.36	9297.04	300	
5	电炉炼钢厂	763.73	1917.64		
6	棒材一厂	5237.26	30.52	773.88	
7	棒材二厂	2608.23	10921.99		
8	高速线材厂		779.75	9781.94	
9	热轧带钢厂	4763.33			
10	冷轧薄板厂	1314.98			
11	能动厂（蒸汽）	8170.05	95514.38		
12	外供	1162.3	4500		
13	放散（含亏损）	3774.75	32423.06	1603.69	
15	合计	42911.83	409249.64	12459.51	
16	煤气回收利用率/%	91.20	92.08	87.13	

表 3-10 某钢铁厂生产流程水量平衡表

序号	名称	总用水量 /万米^3·年$^{-1}$	循环水量 /万米^3·年$^{-1}$	回用水量 /万米^3·年$^{-1}$	补新水量 /万米^3·年$^{-1}$	串级水 /万米^3·年$^{-1}$	循环利用率 /%	水损耗量 /万米^3·年$^{-1}$	串级排水 /万米^3·年$^{-1}$	排水量 /万米^3·年$^{-1}$	排放口
1	焦化厂	5650.44	5248.65	46.69	355.1		92.93	81.43		317.59	进污水处理厂
2	烧结厂	750.35	338	373.48	38.87		46.41	55.83		334.4	进污水处理厂
3	炼铁厂	7644.79	6634.52	840.33	169.94		87.35	99.49		861.02	进污水处理厂
4	电炉炼钢厂	4408.67	4203.25	85.72	75.78	43.92	95.45	22.04		178.3	进污水处理厂
5	转炉炼钢厂	3067.55	2855.39	140.06	72.1		93.34	21.12		182.74	进污水处理厂
6	棒一车间	1968.72	1658.77	186.74	123.21		84.73	30.96		267.93	进污水处理厂
7	棒二车间	2079.74	1851.16	186.74	41.84		89.49	22.53		194.98	进污水处理厂
8	高速线材厂	1761.98	1598.97	93.37	69.64		91.03	16.31		141.17	进污水处理厂
9	热轧带钢厂	817.6	168.35	560.22	89.03		21.46	42.54		573.53	进污水处理厂
10	冷轧薄板厂	1939.9	1615.07	171.24	153.59		83.69	51.79		262.9	进污水处理厂
11	能源动力厂	9745.09	9551.87	46.69	146.53		98.05	9.77	43.92	136.76	进污水处理厂
12	制氧厂	3326.24	3160.3	0	165.94		95.01	17.19		148.75	进污水处理厂
13	其他	205.7	0	130.57	75.13		0	27.34		170.63	进污水处理厂
	小计	43366.77	38884.3	2861.85	1576.7	43.92	96.36	498.34	43.92	3770.70	

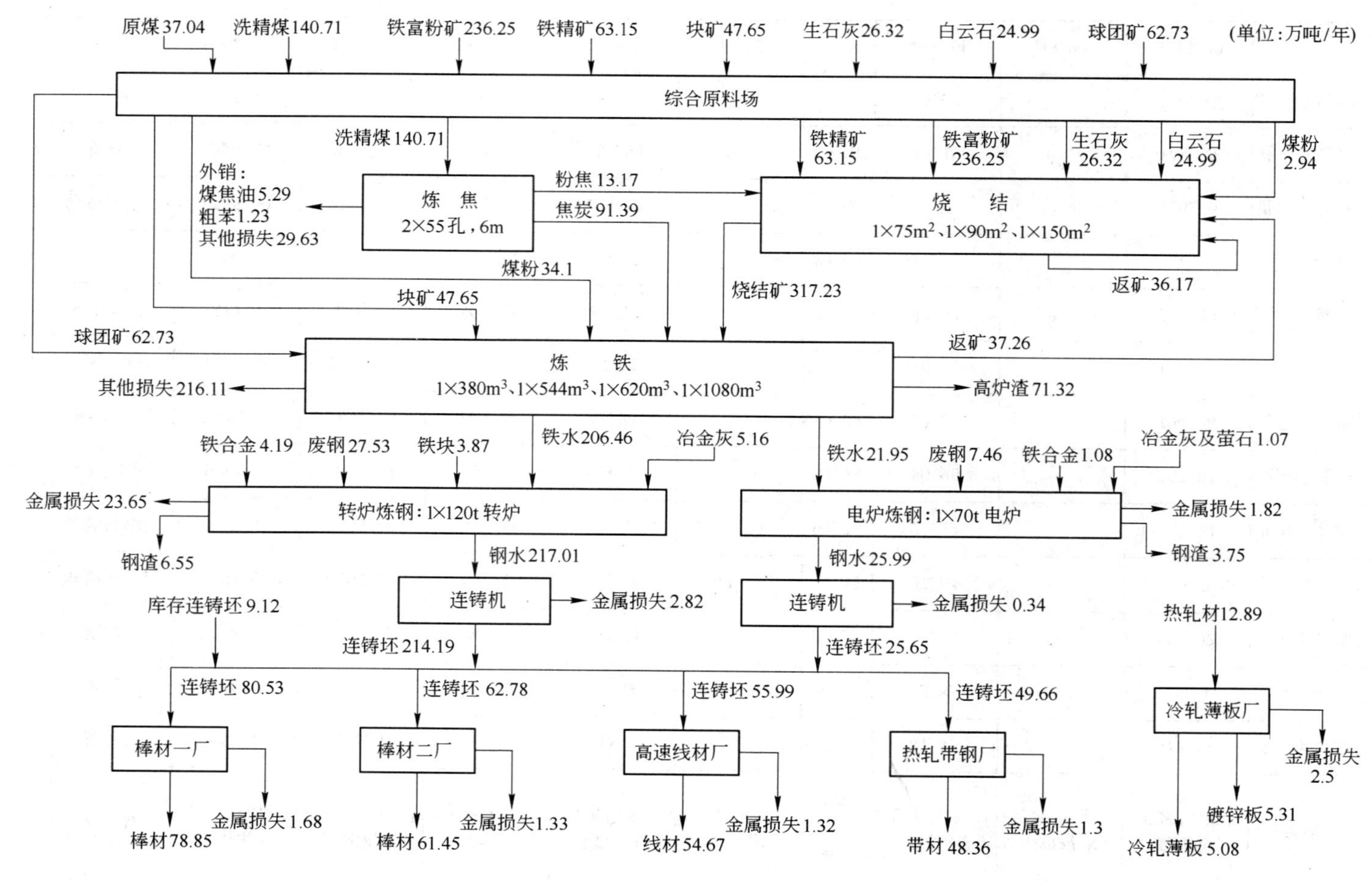

图 3－8　某钢铁厂生产物料流向与金属平衡图

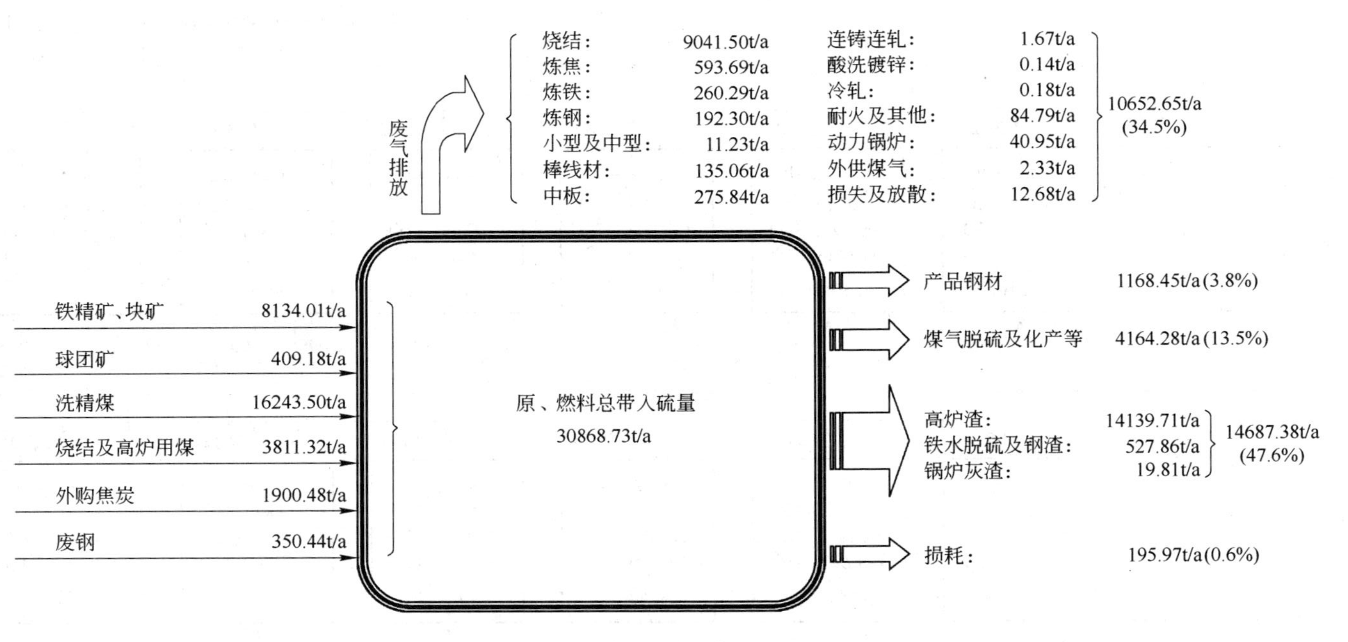

图 3－9 某钢铁厂生产流程硫平衡图
（括号中的数值为占原燃料带入总硫量的百分比）

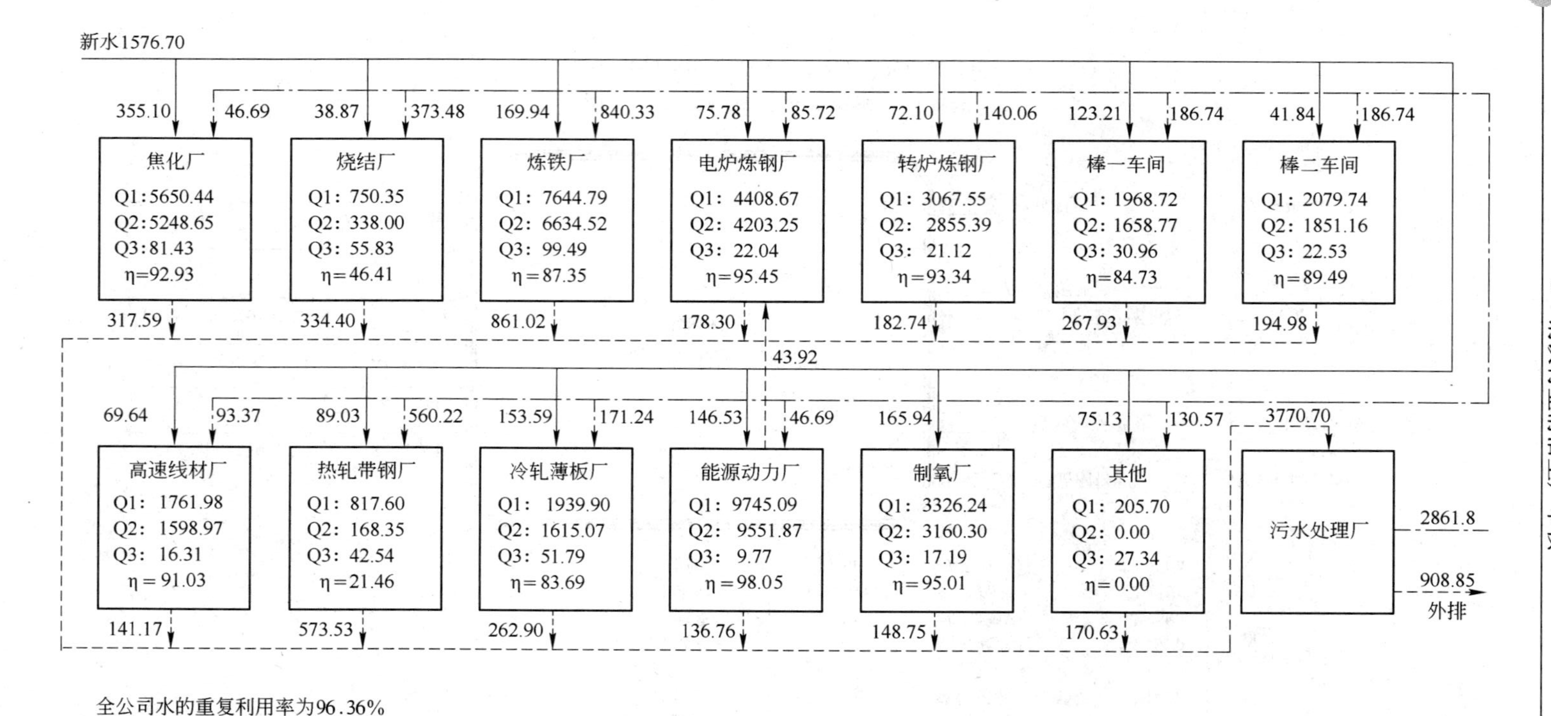

全公司水的重复利用率为96.36%

Q1—总用水量；Q2—循环水量；Q3—损耗水量；η—水循环利用率

单位：万米^3/年

图 3-10 某钢铁厂生产流程水量平衡图

（4）基于物料平衡的结果，从影响生产过程的八个方面分析产生污染物和生产效率低下的原因。针对这些原因提出削减污染的方案是至关重要的。

（5）继续实施无/低费清洁生产方案。

3.2.4 实施方案的产生和筛选

针对企业能耗高、物耗高、污染重的部位的确切原因，开发有针对性的方案，并充分参考“行业清洁生产技术推行方案”，选择适用方案。

3.2.4.1 目的和要求

这个阶段主要是进行清洁生产方案的产生、筛选和研制，从而为下一阶段的实施方案的确定提供足够的中/高费清洁生产方案。

3.2.4.2 工作内容

实施方案的产生和筛选阶段主要工作如图 3－11 所示。

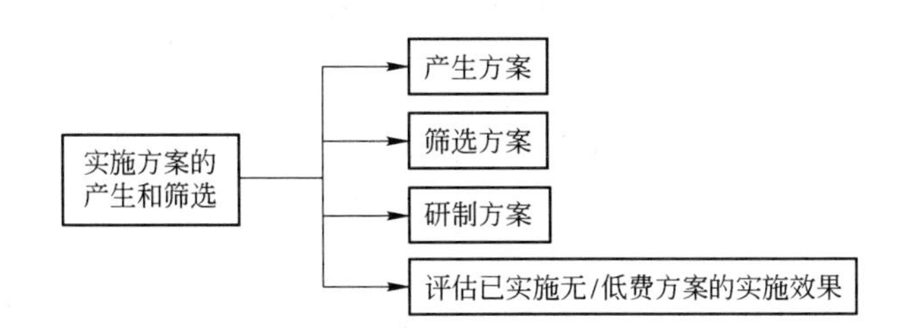

图 3－11 方案的产生和筛选阶段工作框架图

A 产生方案

（1）在全厂范围内进行宣传动员，鼓励全体员工提出清洁生产方案或合理化建议；

（2）针对物料平衡和废弃物产生原因分析结果产生方案；

（3）广泛收集国内外同行业的先进技术；

（4）组织行业专家进行技术咨询；

（5）从影响生产过程的八个方面（产品更新、原材料替代、技术革新、过程优化、改善设备的操作和维修、加强生产管理、员工的教育和培训以及废弃物的回收利用和循环使用）全面系统地产生方案；

（6）经整理汇总后形成包括原辅料、能源、技术工艺、设备、过程控制、产品、废弃物、管理和员工八个方面的清洁生产方案，并依据方案费用大小，将清洁生产方案划分为无费、低费、中费、高费四类方案。

B 筛选方案

（1）汇总所有方案；

（2）从技术、环境、经济和实施难易等角度将所有方案分为可行的无/低费方案，初步可行的中/高费方案和不可行方案三类；

（3）可行的无/低费方案立即实施，不可行方案暂时搁置或否定；

（4）当中/高费方案数较多时，运用权重总和计分排序法，对初步可行的中/高费方案进行筛选和排序；

（5）需筛选出 3 ~5 个中/高费方案进行下一步的可行性分析。

某钢铁企业共提出 12 个中高费清洁生产方案，对初步可行的中高费清洁生产方案，采用权重总和计分排序方法进一步进行筛选。某钢铁企业中高费清洁生产方案筛选结果见表 3 -11。

表 3 -11　中高费方案权重总和计分排序表

权重因素		减少环境危害	经济可行	技术可行	节约资源	节约能源	易于实施	可持续发展前景	总分 $\sum W\times R$	排序
权重赋值（W）		9	8	8	10	10	6	9	—	—
方案得分（R）	G1	4	7	10	6	7	10	10	452	2
	G2	4	7	10	6	4	10	8	404	4
	G3	4	7	10	6	5	10	10	432	3
	G4	4	7	10	6	10	10	10	482	1
	G5	4	6	8	3	8	8	5	351	12
	G6	4	6	9	3	5	7	9	359	11
	G7	5	5	8	7	3	8	7	360	10
	S1	4	5	8	4	8	7	7	365	9
	S2	4	5	8	4	8	7	8	374	8
	F1	10	4	9	4	4	8	7	385	6
	F2	10	4	9	4	4	8	8	394	5
	F3	10	4	8	4	4	8	7	377	7

注：G—工艺技术改进方案，S—设备改进方案，F—废弃物治理方案。

由表 3 -11 可知，经权重总和计分排序筛选后，拟实施的 12 个中高费方案按先后顺序排序为：G4→G1→G3→G2→F2→F1→F3→S2→S1→G7→G6→G5。其中，前 7 个方案在减少环境危害、经济可行、技术可行、节约能源、节约资源、易于实施、发展前景 7 项权重指标方面得分较高，因此总分值也较高。其他 5 个方案因权重总和得分相对较低，其经济、环境、社会效益比前 7 个方案稍为逊色。因此，本轮审核优先对排序靠前的 5 个方案进行可行性分析论证。

C　研制方案

（1）绘制工艺流程详图；

（2）列出主要的设备清单；

（3）对方案的费用和效益进行估算；

（4）对每个筛选出的方案进行详细的方案说明。

D 评估已实施无/低费方案的实施效果

（1）投资和运行费；

（2）经济效益和环境效益。

3.2.5 实施方案的确定

3.2.5.1 目的和要求

对筛选出的中/高费清洁生产方案进行分析和评估，以选择最佳的、可实施的清洁生产方案。

实施方案的确定与建设项目的可行性分析是相同的。可行性分析的内容包括技术评估、环境评估和经济评估。前一阶段筛选出的不可行的方案不再进行可行性分析。

技术评估主要评估方案的先进性和可实施性，环境评估主要是比较方案实施后其对环境的有利影响和不利影响，而经济评估则评价方案实施后的获利能力，不仅包括方案的直接效益也包括间接效益。针对每个方案填写工作表。

3.2.5.2 工作内容

实施方案的确定阶段的主要工作，如图 3－12 所示。

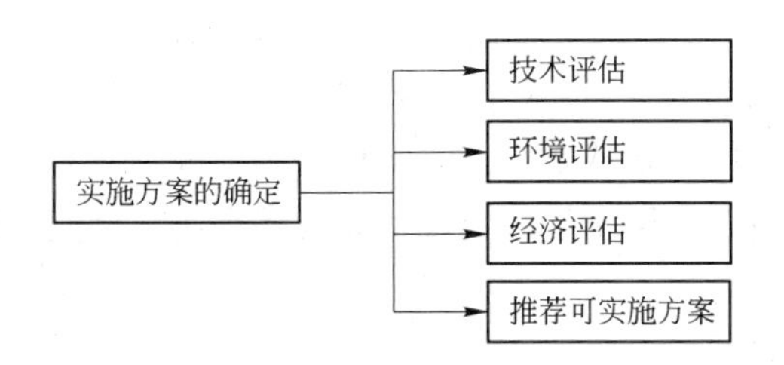

图 3－12 实施方案确定阶段工作框架图

A 进行技术评估

（1）工艺路线、技术设备的先进性和适用性；

（2）与国家、行业有关政策的相符性；

（3）技术的成熟性、安全性和可靠性。

例如，某钢铁企业焦化工序干熄焦发电工艺技术为国外钢铁行业成熟的工艺技术，在国内已有首钢等多家钢铁联合企业成功应用的先例，本方案的实施没有技术风险。

B 进行环境评估

（1）能源使用的变化；

（2）废弃物产生量、毒性的变化及其对回用的影响；

（3）污染的转移；

（4）操作环境对人体健康的影响。

例如，某钢铁企业焦化工序干熄焦发电工艺实施后，可以减少约60%因采用普通湿法熄焦而排放到大气中的酚氰有害物质及粉尘。此外，由于干熄焦装置回收了赤热焦炭显热，生产蒸汽用于发电，取代了相应规模的燃煤锅炉房，从而减少锅炉燃煤灰渣、烟尘、SO_2、NO_x 等污染物排放对环境的污染，因而环境效益显著。

C　进行经济评估

经济可行性分析主要采用现金流量分析和财务动态获利性分析方法进行评估，评估指标有：

- 企业经济指标
  - 现金流量分析
    - 净现金流量
    - 年净现金流量（F）
  - 动态获利性分析
    - 净现值（NPV）
    - 净现值率（$NPVR$）
    - 投资偿还期（N）
    - 内部收益率（IRR）

a　经济评估指标及其计算

（1）总投资费用（I）：

$$总投资费用(I) = 总投资 - 补贴$$

（2）年净现金流量（F）。从企业角度出发，企业的经营成本、工商税和其他税金，以及利息支付都是现金流出。销售收入是现金流入，企业从建设总投资中提取的折旧费可由企业用于偿还贷款，故也是企业现金流入的一部分。

净现金流量是现金流入和现金流出之差额，年净现金流量就是一年内现金流入和现金流出的代数和。

$$\begin{aligned}年净现金流量(F) &= 销售收入 - 经营成本 - 各类税 + 年折旧费 \\ &= 年净利润 + 年折旧费\end{aligned}$$

（3）投资偿还期（N）。这个指标是指项目投产后，以项目获得的年净现金流量来回收项目建设总投资所需的年限，可用下列公式计算：

$$N = \frac{I}{F}\ （年）$$

式中　I——总投资费用；

F——年净现金流量。

（4）净现值（NPV）。净现值是指在项目经济寿命期内（或折旧年限内）将每年的净现金流量按规定的贴现率折现到计算期的基年（一般为投资期的头一年）现值之和。其计算公式为：

$$NPV = \sum_{j=1}^{n} \frac{F}{(1+i)^j} - I$$

式中　i——贴现率；

n——项目寿命周期（或折旧年限）；

j——年份。

净现值是动态获利性分析指标之一。

（5）净现值率（$NPVR$）。净现值率为单位投资额所得到的净收益现值。如果两个项目投资方案的净现值相同，而投资额不同时，则应以单位投资能得到的净现值进行比较，即以净现值率进行选择。其计算公式是：

$$NPVR = \frac{NPR}{I} \times 100\%$$

净现值和净现值率均是按规定的贴现率进行计算确定的，它们还不能体现出项目本身内在的实际投资收益率。因此，还需采用内部收益率指标来判断项目的真实收益水平。

（6）内部收益率（IRR）。项目的内部收益率（IRR）是在整个经济寿命期内（或折旧年限内）累计逐年现金流入的总额等于现金流出的总额，即投资项目在计算期内，使净现值为零的贴现率，可按下式计算：

$$NPV = \sum_{j=1}^{n} \frac{F}{(1+IRR)^j} - I = 0$$

计算内部收益率（IRR）的简易方法可用试差法。

$$IRR = i_1 + \frac{NPV_1\ (i_2 - i_1)}{NPV_1 + |NPV_2|}$$

式中　i_1——当净现值 NPV_1 为接近于零的正值时的贴现率；

i_2——当净现值 NPV_2 为接近于零的负值时的贴现率。

NPV_1，NPV_2 分别为试算贴现率 i_1 和 i_2 时对应的净现值。i_1 和 i_2 可查表获得，i_1 与 i_2 的差值不应当超过1%～2%。

例如，某钢铁企业焦化工序干熄焦方案的经济可行性评估计算过程如下：

（1）总投资费用（I）：

干熄焦方案总投资共计17903.79万元，其中主要生产设备购置费用9882.13万元，建筑费4924.69万元，安装费522.49万元，其他费用2574.49万元。

总投资＝设备费＋建筑费＋安装费＋工程其他费

＝9882.13＋4924.69＋522.49＋2574.49＝17903.79（万元）

（2）年运行费用总节省金额（P）：

以每年生产干熄焦焦炭184.3万吨计，年创产值10136.5万元，年发电1.242亿千瓦·小时，由发电所创产值4781.7万元，年发生生产成本5444.64万元。

年运行费用总节省金额(P) = 干熄焦产值 + 发电产值 - 年生产成本

= 10136.5 + 4781.7 - 5444.64

= 9473.56(万元)

(3) 年增加现金流量 (F):

1) 年折旧费 (D), 设备使用年限为20年。

年折旧费(D) = 总投资(I) ÷ 设备使用年限(a)

= 17903.79 ÷ 20 = 895.19(万元)

2) 纳税利润(T) = 年运行费用总节省金额(P) - 年折旧费(D)

= 9473.56 - 895.19 = 8578.37(万元)

3) 净利润 (E), 按国家有关税收政策规定, 产品增值税率为17%, 所得税为年利润的33%。则净利润如下:

焦炭产品增值税 = 生产焦炭产值 × 增值税率 = 10136.5 × 17% = 1723.21 (万元)

发电产品增值税 = 发电产值 × 增值税率 = 4781.7 × 17% = 812.89 (万元)

所得税 = 纳税利润 × 所得税率 = 8578.37 × 33% = 2830.86 (万元)

净利润(E) = 应纳税利润(T) - 各类税

= 8578.37 - 1723.21 - 812.89 - 2830.86 = 3211.41(万元)

4) 年增加净现金流量 (F):

年增加净现金流量(F) = 净利润(E) + 年折旧费(D)

= 3211.41 + 895.19 = 4106.60 (万元)

(4) 投资偿还期 (N):

投资偿还期(N) = 总投资费用(I) ÷ 净现金流量(F)

= 17903.79 ÷ 4106.60 = 4.3598(年)

(5) 净现值 (NPV):

设备使用年限20年, 贷款利息为7%时, 年贴现值系数为10.5940, 则

$$NPV = \sum_{j=1}^{n} \frac{F}{(1+IRR)^j} - I = 4106.60 \times 10.5940 - 17903.79$$

$$= 25601.53 \text{ (万元)} > 0$$

(6) 内部收益率 (IRR):

$$NPV = \sum_{j=1}^{n} \frac{F}{(1+IRR)^j} - I = 0$$

$$\sum_{j=1}^{10} \frac{1}{(1+IRR)^j} = \frac{I}{F} = 4.3598$$

当 $i_1 = 22\%$ 时, 计算的贴现系数为: 4.4603

$$NPV_1 = 4106.60 \times 4.4603 - 17903.79 = 412.8757 > 0$$

当 $i_2 = 23\%$ 时, 计算的贴现系数为: 4.2786

$$NPV_2 = 4106.60 \times 4.2786 - 17903.79 = -333.2930 < 0$$

$$IRR = i_1 + \frac{NPV_1(i_2 - i_1)}{NPV_1 + |NPV_2|} = 22\% + \frac{412.8757 \times (23\% - 22\%)}{412.8757 + 333.2930} = 22.55\% > 7\%$$

b 经济评估准则

（1）投资偿还期（N）应小于定额投资偿还期（视项目不同而定）。定额投资偿还期一般由各个工业部门结合企业生产特点，在总结过去建设经验统计资料基础上，统一确定的回收期限，有的也是根据贷款条件而定。一般：中费项目 $N<2\sim3$ 年，较高费项目 $N<5$ 年，高费项目 $N<10$ 年。投资偿还期小于定额偿还期，项目投资方案可接受。

（2）净现值为正值：$NPV \geqslant 0$。当项目的净现值大于或等于零时则认为此项目投资可行；如净现值小于零，就说明该项目投资收益率低于贴现率，则应放弃此项目投资；在两个以上投资方案进行选择时，则应选择净现值为最大的方案。

（3）净现值率最大。在比较两个以上投资方案时，不仅要考虑项目的净现值大小，而且要求选择净现值率为最大的方案。

（4）内部收益率（IRR）应大于等于基准收益率或银行贷款利率；$IRR \geqslant i_0$。内部收益率（IRR）是项目投资的最高盈利率，也是项目投资所能支付贷款的最高临界利率，如果贷款利率高于内部收益率，则项目投资就会造成亏损。因此，内部收益率反映了实际投资效益，可用以确定能接受投资方案的最低条件。

例如，通过对某钢铁企业干熄焦方案进行经济可行性评估，该方案的投资偿还期4.36年，净现值（25601.53万元）>0，内部收益率（22.55%）大于银行贷款利率7%，该方案经济可行，可取得较好的经济效益。

D 推荐可实施方案

以钢铁企业焦化工序为例，在3个备选方案经济可行性分析的基础上编制备选方案经济评估指标汇总表3－12。

表3－12 清洁生产方案经济评估指标汇总表

方案名称	经济评估指标								
	总投资/万元	总节省金额/万元	折旧费/万元	净利润/万元	年增现量/万元	偿还期/年	净现值/万元	内部收益率/%	排序
干熄焦方案	17903.79	9473.56	895.19	3211.41	4106.60	4.36	25601.53	22.55	3
焦化废水零排放方案	630	325.28	63	262.28	325.28	1.94	1654.64	50.8	1
焦化煤调湿方案	5000	4876.21	166.67	2093.96	2260.63	2.21	23052.16	45.22	2

根据经济学原理，投资偿还期越短越有利于回收投资，内部收益率越高方案经济收益越好。因此将表3－12中备选方案，按照投资偿还期从小到大的顺序依次排序为：焦化废水零排放方案→焦化煤调湿方案→干熄焦方案。在企业资金短缺的情况下，排序在前的方案应优先实施，排序在后的方案应靠后实施，这样有利于清洁生产方案滚动实施和使资金发挥最大效用。

3.2.6 清洁生产方案的实施与计划

清洁生产方案的实施与计划强调对于审核最终确定的清洁生产方案，要及时制定其实施计划，切实筹措资金、组织实施方案。

3.2.6.1 目的和要求

通过推荐方案的实施，使钢铁企业提高生产及管理水平、实现技术进步，获得显著的经济效益和环境效益，通过评估已实施方案的成果，激励企业推行清洁生产。

清洁生产方案的实施与计划程序与一般建设项目的实施程序相同。总结方案实施效果时，应比较实施前与实施后和预期与实际取得的效果。

3.2.6.2 工作内容

方案实施阶段的主要工作如图3－13所示。

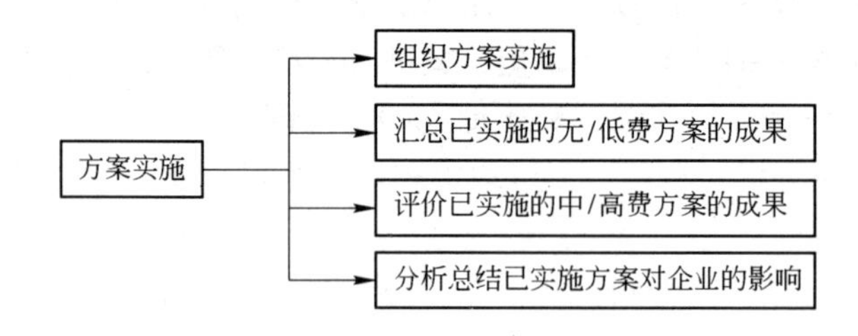

图3－13 方案实施阶段工作框架图

（1）组织方案实施。

（2）汇总已实施的无/低费方案的成果。

以某钢铁企业为例，某钢铁公司生产流程共产生101个清洁生产方案，其中，无/低费方案89个，中/高费方案12个。无/低费方案与中/高费方案汇总情况详见附表1－3－1和附表1－3－2。

（3）评价已实施的中/高费方案的成果：

1）汇总方案实施后的经济、环境效益；

2）比较审核前后钢铁生产绩效指标的变化情况；

3）宣传清洁生产审核成果。

以某钢铁企业为例，已实施的中/高费清洁生产方案效益汇总见表3－13。

表3-13　已实施中/高费方案取得效益汇总表

指　　标	数　　值	指　　标	数　　值
一、节约能源		增产铁水/万吨	161
回收焦炉煤气/万米^3	23126.4	增产钢坯/万吨	140
回收高炉煤气/万米^3	292215	增产宽厚板/万吨	120
回收转炉煤气/万米^3	14400	三、减排污染物与综合利用	
回收粉焦/万吨	3.22	烟粉尘去除量/t	48030.74
干熄焦发电/万千瓦·小时	4265.9	SO_2 去除量/t	12.33
压差发电/万千瓦·小时	6794.2	COD 去除量/t	2040.72
生产蒸汽/万吨	31.23	石油类去除量/t	213.6
生产焦油/万吨	2.53	综合利用转炉钢渣/万吨	17.28
生产粗苯/万吨	0.72	综合利用高炉渣/万吨	48.3
减少煤气消耗/万米^3	1021	四、经济效益	
节约能源(标煤)/万吨	0.594	投资合计/万元	706825
回收二次能源(标煤)/万吨	62.00	节能收益(未扣成本)/万元	65121.084
二、减少物料消耗与提高产量		增加产品收益(净利润)/万元	67463.77
增产焦炭/万吨	53.36	综合利用产值/万元	5523.72
增产烧结矿/万吨	175		

(4) 分析总结已实施方案对企业的影响

无费、低费和中费、高费清洁生产方案经过征集、产生、筛选、可行性分析及实施后，必将使企业的面貌有所改观。为此有必要进行阶段性总结，以巩固清洁生产成果。

例如，某钢铁企业清洁生产方案实施后的清洁生产目标值的变化情况见表3-14，与钢铁行业清洁生产标准指标对比结果见表3-15。

表3-14　已实施方案对清洁生产目标值影响变化情况一览表

分类	审核重点指标	现状	2010年完成	增减率/%	2010年目标
每吨钢减少资源消耗	吨焦耗洗精煤/t	1.41	1.39	-1.42	1.4
	转炉钢铁料消耗/kg	1096	1089	-0.64	1092
	电炉钢铁料消耗/kg	1131	1129	-0.18	1130
减少能源消耗	每吨钢综合能耗(标煤)/kg	623.55	569.04	-8.74	580
	每吨焦焦化能耗(标煤)/kg	115.3	121.6	5.46	141
	每吨矿烧结能耗(标煤)/kg	65.18	61.18	-6.14	62

续表 3－14

分类	审核重点指标	现状	2010 年完成	增减率/%	2010 年目标
减少能源消耗	每吨铁炼铁能耗(标煤)/kg	436.82	419.78	－3.9	420
	转炉炼钢工序每吨钢能耗(标煤)/kg	8.5	5.07	－40.35	8
	电炉炼钢工序每吨钢能耗(标煤)/kg	65.79	88	33.76	89
	轧钢综合每吨钢能耗(标煤)/kg	56.3	65.19	15.79	68
	工业新水量每吨钢/m^3	6.5	6.8	4.62	15
	工业水重复利用率/%	96.36	96.4	0.04	96.5
减少污染物产生与排放	每吨钢烟粉尘排放量/kg	2.24	1.93	－12.95	1.95
	每吨钢 SO_2 排放量/kg	2.38	1.58	－33.61	1.86
	每吨钢外排废水量/m^3	3.74	2.2	－41.18	3
	每吨钢 COD 排放量/kg	0.28	0.25	－10.71	0.27
	每吨钢石油类排放量/kg	0.005	0.002	－60	0.0028

表 3－15 清洁生产指标与行业清洁生产标准指标对比表

主要指标	现状	2010 年	钢联标准（一/二/三）	钢联体系基准值	工序标准（一/二/三）	行业对比（最好/平均）
吨焦耗洗精煤/$t \cdot t^{-1}$	1.41	1.4				1.287/1.388
转炉钢铁料吨钢消耗/kg	1096	1092			≤1060/≤1080/≤1086	1056/1085
电炉钢铁料吨钢消耗/kg	1131	1130			≤1032/≤1061/≤1095	732/1072
综合吨钢能耗(标煤)/kg	666.5	665		700		246.30/632.12
焦化吨钢能耗(标煤)/kg	115.3	141		140	≤150/≤170/≤180	90/127
烧结吨矿能耗(标煤)/kg	65.18	62		60	≤47/≤51/≤55	37.87/55.21
炼铁吨铁能耗(标煤)/kg	437	439		446	≤385/≤415/≤430	357.42/426.84
转炉炼钢工序吨钢能耗(标煤)/kg	8.5	8		20	≤－20/≤－8/≤0	－16.51/6.03
电炉炼钢工序吨钢能耗(标煤)/kg	66	89	≤90	92	≤90/≤92/≤98	37.2/81.34

续表 3-15

主要指标	现状	2010年	钢联标准（一/二/三）	钢联体系基准值	工序标准（一/二/三）	行业对比（最好/平均）
轧钢综合吨钢能耗（标煤）/kg	56.3	68				21/68
吨钢工业新水量/m^3	6.5	6.8	≤6.0/≤10.0/≤16.0			
吨钢工业水重复利用率/%	96.36	96.5	≥95/≥93/≥90			
吨钢烟粉尘排放量/kg	2.24	1.95	≤1.0/≤2.0/≤4.0	1.3		
吨钢 SO_2 排放量/kg	2.38	1.86	≤1.0/≤2.0/≤2.5	1		
吨钢外排废水量/m^3	3.74	3.3	≤2.0/≤4.0/≤6.0	3		
吨钢 COD 排放量/kg	0.28	0.27	≤0.2/≤0.5/≤0.9	0.2		
吨钢石油类排放量/kg	0.0005	0.0028	≤0.015/≤0.040/≤0.120	0.005		

注：1. 行业平均、最好水平选取2007年钢铁统计月报中57家重点企业平均值与最好值；
2. 此处“钢联标准”为钢铁行业（长流程）清洁生产标准；
3. 此处“钢联体系”为钢铁行业（长流程）清洁生产评价指标体系；
4. 此处“工序标准”是指焦化、烧结、炼铁、炼钢清洁生产标准；
5. 此处“行业对比”是指各生产工序与2007年钢铁行业同工序、同指标对比。

3.2.7 持续清洁生产计划及编写清洁生产审核报告

3.2.7.1 持续清洁生产计划

A 目的和要求

这一阶段目的是通过制定相关计划，使清洁生产工作在钢铁企业内长期、持续地推行下去。

建议在钢铁企业中增设专人负责清洁生产方面的工作；及时将审核成果纳入有关操作规程、技术规范和其他日常管理制度中去，以巩固成效。依据ISO14000建立环境管理体系对于在企业内持续推行清洁生产非常有帮助。

B 工作内容

持续清洁生产计划阶段的主要工作如图3-14所示。

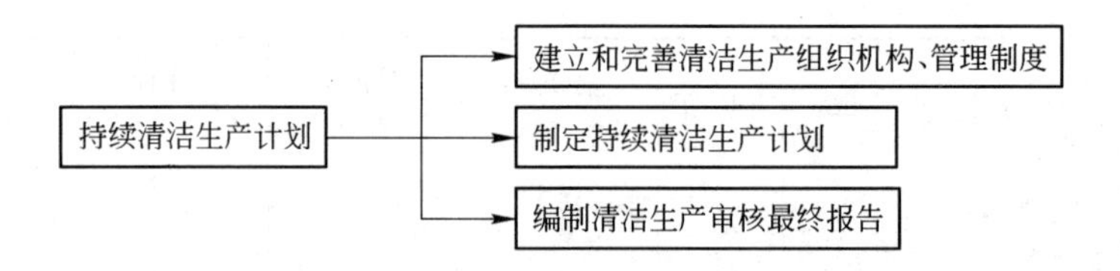

图3－14　持续清洁生产计划阶段工作框架图

（1）建立和完善清洁生产组织和管理制度：

1）明确个人在清洁生产工作中的职责；

2）把审核成果纳入钢铁企业的日常管理；

3）建立和完善清洁生产激励机制；

4）保证稳定的清洁生产资金来源。

（2）制定持续清洁生产计划：

1）钢铁企业清洁生产长期战略和策略；

2）下一轮清洁生产审核工作计划；

3）清洁生产新技术的研究与开发计划；

4）职工的清洁生产培训计划。

3.2.7.2　编制清洁生产审核报告

A　目的和要求

总结本轮钢铁企业清洁生产审核成果，汇总各项调查、实测结果，寻找废弃物产生原因和清洁生产机会，实施并评估清洁生产方案，建立和完善持续推行清洁生产机制。

B　审核报告

报告包括各阶段的主要工作内容、获得的经验和主要成果。这份报告有助于激发企业职工实施清洁生产的积极性，激励企业实施下一轮清洁生产审核，推动企业持续开展清洁生产。

（1）审核报告按章编写，审核程序的每个阶段各写一章；

（2）总结各阶段工作。

3.3　调查工作用表

调查工作用表详见附录1－1。

调查工作用表使用说明：

（1）调查工作用表是为一般冶金企业设计的通用的调查工作用表，审核人员可根据不同企业的实际情况进行复制、修改和补充。

（2）该附录的调查工作用表是为清洁生产审核人员的工作方便而专门设计

的，基本上涵盖了审核过程中所需调查的数据、材料以及工作内容。

（3）调查工作用表与清洁生产审核的各个阶段相对应，按各章的序号排列，共由41张表组成，其中第2.1章2张表，第2.2章13张表，第2.3章5张表，第2.4章6张表，第2.5章4张表，第2.6章9张表，第2.7章2张表。

（4）调查工作用表为审核人员工作时使用，根据清洁生产审核报告编写要求，需要将表格编入审核报告之中。

3.4 检查清单

检查清单主要用于审核的第二个阶段（预审核阶段），用以调查企业现状，找出企业清洁生产的潜力和机会，帮助企业确定本轮审核的重点，并设置审核重点的清洁生产目标。

检查清单是基于钢铁行业的生产特点来设计的，目的是为了获得有关钢铁生产的工艺过程、设备操作和维护、生产操作实践、产品流失部位、废弃物排放等方面的信息。

冶金行业清洁生产检查清单的具体内容见附录1－2。

4　清洁生产方案的实施

清洁生产审核的整体思路是发现问题、分析问题、解决问题。通过前期清洁生产审核的具体技术分析，企业已经对生产和服务过程进行了详细深入的调查和诊断，找出了能耗高、物耗高、污染重的原因，并且有针对性地提出了减少有毒有害物料的使用、产生，降低能耗、物耗以及废弃物产生的一系列方案，通过对核心方案进行技术、环境和经济可行性分析，最终选定了技术经济及环境可行的清洁生产方案。然而，这一阶段仅完成了对企业“看病”、“开药方”的工作，企业深层次的高能耗、高物耗和污染严重的问题是否能解决，还需要企业认真实施清洁生产方案，完成“吃药治病”的过程，才能使企业的问题得以真正解决，否则清洁生产工作对企业来说仅仅停留在纸面上，无法得到真正的实效。同时清洁生产方案的实施也是以往企业清洁生产审核工作中较为薄弱的一环。据有关部门统计，清洁生产审核提出的中高费方案实施率偏低，全国工业企业清洁生产中高费项目的实施率仅为41.7%。因此，清洁生产方案的实施是企业清洁生产审核工作成败的关键。

4.1　清洁生产方案的实施原则

通过清洁生产审核，企业提出一系列清洁生产方案，通常这些清洁生产方案按照其所需费用分为“无/低费方案”和“中/高费方案”。

对于清洁生产审核各个阶段提出的无/低费方案，企业应始终遵循“边审核、边实施、边见效”的实施原则，做到全面实施无/低费方案，使企业及时通过这些方案的实施获得经济效益和环境效益，而这部分经济收益可以逐渐积累，积少成多，成为企业后期实施清洁生产方案的部分资金来源。

对于清洁生产审核确定下来的中/高费方案，要进一步制定实施计划，并付诸实施，这也是清洁生产审核的一部分。这实质上是将清洁生产审核作为清洁生产的一个有机组成，反映了清洁生产的计划、实施、检查、改进的“PDCA”循环，体现了清洁生产动态与持续改进的本质特征。

清洁生产方案实施阶段将深化和巩固清洁生产的成果，在整个清洁生产审核的过程中占有重要的地位，具有重要作用。

4.2　清洁生产方案的实施过程

清洁生产方案实施阶段的工作框图可参见图4-1。

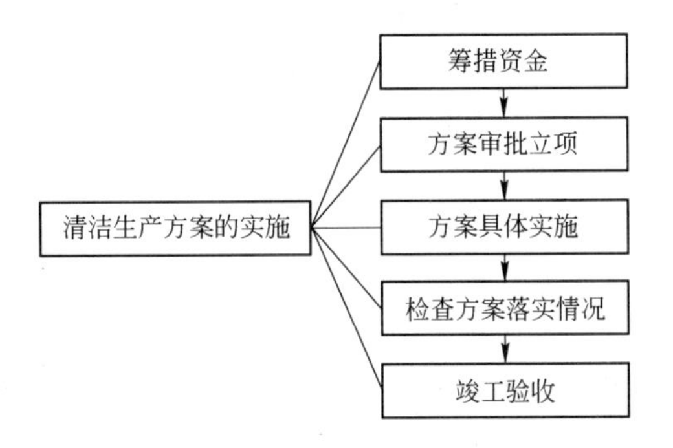

图 4－1 方案实施阶段工作框图

4.2.1 筹措资金

4.2.1.1 资金来源

资金是执行清洁生产的必要条件，实施清洁生产所需资金是企业普遍关心的问题，企业要广开财源，积极筹措，积极拓宽资金渠道，以充分的实力支持清洁生产方案的实施，包括利用实施无费、低费方案取得的经济收益，提高折旧率等摊入生产成本，发行企业债券，发动企业员工集资，向银行贷款，利用政府财政专项资金，争取国际金融及政府贷款或赠款等途径扩大资金来源。

企业实施清洁生产方案的资金主要包括内部资金和外部资金两种途径。

（1）企业内部自筹资金。企业内部资金主要包括两个部分，一是现有资金，例如技术改造资金等；二是通过实施清洁生产无/低费方案，逐步积累资金，为实施中/高费方案作好准备。当然如果有必要且条件具备也可以采用发行企业债券、发动企业员工集资等内部筹措资金的方式。

（2）企业外部资金。通常企业外部资金包括：

1）国内借贷资金，如国内银行商业贷款等；

2）国外借贷资金，如世界银行贷款等；

3）其他资金来源，如国际合作项目赠款、环保资金返回款、政府财政专项拨款、发行股票和债券融资等。

4.2.1.2 部分国家、地方清洁生产财政及税收优惠政策

这里主要介绍通过合理利用国家财政政策、税收政策以及地方清洁生产相关政策获得的财政性补助资金和税收优惠。

A 中央财政清洁生产专项资金（财建［2009］707 号）

中央财政清洁生产专项资金是专项用于补助和事后奖励清洁生产技术示范项目的资金。清洁生产技术示范项目包括两类：一是应用示范项目，指新技术推广

前的产业化应用示范项目。重点支持对行业整体清洁生产水平影响较大、具有推广应用前景的共性、关键技术应用示范项目；二是推广示范项目，指应用成熟的先进的、适用清洁生产技术实施的重大技术改造项目。重点支持能够显著提升企业清洁生产水平的中/高费技术改造项目。

示范项目支持方式及额度：

（1）专项资金安排采取补助或事后奖励方式；

（2）对应用示范项目，按照不超过项目总投资的20%给予资金补助；

（3）对推广示范项目，按照不超过项目实际投资额的15%给予资金奖励。

申报示范项目应具备的条件：

（1）采用的清洁生产技术符合国家有关产业政策要求，原则上项目实施后不新增产能；

（2）项目前期工作符合国家有关规定；

（3）项目整体（含子项）近三年内没有得到其他中央财政资金支持；

（4）项目总投资3000万元以上；

（5）应用示范项目已开工在建，或具备开工条件；推广示范项目已经实施完成。

示范项目申报程序：

（1）每年工业和信息化部将发布申报清洁生产示范项目的通知；

（2）按项目申报通知要求，由省级工业和信息化主管部门（中央企业集团）组织本地企业进行项目申报；

（3）由省级工业和信息化主管部门（中央企业集团）对企业上报项目进行严格遴选并组织专家评审，最后项目汇总后上报工业和信息化部。

B 政府绿色采购政策

《清洁生产促进法》中明确规定各级政府应优先采购或者按国家规定比例采购节能、节水、废物再生利用等有利于环境与资源保护的产品，并应通过宣传、教育等措施，鼓励公众购买和使用节能、节水、废物再生利用等有利于环境与资源保护的产品。因此，企业可以充分利用政府绿色采购政策，将符合国家政策的清洁生产产品按照相关程序要求积极申请纳入政府绿色采购清单，从而扩大产品销售渠道及市场份额。

C 各级技术进步专项资金

《清洁生产促进法》中明确规定要“对从事清洁生产研究、示范和培训，实施国家清洁生产重点技术改造项目和自愿削减污染物排放协议中载明的技术改造项目，列入国务院和县级以上地方人民政府同级财政安排的有关技术进步专项资金的扶持范围”。因此，对于符合上述要求的清洁生产项目，企业可以积极争取相关的技术进步专项资金的支持。

D 中小企业发展基金

《清洁生产促进法》中要求“在依照国家规定设立的中小企业发展基金中，应当根据需要安排适当数额用于支持中小企业实施清洁生产”。因此对于符合条件的中小企业可以申请“中小企业发展基金”中相应的清洁生产资金支持。

E 合理利用国家税收优惠政策

我国对企业实施清洁生产过程中还给予了相应的税收优惠政策，主要包括：

（1）所得税优惠：对利用废水、废气、废渣等废弃物作为原料进行生产的，在5年内减征或免征所得税——《关于企业所得税若干优惠政策的通知》（财税字［1994］001号）。

（2）增值税优惠：对利用废物生产产品的和从废物中回收原料的，税务机关按照国家有关规定，减征或者免征增值税。如对以煤矸石、粉煤灰和其他废渣为原料生产的建材产品，以及利用废液、废渣提炼黄金、白银等免征增值税——《关于对部分资源综合利用产品免征增值税的通知》（财税字［1995］44号）。

企业可以结合以上各税收减免优惠，按有关规定向有关部门进行申报和审批。

F 地方清洁生产优惠政策

部分省、市人民政府相关部门也制订了清洁生产优惠政策。例如：

（1）北京市清洁生产资金（京财经一［2007］156号）。“北京市清洁生产资金”明确了资金支持标准：

1）对清洁生产审核费用补助申报项目，实际发生金额5万元以下的给予全额补助；实际发生金额超过5万元以上的部分给予70%补助，最高补助额度不超过10万元；

2）清洁生产中/高费项目采取拨款补助方式，使用市发展改革委政府固定资产投资资金的项目，资金补助额度不超过项目固定资产投资的30%，补助金额最高不超过3000万元；使用中小企业发展专项资金的工业企业清洁生产项目，资金补助额度不超过项目总投资的20%，最高不超过200万元。

（2）上海市鼓励企业实施清洁生产专项扶持政策。

上海市颁布实施了《上海市鼓励企业实施清洁生产专项扶持实施办法》，其中规定了清洁生产专项扶持资金支持范围，包括：

1）列入《上海市环保三年行动计划》清洁生产试点名单，并已通过清洁生产审核、审计，达到国家标准的示范企业；

2）通过采取改进产品设计、采取无毒无害的原材料、使用清洁能源或可再生能源、运用先进的物耗低的生产工艺和设备等措施，从源头削减污染物排放，在行业内具有推广和示范作用的清洁生产项目；

3）通过采用改进生产流程、调整生产布局、改善管理、加强监测等措施，在生产过程中控制污染物产生的，在行业内具有推广和示范作用的清洁生产项目；

4）企业实施物料、水和能源等资源综合利用或循环使用的，具有推广和示范作用的清洁生产项目；

5）其他具有行业推广示范效应、符合产业发展导向的清洁生产项目；

6）对上述2~5项，重点支持冶金、有色、化工、医药、电力、纺织、轻工等能耗较高和污染相对严重的行业实施的清洁生产项目。

同时还规定了清洁生产专项扶持资金支持方式和标准：

1）对列入《上海市环保三年行动计划》清洁生产试点名单，按照国家《清洁生产审核暂行办法》，并已通过清洁生产审核、审计，达到国家标准的示范企业，给予专项资助，资助额最高不超过20万元；

2）对列入本市清洁生产示范的中/高费方案项目，原则上按不超过投资额的20%予以补贴，资助金额最高不超过100万元。

（3）江苏省省级节能减排（节能与循环经济）专项引导资金。江苏省省级节能减排（节能与循环经济）专项引导资金明确了资金支持重点：

1）在太湖、淮河等重点流域的化工、印染、酿造等重点行业，支持资源合理利用、节能清洁生产示范项目；

2）企业规范实施清洁生产审核并通过验收，采用先进的工艺和技术实施改造项目，达到国家公告的24个行业清洁生产评价体系（国家发改委2005年第28号等相关公告）规定的先进指标。

（4）宁波市节能与清洁生产专项资金（甬经资源［2005］49号）。宁波市设立了“宁波节能与清洁生产专项资金”，主要用于扶持以下项目：

1）列入宁波市清洁生产推广示范的企业项目，按项目实际投资额给予20%以内的补助。对单体企业或单个项目的当年最大补助额原则控制在150万元以内；

2）符合宁波市节能推广目录，单体投资额在100万元以上，达到20%以上节能效果的企业节能项目，按项目实际投资额给予8%的补助；单体企业的当年最大补助额原则控制在80万元以内；

3）列入宁波市重点能源供应结构调整或循环经济项目，给予一定的财政资助；

4）对实施自愿性清洁生产企业的审核费用，按实际审核费用支出，给予20%的补助。

4.2.1.3 合理安排有限的资金

若同时有数个方案需要投资实施时，则要考虑如何合理有效地利用有限的资金。

在方案可分别实施，且不影响生产的条件下，可以对方案实施顺序进行优化，先实施某个或某几个方案，然后利用方案实施后的收益作为其他方案的启动资金，使方案滚动实施。

如某电镀企业的两个可行性方案，需要资金投入见表4－1。若能获得64万元的贷款，则可先启动方案2，运行一年后，产生的效益即可启动方案1 。

表4－1 清洁生产方案投资说明

方案	需要投入资金	年净现金流量增值	预计投资回收期
1	103000元	45070元	2.3年
2	640000元	166150元	3.8年

4.2.2 清洁生产方案审批立项

清洁生产方案正式纳入企业实施阶段后，首先要进行相关的行政审批立项工作，主要包括：

（1）编写可行性报告；

（2）专家论证；

（3）报批；

（4）初步设计；

（5）上报；

（6）获得批准。

4.2.3 方案具体实施

经过方案审批立项、资金筹措到位后，就是方案的具体实施，主要包括建设安装和生产运行两大方面。

4.2.3.1 落实施工力量

落实施工包括设计、征地、现场开发，申请施工许可证，兴建厂房，设备选型调研，设计、加工、订货、安装、调试等，主要是土建施工和设备安装与运行。

（1）土建施工的落实：

施工设计；

土地的征用；

施工现场的准备；

施工材料的准备；

施工队伍的落实；

施工进度的安排；

施工质量的验收。

（2）设备的安装与运行：

设备选型；

设备调研、订货；

设备安装、调试；

设备验收。

4.2.3.2 实施方案

在方案实施前的准备工作就绪后，就可以开始具体的土建施工、安装运行的方案实施工作。

（1）对于中/高费方案的实施（立项、设计、施工、验收等），要按照国家、地方或部门的有关规定执行；

（2）对无/低费方案的实施过程，也要符合企业的管理和项目的组织、实施程序；

（3）明确责任，将各项工作落实到各部门、人员。

4.2.4 检查方案落实情况

（1）对方案实施进度、质量、管理等进行全面检查；

（2）及时发现问题、解决问题。

4.2.5 组织竣工验收

一般项目由企业自评；重大项目由专家论证。

4.3 清洁生产方案实施效果评估

所谓方案实施效果评估，就是通过提供客观证据，对清洁生产方案的实施，尤其对已实施中/高费清洁生产方案的完成效果的认定。评估企业清洁生产方案实施效果要在清洁生产方案实施后，全面跟踪、评估、统计实施后的技术情况及经济、环境效益，并结合相关的国家清洁生产技术标准。清洁生产方案评估内容如表4-2所示。

表4-2 已实施清洁生产方案评估内容

评估项目	内容
技术评估	评价各项技术指标是否达到原技术要求，对没达到技术要求的要及时提出改进意见
环境评估	方案实施前后各种污染物排放量的变化及物耗、水耗、电耗等资源消耗的变化
经济评估	对比企业产值、原材料的费用、能源费用、公共设施费用、水费、污染控制费、维修费、税金及净利润等经济指标在方案实施前后的变化
综合评估	对每一清洁生产方案进行技术、环境、经济三方面的评价，对已实施的各方案的成功与否做出综合、全面的评价结论

4.3.1 已实施的无/低费方案的效果评估

评价已实施的无/低费方案的成果有两个主要方面：环境效益和经济效益。(1) 环境效益：通过调研、实测和计算，分别对比各项环境指标，包括物耗、水耗、电耗等资源消耗指标以及废水量、废气量、废固量等废弃物产生指标在方案实施前后的变化，从而获得无/低费方案实施后的环境效益，可列表进行，参见附录1－1中工作表6－2。

(2) 经济效益：主要对比各种费用在方案实施前后的变化情况，从而获得无费、低费方案实施后的经济效益。这些对比费用包括：产值，原材料费用，能源费用，公共设施费用，水费，污染控制性、维护费，税金，以及净利润等经济指标。可列表表述，参见附录1－1中工作表6－3。

4.3.2 已实施的中/高费方案的效果评估

在清洁生产审核中，中/高费方案实施后的成果，是意义重大影响深远的阶段成果，所以应对已实施的方案，进行全面及时地跟踪分析，通过收集、整理、统计、计算和分析取得的各种效益，为调整和制定后续方案积累可靠的经验，为挖掘企业清洁生产的潜力，进一步为企业推行清洁生产增强信心。

评估已实施中/高费方案的成果，重点是收集方案实施前后的相关数据，通过对审核前后数据的对比和分析，得到已实施中/高费方案的经济效益和环境效益，并将收集到的实际效益与方案设计时的理论效益进行对比和分析，从中发现不足，相应地完善和补充方案，以获得最佳效益，对已实施的中/高费方案成果，进行技术、环境、经济和综合评价。

4.3.2.1 技术评价

技术评价，主要评价各项技术指标是否达到原设计要求，若没有达到要求，应如何改进等。主要从以下几方面考虑：

(1) 生产流程是否合理；

(2) 生产程序和操作规程有无问题；

(3) 设备容量是否满足生产要求；

(4) 对生产能力与产品质量的影响如何；

(5) 仪表管线布置是否需要调整；

(6) 自动化程度和自动分析测试及监测指标方面还需哪些改进；

(7) 在生产管理方面还需要做些什么修改和补充；

(8) 设备实际运行水平与国内、国际同行的水平有何差距；

(9) 对设备的技术管理、维修、保养人员是否齐备。

为了更好地进行技术评价，建议把方案实施后的全厂物料平衡图在实测的基础上列出来，并与方案实施前的全厂物料平衡图进行对比。例如某建材企业通过与方案实施前的全厂物料平衡图比较得出结论：审核过程中产生的全部方案实施后，在不增加原材料的情况下，每年可多生产水泥10000t，按每吨200元计，每年可增加效益200万元。这样做法的优点是更为直观、生动。

4.3.2.2 环境评价

环境评价主要是对于方案实施前后各项环境指标进行对比，以及与设计值进行比较，以考察方案的环境效益和企业环境形象的改善情况。其中，通过方案实施前后的指标数字，可获得方案的环境效益；通过方案的设计值与实施后的实际值的对比，可分析两者的差距，从而可对方案进行完善。

环境评价主要包括以下6个方面的内容：

（1）实测方案实施后，废物排放是否达到审核重点要求达到的预防污染目标，废水、废气、废渣、噪声实际削减量；

（2）内部回用/循环利用程度如何，还应做哪些改进；

（3）单位产品产量和产值的能耗、物耗、水耗降低的程度；

（4）单位产品产量和产值的废物排放量，排放浓度的变化情况；有无新的污染物产生；是否易处置，易降解；

（5）产品使用和报废回收过程中还有哪些环境风险因素存在；

（6）生产过程中有害于健康、生态、环境的各种因素是否得到消除以及应进一步改善的条件和问题。

中/高费方案实施前后环境效益对比，可利用工作表进行表述，参见附录1－1中工作表6－4。

4.3.2.3 经济评价

经济评价是评价中/高费清洁生产方案实施效果的重要内容。可以从以下提示的方面进行评价：

（1）废料的处理和处置费用，排污费降低多少？事故赔偿费减少多少？

（2）原材料的费用，能源和公共设施费如何？

（3）维修费是否减少？

（4）产品的效益如何？

（5）产品的成本与利润如何？

经济评价及效果统计可利用工作表进行表述，参见附录1－1中工作表6－5。

4.3.2.4 综合评价

综合评价即通过对每一个中/高费清洁生产方案进行技术、环境、经济三方面的分别评价，就可以对已实施的各个方案的成功与否，做出综合、全面的评价结论。一般除了用文字说明外，还应附以必要的数字表格统计说明。

4.3.3 分析总结已实施方案对企业的影响

无/低费和中/高费清洁生产方案经过征集、设计、实施等环节，使企业面貌有了改观，有必要进行阶段性总结，以巩固清洁生产成果。

4.3.3.1 汇总环境效益和经济效益

将已实施的无/低费和中/高费清洁生产方案成果汇总成表，内容包括实施时间、投资运行费、经济效益和环境效果，并进行分析，可利用工作表进行表述，参照附录1－1中工作表6－8。

4.3.3.2 对比各项单位产品指标

（1）考察清洁生产带给企业效益的方法和因素：

1）可用定性分析的方法，从技术工艺水平、过程控制水平、企业管理水平、员工素质等方面，考察清洁生产带给企业的变化；

2）可用定量分析的方法，考察审核前后企业各项单位产品指标的变化情况。这是最有说服力、最能体现清洁生产效益的方法和因素。

（2）采用定量、定性分析对比的目的：

1）通过定性、定量分析，企业可以从中体会清洁生产的优势，总结经验以利于在企业内推行清洁生产；

2）从定性、定量两方面，与国内外同类型企业对比，寻找差距，分析原因以利改进，从而在深层次寻求清洁生产机会。

4.3.3.3 宣传清洁生产审核成果

在总结已实施的无/低费和中/高费方案清洁生产成果的基础上，组织宣传材料，在企业内大力宣传，为继续推行清洁生产创造良好的条件。

5 持续清洁生产

在清洁生产审核过程中，企业通过对废弃物产生点、产生原因的判定及深入分析，已经找出了一系列消除或削减废弃物的有针对性的方案。其中对于易于实施的无/低费方案按照“边审核、边实施、边见效”的原则已经加以实施，而对于其中没有实施的最优清洁生产方案，也已经制定详细的实施计划并且逐步实施、落实，对已经实施的方案企业进行了综合汇总和评价，可以说，这一轮清洁生产审核全部结束了。但是，清洁生产的特点之一即为其持续性。清洁生产不是一时之事，而是一个相对的、不断的持续改进的过程，强调要将清洁生产作为一种企业战略和经营管理的理念持续贯穿于企业的生产与环境管理制度中，以期达到长久持续的污染预防效果。实施清洁生产审核、切实落实清洁生产方案的最终目的是为了持续提高企业清洁生产水平，进而推动行业整体清洁生产水平提升，带动行业整体技术进步。

在清洁生产审核过程中，企业已经对如何持续清洁生产进行了详细的计划，例如建立完善的清洁生产组织机构和管理制度并且制定相应的清洁生产计划等。在完成一轮清洁生产审核之后，需要企业切实落实清洁生产审核过程中所制定的持续清洁生产的计划，确保企业在清洁生产方面实现不断的持续改进。

5.1 建立和完善清洁生产组织

清洁生产是一个动态的、相对的概念，是一个连续的过程，因而需要有一个固定的机构、稳定的工作人员来组织和协调这方面工作，以巩固已取得的清洁生产成果，并使清洁生产工作持续地开展下去。

5.1.1 明确任务

企业清洁生产组织机构的任务有以下四个方面：

（1）组织协调并监督实施本次审核提出的清洁生产方案；

（2）经常性地组织对企业职工的清洁生产教育和培训；

（3）选择下一轮清洁生产审核重点，并启动新的清洁生产审核；

（4）负责清洁生产活动的日常管理。

5.1.2 落实归属

清洁生产机构要想起到应有的作用，及时完成任务，必须落实其归属问题。

企业的规模、类型和现有机构等千差万别，因而清洁生产机构的归属也有多种形式，各企业可根据自身的实际情况具体掌握。可考虑以下几种形式：

（1）单独设立清洁生产办公室，直接归属厂长领导；

（2）在环保部门中设立清洁生产机构；

（3）在管理部门或技术部门中设立清洁生产机构。

不论是以何种形式设立的清洁生产机构，企业的高层领导要有专人直接领导该机构的工作，因为清洁生产涉及生产、环保、技术、管理等各个部门，必须有高层领导的协调才能有效地开展工作。

5.1.3 确定专人负责

为避免清洁生产机构流于形式，确定专人负责是很有必要的。该职员须具备以下能力：

（1）熟练掌握清洁生产审核知识；

（2）熟悉企业的环保情况；

（3）了解企业的生产和技术情况；

（4）具备较强的工作协调能力；

（5）具备较强的工作责任心和敬业精神。

5.2 建立和完善清洁生产管理制度

清洁生产管理制度包括把审核成果纳入企业的日常管理轨道、建立激励机制和保证稳定的清洁生产资金来源。

5.2.1 把审核成果纳入企业的日常管理

把清洁生产的审核成果及时纳入企业的日常管理轨道，是巩固清洁生产成效、防止走过场的重要手段，特别是通过清洁生产审核产生的一些无/低费方案，如何使它们形成制度显得尤为重要。

（1）把清洁生产审核提出的加强管理的措施文件化，形成制度；

（2）把清洁生产审核提出的岗位操作改进措施，写入岗位的操作规程，并要求严格遵照执行；

（3）把清洁生产审核提出的工艺过程控制的改进措施，写入企业的技术规范。

5.2.2 建立和完善清洁生产激励机制

在奖金、工资分配、提升、降级、上岗、下岗、表彰、批评等诸多方面，充分与清洁生产挂钩，建立清洁生产激励机制，以调动全体职工参与清洁生产的积极性。

5.2.3 保证稳定的清洁生产资金来源

清洁生产的资金来源可以有多种渠道，例如贷款、集资等，但是清洁生产管理制度的一项重要作用是保证实施清洁生产所产生的经济效益，全部或部分地用于清洁生产和清洁生产审核，以持续滚动地推进清洁生产。建议企业财务对清洁生产的投资和效益单独建账。

5.3 定期进行清洁生产水平评价

实施清洁生产审核、切实落实清洁生产方案的最终目的是为了持续提高企业清洁生产水平，进而推动行业整体清洁生产水平提升，带动行业整体技术进步。

通过定期开展清洁生产水平评价工作，对企业的清洁生产水平进行等级划分，促进企业实施清洁生产，提高资源和能源的利用效率，减少污染物的产生和排放，提高企业的经济、环境和社会效益。因此企业不单要在清洁生产审核过程中要对照本行业“清洁生产水平评价指标体系”评价企业在清洁生产审核之前所处的清洁生产水平，作为制定本轮清洁生产审核目标的技术依据，同时在每一轮清洁生产审核结束并实施了全部清洁生产方案之后，还需要对清洁生产审核之后企业所处的行业清洁生产水平进行综合评价，从而进一步明确本轮清洁生产审核给企业带来的整体实效。

5.3.1 什么是“清洁生产水平评价”

企业“清洁生产水平”就是企业通过实施清洁生产，在工艺装备与生产技术、资源与能源消耗、产品的清洁生产特征、污染物产生与控制、清洁生产管理、废物利用方面所达到的程度。

企业“清洁生产水平评价”就是对企业所达到的清洁生产水平进行的综合评定。

5.3.2 清洁生产水平等级的划分

企业清洁生产水平的评价以清洁生产综合评价指数为依据，对达到一定综合评价指数的企业，分别评定为清洁生产先进企业或清洁生产企业。

5.3.3 清洁生产评价指标体系

清洁生产评价指标是用于衡量清洁生产水平的指标，包括定量指标和定性指标。而由一组相互联系、相互独立、相互补充的系列清洁生产水平评价指标则组成了清洁生产水平评价指标体系，是用于评价企业清洁生产绩效的指标集合。

现有企业清洁生产水平评价指标体系的一级评价指标包括六大类，即：

(1) 资源与能源消耗指标；
(2) 生产技术特征指标；
(3) 产品特征指标；
(4) 污染物产生指标；
(5) 资源综合利用指标；
(6) 环境管理与劳动安全卫生指标。

5.3.4　企业如何进行“清洁生产水平评价”

企业可按照本行业的“清洁生产评价指标体系”，根据一定的方法和步骤对清洁生产水平评价指标进行综合计算得出相应的数值，根据满分一百分的原则，对企业所处的清洁生产水平进行综合打分、评价和等级划分。

原则上，企业的“清洁生产水平评价”工作一年进行一次，这样可以随时掌握企业在同行业中所处的清洁生产水平，尤其是找出与同行业同规模同等技术水平的企业之间存在的不足。针对这些差距，按照清洁生产审核的思路逐步改进、提高，最终实现企业持续发展。

此项工作由企业新组建的清洁生产组织定期完成，并将结果及时上报有关领导，用于指导企业清洁生产工作有重点、有组织地顺利持续进行下去。

5.4　制定持续清洁生产计划

在持续清洁生产的过程中，制定一系列持续清洁生产计划也是必不可少的。计划可以帮助清洁生产工作有组织、有计划地在企业中进行下去。持续清洁生产计划主要包括以下几个方面：

(1) 清洁生产审核工作计划：指下一轮的清洁生产审核。新一轮清洁生产审核的启动并非一定要等到本轮审核的所有方案都实施以后才进行，只 要大部分可行的无/低费方案得到实施，取得初步的清洁生产成效，并在总结已取得的清洁生产经验的基础上，即可开始新的一轮审核。

(2) 清洁生产方案的实施计划：指经本轮审核提出的可行的无/低费方案和通过可行性分析的中/高费方案。

(3) 清洁生产新技术的研究与开发计划：根据本轮审核发现的问题，研究与开发新的清洁生产技术。

(4) 企业职工的清洁生产培训计划：包括岗前培训、在职培训和日常的清洁生产宣传、成果推广等活动。

在企业完成了保证清洁生产在企业持续进行下去的相关工作之后，根据清洁生产不断改进、螺旋式上升的持续性特点，清洁生产审核将在企业一轮一轮开展下去，从而使清洁生产工作在企业内部得以长期、持续地开展下去。

附录1　技术类文件

附录1-1　清洁生产审核工作表（通用）

使用说明：

（1）本附录的调查工作用表是为清洁生产审核人员的工作方便而专门设计的。基本上涵盖了审核过程中所需调查的数据、材料以及工作内容。

（2）调查工作用表是为一般企业设计的通用的调查工作用表，审核人员可根据不同企业的实际情况进行复制、修改和补充。

（3）调查工作用表为审核人员工作时使用，并不要求将全部表格作为审核报告的内容，但部分重要表格将进入审核报告之中。

工作表1－1　审核小组成员表

姓名	审核小组职务	来自部门及职务职称	专业	职责	应投入的时间

制表__________　审核__________　第_____页　共_____页

注：若仅设立一个审核小组，则依次填写即可，若分别设立了审核领导小组和工作小组，则可分成两表或在一表内隔开填写。

工作表1-2 审核工作计划表

阶 段	工作内容	完成时间	责任部门及负责人	考核部门及人员	产出
1. 审核准备					
2. 预审核					
3. 审核					
4. 实施方案产生和筛选					
5. 编写中期审核报告					
6. 实施方案的确定					
7. 清洁生产方案的实施与计划					
8. 持续清洁生产计划					
9. 编写清洁生产审核报告					

制表＿＿＿＿＿＿＿＿ 审核＿＿＿＿＿＿＿＿ 第＿＿＿页 共＿＿＿页

工作表2－1　企业简述

企业名称：________________　　所属行业：________________

企业类型：________________　　法人代表：________________

地址及邮政编码：________________________________

电话及传真：________________　　联系人：________________

主要产品、生产能力及工艺：

关键设备

年末职工总数：________________　　技术人员总数：________________

企业固定资产总值：________________________________

企业年总产值：________________　　年总利税：________________

建厂日期：________________　　投产日期：________________

其他：

制表________　　审核________　　第____页　　共____页

工作表2－2　资料收集名录

序号	内　　容	可否获得（是或否）	来源	获取方法	备注
1	平面布置图				
2	组织机构图				
3	工艺流程图				
4	物料平衡资料				
5	水平衡资料				
6	能源衡算资料				
7	产品质量记录				
8	原辅材料消耗及其成本				
9	水、燃料、电力消耗及其成本				
10	企业环境方面的资料				
11	企业设备及管线资料				
12	生产管理资料				
13	其他相关资料				

制表＿＿＿＿＿＿＿＿　审核＿＿＿＿＿＿＿　第＿＿＿页　共＿＿＿页

工作表 2－3　环保设施状况表

设施名称＿＿＿＿＿＿处理废弃物种类＿＿＿＿＿建成时间＿＿＿＿＿折旧年限＿＿＿＿＿

建投投资＿＿＿＿＿（万元）设计处理量＿＿＿＿＿实际处理量＿＿＿＿＿年运行费＿＿＿（万元）

年耗电量＿＿＿＿＿（千瓦时）运行天数＿＿＿＿＿（天/年）＿＿（天/月）监测频率＿＿（次/月）

设施运行效果

污染物名称	实际处理量		入口浓度			出口浓度			污染物去除量	说明
	平均值	最大值	平均值	最高值	最低值	平均值	最高值	最低值		

处理方法及工艺流程简图

制表＿＿＿＿＿＿＿＿　审核＿＿＿＿＿＿＿　第＿＿＿页　共＿＿＿页

注：环保设施包括废水、废气、固废、噪声处理设施以及综合利用设施。

工作表2-4　企业环保达标及污染事故调查表

一、环保达标情况

1. 采用的标准

2. 达标情况

3. 排污费

4. 罚款与赔偿

二、重大污染事故

1. 简述

2. 原因分析

3. 处理与善后措施

制表＿＿＿＿＿＿　审核＿＿＿＿＿＿　第＿＿＿页　共＿＿＿页

工作表2－5　工段生产情况表

工段名称：____

工段简述：

工段生产类型：

□连续

□间歇加工

□批量生产

□其他：____

制表______________　审核____________　第_____页　共_____页

工作表2－6 产品设计信息

产品名称____________

问　　题	描　　述
1. 产品能满足哪些功能？	
2. 产品是否进行转变或功能改进？	
3. 其功能能否更符合保护环境的要求？	
4. 使用哪些物料（包括新的物料）？	
5. 现用物料对环境有何影响？	
6. 今后需用的物料对环境有何影响？	
7. 产品（产品设计）是否便于拆卸和维修？	
8. 包括多少组件？	
9. 拆卸需多少时间？	
10. 不拆卸对废弃物处理有什么后果？	
11. 使用期限有多长？	
12. 哪些组件决定其使用期限？	
13. 那些决定使用期限的组件是否易于更换？	
14. 产品/物料使用后有多大的回用可能性？	
15. 产品组件或物料有多大的回用可能性？	
16. 如何提高产品/物料回用的可能性？	
17. 提高产品/物料回用存在的问题？	
18. 能否减少或消除这些问题？	
19. 能否通过贴标签增强对物料的识别？需要什么样的机会？	
20. 这样做对环境和能源方面有什么影响？	

制表____________　　审核____________　　第______页　　共______页

工作表2－7　输入物料汇总表

工段名称＿＿＿＿＿＿

项目		物料		
		物料号：	物料号：	物料号：
物料种类				
名称				
物料功能				
有害成分及特性				
活性成分及特性				
有害成分浓度				
年消耗量	总计			
	有害成分			
单位价格				
年总成本				
输送方式				
包装方式				
储存方式				
内部运输方式				
包装材料管理				
库存管理				
储存期限				
供应商是否回收	到储存期限的物料			
	包装材料			
可能的替代物料				
可能选择的供应商				
其他资料				

制表＿＿＿＿＿＿　审核＿＿＿＿＿＿　第＿＿＿页　共＿＿＿页

注：1. 按工段分别填写；
2. “输入物料”指生产中使用的所有物料，其中有些未包含在最终产品中，如清洁剂、润滑油脂等；
3. 物料号应尽量与工艺流程图上的号相一致；
4. “物料功能”，指原料、产品、清洁剂、包装材料等；
5. “输送方式”，指管线、槽车、卡车等；
6. “包装方式”，指200升容器、纸袋、罐等；
7. “储存方式”，指有掩盖、仓库、无掩盖、地上等；
8. “内部运输方式”，指用泵、叉车、气动运送、输送带等；
9. “包装材料管理”，指排放、清洁后重复使用、退回供应商、押金系统等；
10. “库存管理”，指先进先出或后进先出。

工作表2-8 产品汇总表

工段名称__________

<table>
<tr><td colspan="2" rowspan="2">项　　目</td><td colspan="3">产　　品</td></tr>
<tr><td>物料号：</td><td>物料号：</td><td>物料号：</td></tr>
<tr><td colspan="2">产品种类</td><td colspan="3"></td></tr>
<tr><td colspan="2">名　称</td><td colspan="3"></td></tr>
<tr><td colspan="2">有害成分特性</td><td colspan="3"></td></tr>
<tr><td rowspan="2">年产量</td><td>总　计</td><td></td><td></td><td></td></tr>
<tr><td>有害成分</td><td></td><td></td><td></td></tr>
<tr><td colspan="2">运输方法</td><td></td><td></td><td></td></tr>
<tr><td colspan="2">包装方法</td><td></td><td></td><td></td></tr>
<tr><td colspan="2">就地储存方法</td><td></td><td></td><td></td></tr>
<tr><td colspan="2">包装能否回收（是/否）</td><td></td><td></td><td></td></tr>
<tr><td colspan="2">储存期限</td><td></td><td></td><td></td></tr>
<tr><td rowspan="2">客户是否准备</td><td>接受其他规格的产品</td><td></td><td></td><td></td></tr>
<tr><td>接受其他包装方式</td><td></td><td></td><td></td></tr>
<tr><td colspan="2">其他资料</td><td></td><td></td><td></td></tr>
</table>

制表__________ 审核__________ 第____页 共____页

注：这些产品号应尽量与工艺流程图上的号相一致。

工作表2－9　废弃物特性

工段名称____________

1. 废弃物名称____________________________________
2. 废弃物特性____________________________________

化学和物理特性简介（如有分析报告请附上）____________________

____

____

有害成分____________________________________

____

有害成分浓度（如有分析报告请附上）____________________

____

____

有害成分及废弃物所执行的环境标准/法规____________________

____

有害成分及废弃物所造成的问题____________________

____

3. 排放种类

☐ 连续

☐ 不连续

类型　☐ 周期性____________　周期时间____________

☐偶尔发生（无规律）

4. 产生量
5. 排放量

最大____________　平均____________

6. 处理处置方式____________________________________

____

7. 发生源____________________________________
8. 发生形式____________________________________
9. 是否分流

☐ 是

☐ 否，与何种废弃物合流

制表____________　审核____________　第______页　共______页

工作表2－10 企业历年原辅料和能源消耗表

主要原辅料和能源	单位	使用部位	近三年年消耗量			近三年单位产品消耗量				备注
						实耗			定额	

制表__________ 审核__________ 第____页 共____页

注：备注栏中填写与国内外同类先进企业的对比情况。

工作表2－11　企业历年产品情况表

产品名称	生产车间	产品单位	近三年年产量			近三年年产值			占总产值比例			备注

制表＿＿＿＿＿＿＿＿　　审核＿＿＿＿＿＿＿　　第＿＿＿页　　共＿＿＿页

工作表2－12 企业历年废弃物流情况表

类别	名称	近三年年排放量			近三年单位产品消耗量				备注
					实 排			定额	
废水	废水量								
废气	废气量								
固废	总废渣量								
	有毒废渣								
	炉渣								
	垃圾								
其他									

制表________________ 审核______________ 第______页 共______页

注：备注栏中填写与国内外同类先进企业的对比情况，其他栏中可填写物料流失情况。

工作表2－13　企业废弃物产生原因分析表

主要废弃物产生源	原因分类							
	原辅材料和能源	技术工艺	设备	过程控制	产品	废弃物特性	管理	员工

制表＿＿＿＿＿＿＿　审核＿＿＿＿＿＿＿　第＿＿＿页　共＿＿＿页

工作表3－1 审核重点资料收集名录

序号	内 容	可否获得（是或否）	来源	获取方法	备 注
1	平面布置图				
2	组织机构图				
3	工艺流程图				
4	各单元操作工艺流程图				
5	工艺设备流程图				
6	输入物料汇总表				参见工作表2－7
7	产品汇总表				参见工作表2－8
8	废弃物特性				参见工作表2－9
9	历年原辅料和能源消耗表				参见工作表2－10
10	历年产品情况表				参见工作表2－11
11	历年废弃物流情况表				参见工作表2－12

制表＿＿＿＿＿＿＿＿ 审核＿＿＿＿＿＿＿＿ 第＿＿＿页 共＿＿＿页

注：审核重点的许多调查表形式与预评估阶段各工段的调查表（如工作表2－7～工作表2－12）的形式完全一样，只是把内容由“工段”细化为审核重点的“操作单元”即可，因而对这些表格不再重复列出。

工作表3－2　审核重点单元操作功能说明表

单元操作名称	功　　能

制表＿＿＿＿＿＿＿　　审核＿＿＿＿＿＿＿　　第＿＿＿页　　共＿＿＿页

工作表3－3 审核重点物流实测准备表

序号	监测点位置及名称	监测项目及频率								备注
		项目	频率	项目	频率	项目	频率	项目	频率	

制表＿＿＿＿＿＿＿＿ 审核＿＿＿＿＿＿＿ 第＿＿＿页 共＿＿＿页

工作表 3－4　审核重点物流实测数据表

序　号	监测点名称	取样时间	实测结果				备　注

制表________　审核________　第____页　共____页

注：备注栏中填写取样时的工况条件。

工作表3－5 审核重点废弃物产生原因分析表

废弃物产生部位	废弃物名称	影响因素							
		原辅材料和能源	技术工艺	设备	过程控制	产品	废弃物特性	管理	员工

制表________ 审核________ 第____页 共____页

工作表 4－1　清洁生产合理化建议表

姓名________________ 部门________________ 联系电话_________

建议的主要内容：

可能产生的效益估算：

所需的投入估算：

制表____________________　审核______________　第_______页　共_______页

工作表4-2　方案汇总表

方案类型	方案编号	方案名称	方案简介	预计投资	预计效果	
					环境效果	经济效益
原辅材料和能源替代						
技术工艺改造						
设备维护和更新						
过程优化控制						
产品更换或改进						
废弃物回收利用和循环使用						
加强管理						
员工素质的提高及积极性的激励						

制表＿＿＿＿＿＿　审核＿＿＿＿＿＿　第＿＿＿页　共＿＿＿页

工作表4－3　方案的权重总和计分排序表

权重因素	权重值（W）	方案得分（$R=1\sim10$）			
		名称：	名称：	名称：	名称：
环境效果					
经济可行性					
技术可行性					
可实施性					
（其他）					
总分（$\sum W\times R$）					
排序					

制表________　　审核________　　第____页　　共____页

工作表4－4　方案筛选结果汇总表

筛选结果	方案编号	方案名称
可行的无/低费方案		
初步可行的中/高费方案		
不可行方案		

制表________　审核________　第____页　共____页

工作表4－5　方案说明表

方案编号及名称	
要　点	
主要设备	
主要技术经济指标（包括费用及效益）	
可能的环境影响	

制表＿＿＿＿＿＿＿＿　审核＿＿＿＿＿＿＿　第＿＿＿页　共＿＿＿页

工作表4-6 无/低费方案实施效果的核定与汇总表

方案编号	方案名称	实施时间	投资	运行费	经济效益	环境效果			
小计									

制表________ 审核________ 第____页 共____页

工作表5－1　投资费用统计表

可行性分析方案名称：

1. 基建投资
   （1）固定资产投资
      ① 设备购置
      ② 物料和场地准备
      ③ 与公用设施连接费（配套工程费）
   （2）无形资产投资
      ① 专利或技术转让费
      ② 土地使用费
      ③ 增容费
   （3）开办费
      ① 项目前期费用
      ② 筹建管理费
      ③ 人员培训费
      ④ 试车和验收的费用
   （4）不可预见费
2. 建设期利息
3. 项目流动资金
   （1）原材料，燃料占用资金的增加
   （2）在制品占用资金的增加
   （3）产成品占用资金的增加
   （4）库存现金的增加
   （5）应收账款的增加
   （6）应付账款的增加
      总投资汇总：（1）+（2）+（3）
4. 补贴
   总投资费用：（1）+（2）+（3）－（4）

制表__________　审核__________　第____页　共____页

工作表5－2 运行费用和收益统计表

可行性分析方案名称：

1. 年运行费用总节省金额（P） ________

   $P=(1)+(2)$ ________

   （1）收入增加额 ________

   ① 由于产量增加的收入 ________

   ② 由于质量提高，价格提高的收入增加 ________

   ③ 专项财政收益 ________

   ④ 其他收入增加额 ________

   （2）总运行费用的减少额 ________

   ① 原材料消耗的减少 ________

   ② 动力和燃料费用的减少 ________

   ③ 工资和维修费用的减少 ________

   ④ 其他运行费用的减少 ________

   ⑤ 废物处理/处置费用的减少 ________

   ⑥ 销售费用的减少 ________

2. 新增设备年折旧费（D） ________

3. 应税利润（T）$=P-D$ ________

4. 净利润＝应税利润－各项应纳税金 ________

   ① 增值税 ________

   ② 所得税 ________

   ③ 城建税和教育附加税 ________

   ④ 资源税 ________

   ⑤ 消费税 ________

制表________ 审核________ 第____页 共____页

注：1. “收入增加额”为负，则表示收入减少；

2. “总运行费用的减少额”为负，则表示总运行费用增加。

工作表5－3　方案经济评估指标汇总表

经济评价指标	方案：	方案：	方案：
1. 总投资费用（I）			
2. 年运行费用总节省金额（P）			
3. 新增设备年折旧费			
4. 应税利润			
5. 净利润			
6. 年增加现金流量（F）			
7. 投资偿还期（N）			
8. 净现值（NPV）			
9. 净现值率（$NPVR$）			
10. 内部收益率（IRR）			

制表＿＿＿＿＿＿＿　审核＿＿＿＿＿＿　第＿＿＿页　共＿＿＿页

工作表5-4 方案简述及可行性分析结果表

方案名称/类型 ________________________

方案的基本原理：

方案简述：

获得何种效益 ________________________

国内外同行业水平 ________________________

方案投资 ________________________

影响下列废弃物 ________________________

影响下列原料和添加剂 ________________________

影响下列产品 ________________________

技术评估结果简述：

环境评估结果简述：

经济评估结果简述：

制表________ 审核________ 第____页 共____页

工作表6－1　方案实施计划进度表（甘特图）

方案名称：

编号	任务	期限	时标												负责部门和负责人

制表____________　审核__________　第____页　共____页

注：1. “时标”以条形图显示任务的起始日期和期限；

2. 两个任务间的联系用任务间所画箭头表示。

工作表6－2 已实施的无/低费方案环境效果对比一览表

编号	比较项目 方案名称		资源消耗					废弃物产生			
			物耗	水耗	能耗			废水量	废气量	固体废物量	
		实施前									
		实施后									
		削减量									
		实施前									
		实施后									
		削减量									
		实施前									
		实施后									
		削减量									
		实施前									
		实施后									
		削减量									
		实施前									
		实施后									
		削减量									
		实施前									
		实施后									
		削减量									
		实施前									
		实施后									
		削减量									
		实施前									
		实施后									
		削减量									
		实施前									
		实施后									
		削减量									
		实施前									
		实施后									
		削减量									

制表____________ 审核____________ 第______页 共______页

工作表6－3　已实施的无/低费方案经济效益对比一览表

编号	比较项目 方案名称		产值	原材料费用	能源费用	公共设施费用	水费	污染控制费用	污染排放费用	维修费	税金	其他支出	净利润		
		实施前													
		实施后													
		经济效益													
		实施前													
		实施后													
		经济效益													
		实施前													
		实施后													
		经济效益													
		实施前													
		实施后													
		经济效益													
		实施前													
		实施后													
		经济效益													
		实施前													
		实施后													
		经济效益													
		实施前													
		实施后													
		经济效益													
		实施前													
		实施后													
		经济效益													

制表＿＿＿＿＿＿＿＿　　审核＿＿＿＿＿＿＿　　第＿＿＿页　　共＿＿＿页

工作表6－4 已实施的中/高费方案环境效果对比一览表

编号	方案名称	项目	资源消耗					废弃物产生			
			物耗	水耗	能耗			废水量	废气量	固体废物量	
		方案实施前（A）									
		设计的方案（B）									
		方案实施后（C）									
		方案实施前后之差（A－C）									
		方案设计与实际之差（B－C）									
		方案实施前（A）									
		设计的方案（B）									
		方案实施后（C）									
		方案实施前后之差（A－C）									
		方案设计与实际之差（B－C）									
		方案实施前（A）									
		设计的方案（B）									
		方案实施后（C）									
		方案实施前后之差（A－C）									
		方案设计与实际之差（B－C）									
		方案实施前（A）									
		设计的方案（B）									
		方案实施后（C）									
		方案实施前后之差（A－C）									
		方案设计与实际之差（B－C）									

制表＿＿＿＿＿＿＿＿ 审核＿＿＿＿＿＿＿＿ 第＿＿＿页 共＿＿＿页

工作表6－5　已实施的中/高费方案经济效果对比一览表

编号	方案名称	项　目	产值	原材料费用	能源费用	公共设施费用	水费	污染控制费用	污染排放费用	维修费	税金	其他支出	净利润
		方案实施前（A）											
		设计的方案（B）											
		方案实施后（C）											
		方案实施前后之差（A－C）											
		方案设计与实际之差（B－C）											
		方案实施前（A）											
		设计的方案（B）											
		方案实施后（C）											
		方案实施前后之差（A－C）											
		方案设计与实际之差（B－C）											
		方案实施前（A）											
		设计的方案（B）											
		方案实施后（C）											
		方案实施前后之差（A－C）											
		方案设计与实际之差（B－C）											

制表＿＿＿＿＿＿＿＿　审核＿＿＿＿＿＿＿　第＿＿＿页　共＿＿＿页

注：1. 设计的方案费用是方案费用的理论值，方案实施后的费用是该方案费用的实际值，分析二者之差是为了寻找差距，完善方案。

2. 表中各栏，若为收入则值为正，若为支出则值为负。

工作表6－6　已实施的清洁生产方案环境效果汇总表

类型 \ 项目	编号	名称	资源消耗（削减量）					废弃物产生（削减量）				
			物耗	水耗	能耗			废水量	废气量	固废量		
无/低费方案												
小　计		削减量										
		削减率										
中/高费方案												
小　计		削减量										
		削减率										
总　计		总削减量										
		总削减率										

制表__________　审核__________　第______页　共______页

工作表6－7　已实施清洁生产方案经济效益汇总表

类型	编号	名称	产值	原材料费用	能源费用	公共设施费用	水费	污染控制费用	污染排放费用	维修费	税金	其他支出	净利润		
无/低费方案															
小计															
中/高费方案															
小计															
总计															

制表＿＿＿＿＿＿　审核＿＿＿＿＿＿　第＿＿＿页　共＿＿＿页

工作表6-8　已实施清洁生产方案实施效果的核定与汇总

方案类型	方案编号	方案名称	实施时间	投资	运行费	经济效益	环境效果			
无/低费方案										
小　计										
中/高费方案										
小　计										
合　计										

制表__________　审核__________　第____页　共____页

工作表 6－9 审核前后企业各项单位产品指标对比表

单位产品指标	审核前	审核后	差值	国内先进水平	国外先进水平
单位产品原料消耗					
单位产品耗水					
单位产品耗煤					
单位产品耗能折标煤					
单位产品耗汽					
单位产品排水量					

制表＿＿＿＿＿＿ 审核＿＿＿＿＿＿ 第＿＿＿页 共＿＿＿页

工作表7-1　清洁生产的组织机构建立计划

组织机构名称	
行政归属	
主要任务及职责	

制表＿＿＿＿＿＿＿＿　审核＿＿＿＿＿＿＿＿　第＿＿＿页　共＿＿＿页

工作表7－2　持续清洁生产计划

计划分类	主要内容	开始时间	结束时间	负责部门
下一轮清洁生产审核工作计划				
本轮审核清洁生产方案的实施计划				
清洁生产新技术的研究与开发计划				
企业职工的清洁生产培训计划				

制表＿＿＿＿＿＿　审核＿＿＿＿＿＿　第＿＿＿页　共＿＿＿页

附录1-2　清洁生产审核检查清单（钢铁行业）

附表1-2-1　钢铁行业清洁生产审核检查清单

工序名称	原辅料和能源	工艺技术	设备	过程控制	产品	废弃物	管理	员工素质
烧结	（1）烧结所用矿粉是否含铁品位高，含硫品位低，能否再提高含铁品位，降低含硫品位？ （2）烧结所用辅料中是否含有易导致烟尘浓度增加、冒烟带色的有害组分？ （3）烧结配加的除尘灰、氧化铁皮辅料中是否增加了烟尘外排量，有无改进措施？ （4）烧结机和布料台车是否存在跑生料现象，有无处理措施？ （5）皮带运输原辅料时是否存有掉料和密封不严现象，是	（1）烧结（球团）生产工艺技术在国内外同行业中处于什么样的水平？由原料生产成产品的转化效率是否偏低，有无进一步提高的潜力？ （2）烧结（球团）生产设备布局是否合理？原辅料、产品输送线路是否过长？ （3）烧结（球团）生产工艺优化是否达到最好水平？ （4）烧结终点位置设计是否合理，有无造成冷却段烟囱外排浓度增大现象。	（1）烧结（球团）生产设备、环保设备是否超过规定的使用寿命期限？是否是国家明令禁止使用的淘汰设备？ （2）烧结（球团）生产设备和环保设备发生故障时是否按照清洁生产要求及时进行检修和维护？ （3）烧结（球团）生产设备自动化控制水平在国内同行业中是否处于较低水平？ （4）生产设备、辅助生产设备、环保设备配置是否合理？ （5）生产使用	（1）烧结料中的水、碳以及烧结终点控制是否合理？是否有效控制烧结矿强度，避免产生碎料、散料现象发生？ （2）自动控制、计量检测分析仪表是否齐全？监测精度和监测数据量是否能满足要求？ （3）烧结生产时有关工艺参数是否得到有效控制？ （4）现有分析、监测仪表能否满足过程控制要求？ （5）计器、仪表完好运行率是多少？是否还能继续提高？	（1）烧结矿（球团）在皮带、汽车、铁路运输中有否掉料、散失现象？原因是什么？如何改进？ （2）由原辅料生产成烧结矿的转化率在国内外同行业中处何水平？能否再提高？ （3）导致烧结矿、球团在运输、储放中扬尘的部位和原因是什么？如何改进？	（1）废弃物产生的部位和原因是什么？有无控制和改进的办法？ （2）烧结、球团生产过程中产生的废水、固体废弃物等是否得到充分有效利用？ （3）单位产品废弃物产生量是否高于国内外同行业水平？ （4）生产过程中产生的水、气、渣、噪声等污染物的排放是否达到规定的标准要求？ （5）各种污染物排放总量控制是否达到地方政府规定的要求？	（1）企业是否建立了清洁生产管理机构和管理制度？管理水平如何？ （2）各生产岗位是否有行之有效的操作规程？是否建立了与清洁生产有关的岗位责任制？落实情况如何？ （3）不同岗位之间的信息沟通如何进行的（包括生产、环保、管理等）？ （4）企业奖惩制度是如何与能耗、物耗及污染物产生和达标排放相联系？ （5）是否有合理化建议制度？执行情况如何？	（1）领导干部是否接受过清洁生产知识、方法的培训？是否清楚自己在清洁生产工作中的职责和领导作用？ （2）各相关专业技术人员是否经过清洁生产知识、方法、技术的培训？是否对与本职工作有关的清洁生产信息及时进行了解？是否在本岗位工作中积极发挥专业技术人员的作用？ （3）生产岗位操作人员，是否经过清洁生产知识和方法的培训？是否了解

续附表1－2－1

工序名称	原辅料和能源	工艺技术	设备	过程控制	产品	废弃物	管理	员工素质
烧结	否有改进办法？ （6）工业水、蒸汽、煤气、润滑油输送管道和节门等是否有跑、冒、滴、漏现象？如何处理的？ （7）单位产品能耗、水耗、电耗、工序能耗指标在国内外同行业中处于什么水平？是否还有改进的潜力？ （8）烧结生产中的余热是否充分得到利用？	（5）是否存在烧结（球团）原辅料变换频繁，生产稳定性差的问题？如何改进？ （6）烧结（球团）生产工艺技经指标是否达到国内同行业先进水平？	的工业水、蒸汽、煤气、液压油、润滑油设备及管路、除尘管路是否存在跑、冒、滴、漏现象？是否得到及时处理？ （6）烧结生产设备是否缺乏有效维护和保养？ （7）在用的生产设备、辅助生产设备、环保设备其功能是否能满足清洁生产要求？ （8）设备完好运行率是否达到国内同行业先进水平？			（6）企业近三年是否有环保主管部门的处罚记录？	（6）企业是否建立了环境管理体系？	本岗位废弃物产生的部位、原因及预防控制措施？是否按清洁生产要求进行操作？
焦化	（1）炼焦所用的原料煤含硫品位低，能否再降低含硫品位？ （2）皮带运输原料煤时是否存有掉料、密封不严等无组织排放现象，如何进行有效控制？	（1）炼焦生产、煤气净化、焦化污水处理工艺技术在国内外同行业中处于什么水平？由原料煤生产成焦炭及其副产品的转化率是否偏低，有无	（1）炼焦、煤气净化、焦化污水生产设备、环保设备是否超过规定的使用寿命期限？是否是国家明令禁止使用的淘汰设备？ （2）炼焦生产、	（1）炼焦、煤气净化、焦化污水处理等生产设备及环保设备计量检测分析仪器是否不齐全或监测精度达不到要求？ （2）炼焦、煤气净化、焦化污	（1）焦炭及化工副产品在皮带、汽车、铁路运输中有否掉料、散失现象？原因是什么？如何改进？ （2）由原料煤生产成焦炭和化工副产品的	（1）炼焦生产过程中废弃物产生的部位和原因是什么？有无控制和改进的办法？ （2）炼焦生产过程中产生的各种固体废弃物是什么？是	同烧结	同烧结

续附表1-2-1

工序名称	原辅料和能源	工艺技术	设备	过程控制	产品	废弃物	管理	员工素质
焦化	（3）炼焦生产湿法熄焦及焦炉煤气净化所使用的工业水、生化污水处理所用的蒸汽、煤气、润滑油设备及输送管道、节门等是否有跑、冒、滴、漏现象？如何进行有效处理？ （4）炼焦单位产品原料煤消耗、能耗、水耗、电耗、工序能耗指标在国内外处于什么水平？是否还有改进的潜力？ （5）炼焦生产中的余热、余能、化工副产品是否充分得到开发和利用？ （6）炼焦产生的煤气是否进行净化处理和回用？焦炉煤气利用率是否还能提高？	进一步提高的潜力？ （2）炼焦生产、煤气净化、焦化污水处理等生产设备、辅助生产设备、环保设备布局是否合理？原料煤和焦炭输送线路是否过长？ （3）炼焦、煤气净化、焦化污水处理工艺优化是否达到最好水平？ （4）是否存在炼焦原料煤种、煤质变换频繁，生产稳定性差等问题？如何改进？ （5）是否实施了干熄焦技术？ （6）是否实施了焦炉煤气脱硫净化技术？ （7）是否实施了炼焦煤调湿技术？	煤气净化、焦化污水、除尘处理设备是否按照清洁生产要求及时进行检修和维护？ （3）在炼焦生产、煤气净化除尘、焦化污水处理时，设备发生故障是否及时进行检修？ （4）炼焦生产、煤气除尘净化、焦化污水处理所用的生产设备自动化控制水平在国内同行业中是否处于较低水平？ （5）生产设备、辅助生产设备、环保设备配置是否合理？ （6）生产使用的工业水、蒸汽、煤气、液压油、润滑油设备及管路、除尘管路是否存在跑、	水处理等生产设备及环保设备有关工艺参数是否得到有效控制？ （3）现有分析、监测仪表能否满足过程控制要求？ （4）是否还有更好的炼焦、煤气净化、焦化污水处理等生产设备和环保设备自动控制仪器、仪表设备取代现有设备？ （5）计器、仪表完好运行率是多少？是否还能继续提高？	转化率在国内外同行业中处何水平？能否再提高？ （3）导致焦炭在运输、储放中扬尘的部位和原因是什么？如何改进？ （4）焦炭输送至高炉是否线路过长？	否得到有效处理和利用？ （3）炼焦单位产品各种废弃物的产生量是否高于国内外同行业水平？ （4）炼焦生产过程中产生的废水、废气、渣、噪声等污染物的排放是否达到规定要求？ （5）各种污染物排放总量控制是否达到地方政府规定的要求？ （6）炼焦生产过程中各种污染物无组织排放的部位在哪里？原因是什么？如何进行有效控制？ （7）企业近三年是否有环保主管部门的处罚记录？		

续附表1－2－1

工序名称	原辅料和能源	工艺技术	设备	过程控制	产品	废弃物	管理	员工素质
焦化	（7）是否实施了干熄焦、余热利用技术？	（8）是否实施了焦化污水处理A/O工艺技术？ （9）是否实施了焦炉装煤出焦全干式地面除尘工艺技术？ （10）是否实施了焦侧除尘技术？ （11）是否开展了炼焦节能、降耗、减污等有关工艺技术攻关活动？ （12）炼焦生产工艺技经指标是否达到国内同行业先进水平？	冒、滴、漏现象？是否得到及时处理？ （7）炼焦、煤气净化、焦化污水处理等生产设备和环保设备是否缺乏有效维护和保养？ （8）在用的生产设备、辅助生产设备、环保设备其功能是否能满足清洁生产要求？ （9）设备完好运行率是否达到国内同行业先进水平？					
炼铁	（1）炼铁所用的烧结矿、球团、块矿是否含铁品位高，含硫品位低，能否再提高含铁品位，降低含硫品位？ （2）炼铁所用辅料中是否含有对大气、水体	（1）炼铁（包括煤制粉、原辅料运输等）所采用的生产工艺技术在国内外同行业中处于什么水平？由原辅料生产成铁水的转化率是否偏低？有无进	（1）炼铁使用的生产设备、辅助生产设备和环保设备是否超过规定的使用寿命期限？是否是国家明令禁止使用的淘汰设备？ （2）炼铁生产	（1）炼铁及环保设备计量检测分析仪器是否不齐全或监测精度达不到要求？ （2）炼铁及环保设备有关工艺参数是否得到有效控制？	（1）出铁、出渣时是否对烟尘排放进行了有效控制？ （2）铁水输送是否线路过长？ （3）由原辅料生产成铁水的转化率在国内外同行业中处	（1）炼铁生产过程中废弃物产生的部位和原因是什么？有无控制和改进的办法？ （2）炼铁生产过程中产生的废水、固体废弃物等是否得到	同烧结	同烧结

续附表1-2-1

工序名称	原辅料和能源	工艺技术	设备	过程控制	产品	废弃物	管理	员工素质
炼铁	造成污染的有害组分？如何降低？ （3）皮带运输原辅料时是否存有掉料、密封不严等无组织排放现象？如何进行有效控制？ （4）炼铁原辅料输送、煤制粉和冶炼时所用的工业冷却水、蒸汽、煤气、润滑油设备及输送管道、截门等是否有跑、冒、滴、漏现象？如何进行有效处理？ （5）炼铁单位产量原辅料消耗、能耗、水耗、电耗、工序能耗指标在国内外处于什么水平？是否还有改进的潜力？ （6）炼铁生产中的余热、余能是否充分得到有效利用？	一步提高的潜力？ （2）炼铁生产设备、辅助生产设备、环保设备布局是否合理？原辅料、铁水输送线路是否过长？ （3）炼铁生产工艺优化是否达到最好水平？ （4）是否存在炼铁原辅料变换频繁，生产稳定性差、需使用对环境有害的物料等问题？如何改进？ （5）是否使用了高炉富氧喷煤工艺技术？ （6）是否采用了高炉煤气布袋除尘技术？ （7）是否实施了高炉炉顶煤气发电技术(TRT)？ （8）是否实施了高炉热风炉余热回收技术？	设备和环保设备发生故障时是否按照清洁生产要求及时进行检修和维护的？ （3）炼铁生产设备及环保设备的自动化控制水平在国内同行业中是否处于较低水平？ （4）炼铁生产设备、辅助生产设备、环保设备配置是否合理？ （5）炼铁生产使用的冷却水、蒸汽、煤气、液压油、润滑油等设备及管路、除尘管路是否存在跑、冒、滴、漏现象？是否得到及时处理？ （6）炼铁及环保设备是否缺乏有效维护和保养？ （7）在用的生产设备、辅助生	（3）现有分析、监测仪器、仪表能否满足过程控制要求？ （4）是否还有更好的炼铁生产设备自动控制仪器、仪表取代现有设备？ （5）计器、仪表完好运行率是多少？是否还能继续提高？	何水平？能否再进一步提高？ （4）导致铁水在运输、倒罐中扬尘的部位和原因是什么？如何改进？ （5）如何控制铁水质量，减少杂质？ （6）年出现铁水铸铁块的次数有多少？如何避免出现铸铁现象？ （7）铁水合格率是否低于国内外同行业先进水平？有无改进措施？	充分有效利用？ （3）单位产品中废水、废气、渣等废弃物产生量是否高于国内外同行业水平？ （4）炼铁生产过程中产生的废水、废气、渣、噪声等污染物的排放是否达到规定要求？ （5）各种污染物排放总量控制是否达到地方政府规定的要求？ （6）炼铁生产过程中各种污染物无组织排放部位和原因是什么？如何进行有效控制？ （7）企业近三年是否有环保主管部门的处罚记录？		

续附表1-2-1

工序名称	原辅料和能源	工艺技术	设备	过程控制	产品	废弃物	管理	员工素质
炼铁	（7）炼铁产生的煤气是否进行净化处理和回收利用？煤气利用率是否还能提高？ （8）炼铁所用的有毒有害原辅料是否可找到毒性更低的替代品？	（9）是否开展了炼铁节能、降耗、减污等工艺技术攻关活动？ （10）炼铁生产工艺技经指标是否达到国内同行业先进水平？	产设备、环保设备其功能是否能满足清洁生产要求？ （8）设备完好运行率是否达到国内同行业先进水平？					
炼钢	（1）使用的铁水、废钢、石灰石、萤石等原辅料是否达到炼钢和钢坯生产技术质量要求，对铁水生产成钢坯产品的转化率的影响有多大？ （2）炼钢、连铸生产使用的工业冷却水、煤气、润滑油、液压油等设备和输送管道、节门等是否有跑、冒、滴、漏现象？损耗量是多少？ （3）生产钢坯单位产品各种原	（1）炼钢和连铸所采用的工艺技术在国内外同行业中处于什么水平？ （2）由铁水生产成钢水和连铸钢坯的转化率是否偏低？ （3）全连铸比是否偏低？有无进一步提高的潜力？ （4）炼钢和连铸生产设备布局是否合理？铁水或钢坯输送线路是否过长？ （5）是否实施了转炉煤气净化	（1）炼钢、连铸生产设备和环保设备是否超过规定的使用寿命期限？是否是国家明令禁止使用的淘汰设备？ （2）炼钢和连铸生产设备和环保设备发生故障时是否按照清洁生产要求及时进行检修和维护？ （3）炼钢和连铸生产设备及环保设备自动化控制水平在国内同行业中是否处于较低水平？ （4）炼钢、连铸	（1）炼钢、连铸及环保设备计量检测分析仪器是否不齐全或监测精度达不到要求？ （2）炼钢、连铸及环保设备有关工艺参数是否得到有效控制？ （3）现有分析、监测仪表能否满足过程控制要求？ （4）是否还有更好的炼钢、连铸生产设备自动控制仪器、仪表设备取代现有设备？ （5）计器、仪表完好运行率是多	（1）钢坯产品吊装、搬运中是否产生噪声，如何控制不超标？ （2）钢坯产品转化率是否低于国内外同行业先进水平？ （3）钢坯转入下游工序生产是否做到热装热送？	（1）炼钢、连铸生产过程中废弃物产生的部位和原因是什么？有无控制和改进的办法？ （2）炼钢、连铸生产过程中产生的废水、废钢渣、废氧化铁皮等是否得到充分有效利用？ （3）生产钢坯单位产品废弃物产生量是否高于国内外同行业水平？ （4）炼钢、连铸及污染物净化处理过程中产生的	同烧结	同烧结

续附表1-2-1

工序名称	原辅料和能源	工艺技术	设备	过程控制	产品	废弃物	管理	员工素质
炼钢	辅料消耗、能耗、工序能耗指标在国内外同行业中处于什么水平？是否还有改进的潜力？ （4）炼钢产生的煤气、蒸汽以及（包括连铸产生的）余热、是否充分得到有效利用？ （5）是否实现了负能炼钢？ （6）炼钢使用的燃料是否充分利用了高、焦、转炉煤气等二次能源？ （7）连铸生产是否使用了无氟保护渣辅料？	与回收技术？ （6）是否实施了转炉溅渣护炉技术？ （7）连铸坯到轧钢厂是否实施了热装热送技术？ （8）炼钢及连铸工艺优化是否达到国内外先进水平？ （9）是否存在因炼钢、连铸品种变换频繁，导致生产稳定性差问题？如何改进？ （10）是否开展了炼钢、连铸节能、降耗、减污等工艺技术攻关活动？ （11）炼钢、连铸生产工艺技经指标是否达到国内同行业先进水平？	生产设备、辅助生产设备、环保设备配置是否合理？ （5）生产使用的净环、浊环冷却水、蒸汽、煤气、液压油、润滑油设备及管路、除尘管路是否存在跑、冒、滴、漏现象？是否得到及时处理？ （6）炼钢、连铸生产设备和配套的环保设备是否缺乏有效维护和保养？ （7）在用的生产设备、辅助生产设备、环保设备其功能是否能满足清洁生产要求？ （8）设备完好运行率是否达到国内同行业先进水平？	少？是否还能继续提高？		废水、废气、废渣、噪声等污染物的排放是否达到规定要求？ （5）炼钢、连铸生产过程中废水、废油、烟尘、粉尘等污染物无组织排放有哪些部位？如何进行控制？ （6）炼钢、连铸生产过程中各种污染物排放总量控制是否达到地方政府规定的要求？ （7）企业近三年是否有环保主管部门的处罚记录？		

续附表1－2－1

工序名称	原辅料和能源	工艺技术	设备	过程控制	产品	废弃物	管理	员工素质
型材	（1）使用的钢坯是否达到产品的技术质量要求，对废型材产生影响有多大？ （2）工业用水、蒸汽、煤气、润滑油设备及输送管道、节门等是否有跑、冒、滴、漏现象？如何处理的？ （3）单位产品各种原辅料消耗、能耗、工序能耗指标在国内外同行业中处于什么水平？是否还有改进的潜力？ （4）型材生产中的余热是否充分得到利用？ （5）加热炉燃料是否充分利用了高、焦、转炉煤气等二次能源或其他清洁能源？ （6）加热炉是否实施了国内已成熟的先进节能、减污技术？	（1）型材生产工艺技术在国内外同行业中处于什么水平？由钢坯生产成型材产品成材率是否偏低，有无进一步提高的潜力？ （2）型材生产设备布局是否合理？钢坯及型材产品输送线路是否过长？ （3）钢坯输送到加热炉是否实现了热装热送？ （4）型材生产工艺优化是否达到国内外先进水平？ （5）是否存在型材产品品种变换频繁，生产稳定性差的问题？如何改进？ （6）是否有效开展了节能、降耗、减污等工艺技术科研攻关活动？	（1）型材生产设备、环保设备是否超过规定的使用寿命期限？是否是国家明令禁止使用的淘汰设备？ （2）型材生产设备和环保设备是否按照清洁生产要求进行检修和维护？ （3）生产设备发生故障时，是否做到及时停机处理？ （4）型材生产设备自动化控制水平在国内同行业中是否处于较低水平？ （5）生产设备、辅助生产设备、环保设备配置是否合理？ （6）生产使用的冷却水、蒸汽、煤气、液压油、润滑油设备及管路是否存在跑、冒、	（1）型材生产过程中的自动控制、计量检测分析仪表是否齐全？监测精度和监测数据量是否能满足要求？ （2）型材生产时有关工艺参数是否得到有效控制？ （3）现有分析、监测仪表能否满足过程控制要求？ （4）计器、仪表完好运行率是多少？是否还能继续提高？	（1）型材产品吊装、搬运中是否产生噪声，如何控制不超标？ （2）型材产品成材率、合格率是否低于国内外同行业先进水平？	（1）型材生产过程中污染物产生的部位和原因是什么？有无控制和改进办法？ （2）型材生产过程中产生的废水、固体废弃物等是否得到充分有效利用？ （3）单位产品污染物的产生量和排放量是否低于国内外同行业水平？ （4）生产过程中产生的废水、废气、渣、噪声等污染物的排放是否达到规定要求？ （5）各种污染物排放总量控制是否达到地方政府规定的要求？ （6）企业近三年是否有环保主管部门的处罚记录？ （7）进入工业废水中的废油是	同烧结	同烧结

续附表1－2－1

工序名称	原辅料和能源	工艺技术	设备	过程控制	产品	废弃物	管理	员工素质
型材		（7）型材生产工艺技经指标是否达到国内同行业先进水平？	滴、漏现象？是否得到及时处理？ （7）型材生产设备是否缺乏有效维护和保养？ （8）在用的生产设备、辅助生产设备、环保设备其功能是否能满足清洁生产要求？ （9）设备完好运行率是否达到国内同行业先进水平？			否得到有效回收和再生利用？		
板材	（1）使用的钢坯是否达到产品的技术质量要求，对废板材产生影响有多大？ （2）工业用水、蒸汽、煤气、润滑油输送管道和节门等是否有跑、冒、滴、漏现象？如何处理的？ （3）单位产品各种原辅料消耗、能耗、工序能耗等指标在国内	（1）板材生产工艺技术在国内外同行业中处于什么水平？由钢坯生产成板材产品成材率是否偏低，有无进一步提高的潜力？ （2）板材生产设备布局是否合理？钢坯及板材产品输送线路是否过长？ （3）钢坯输送到加热炉是否实	（1）板材生产设备、环保设备是否超过规定的使用寿命期限？是否是国家明令禁止使用的淘汰设备？ （2）板材生产设备和环保设备是否按照清洁生产要求及时组织检修和维护？ （3）生产设备发生故障时，是否做到及时停机处理？	（1）板材生产过程中的自动控制、计量检测分析仪表是否齐全？监测精度和监测数据量是否能满足要求？ （2）板材生产时有关工艺参数是否得到有效控制？ （3）现有分析、监测仪表能否满足过程控制要求？	（1）板材产品吊装、搬运中是否产生噪声，如何控制不超标？ （2）板材产品成材率、合格率是否低于国内外同行业先进水平？有无改进措施？	（1）板材生产过程污染物产生的部位和原因是什么？有无控制和改进办法？ （2）板材生产过程中产生的废水和固体废弃物是否得到充分有效利用？ （3）单位产品污染物的产生量和排放量是否高于国内外同行业水平？	同烧结	同烧结

续附表1－2－1

工序名称	原辅料和能源	工艺技术	设备	过程控制	产品	废弃物	管理	员工素质
板材	外同行业中处于什么水平？是否还有改进的潜力？ （4）板材生产中的余热是否充分得到利用？ （5）加热炉燃料是否充分利用了高、焦、转炉煤气等二次能源或其他清洁能源？	现了热装热送？ （4）板材生产工艺优化是否达到国内外先进水平？ （5）是否存在板材产品型号变换频繁，生产稳定性差问题？如何改进？ （6）加热炉是否实施了国内已成熟的先进节能、减污技术？ （7）是否有效开展了节能、降耗、减污等工艺技术科研攻关活动？ （8）板材生产工艺技经指标是否达到国内同行业先进水平？	（4）板材生产设备自动化控制水平在国内同行业中是否处于较低水平？ （5）生产设备、辅助生产设备、环保设备配置是否合理？ （6）生产使用的冷却水、新酸、蒸汽、煤气、液压油、润滑油等设备及管路是否存在跑、冒、滴、漏现象？是否得到及时和有效的处理？ （7）板材生产设备是否缺乏有效维护和保养？ （8）在用的生产设备、辅助生产设备、环保设备其功能是否能满足清洁生产要求？ （9）设备完好运行率是否达到国内同行业先进水平？	（4）计器、仪表完好运行率是多少？是否还能继续提高？		（4）生产过程中产生的水、气、渣、噪声等污染物的排放是否达到规定要求？ （5）各种污染物排放总量控制是否达到地方政府规定的要求？ （6）企业近三年是否有环保主管部门的处罚记录？ （7）进入工业废水中的废油是否得到有效回收和再生产利用？		

续附表1-2-1

工序名称	原辅料和能源	工艺技术	设备	过程控制	产品	废弃物	管理	员工素质
线材	(1)使用的钢坯是否达到产品的技术质量要求，对废材产生影响有多大？ (2)工业用水、蒸汽、煤气、润滑油、液压油设备及输送管道、节门等是否有跑、冒、滴、漏现象？如何处理？ (3)单位产品各种原辅料消耗、能耗、工序能耗指标在国内外同行业中处于什么水平？是否还有改进的潜力？ (4)线材生产中的余热是否充分得到利用？ (5)加热炉燃	(1)线材生产工艺技术在国内外同行业中处于什么水平？由钢坯生产成线材产品成材率是否偏低？有无进一步提高的潜力？ (2)线材生产设备布局是否合理？钢坯及线材产品输送线路是否过长？ (3)钢坯输送到加热炉是否实现了热装热送？ (4)线材生产工艺优化是否达到国内外先进水平？ (5)是否存在线材产品品种变换频繁，生产稳定	(1)线材生产设备、环保设备是否超过规定的使用寿命期限？是否是国家明令禁止使用的淘汰设备？ (2)线材生产设备和环保设备是否按照清洁生产要求进行检修和维护？ (3)线材生产设备自动化控制水平在国内同行业中是否处于较低水平？ (4)线材生产设备、辅助生产设备、环保设备配置是否合理？ (5)线材生产	(1)线材生产过程中自动控制、计量检测分析仪表是否齐全？监测精度和监测数据量是否能满足要求？ (2)线材生产时有关工艺参数是否得到有效控制？ (3)现有分析、监测仪表能否满足过程控制要求？ (4)计器、仪表完好运行率是多少？是否还能继续提高？	(1)线材产品打捆包装、搬运是否产生噪声，如何控制不超标？ (2)产品成材率、合格率是否低于国内外同行业先进水平	(1)线材生产过程中废弃物产生的部位和原因是什么？有无有效控制措施和改进办法？ (2)线材生产过程中产生的废钢和氧化铁皮等废弃物是否充分得到有效利用？ (3)泄漏的各种废油是否及时进行回收，再生处理和利用？ (4)氧化铁皮中的废油是否得到有效脱除和利用？ (5)线材生产各种单位产品废弃物产生量是否高于国内外同行	同烧结	同烧结

续附表1－2－1

工序名称	原辅料和能源	工艺技术	设备	过程控制	产品	废弃物	管理	员工素质
线材	料是否充分利用了高、焦、转炉煤气等二次能源或其他清洁能源？ （6）加热炉是否实施了国内已成熟的先进节能、减污技术？	性差问题？如何改进？ （6）是否有效开展了节能、降耗、减污等工艺技术科研攻关活动？ （7）线材生产工艺技经指标是否达到国内同行业先进水平？	用工业水、蒸汽、煤气、液压油、润滑油等设备及管路是否存在跑、冒、滴、漏现象？是否得到及时处理？ （6）线材生产设备是否缺乏有效维护和保养？ （7）在用的线材生产设备、辅助生产设备、环保设备其功能是否能满足清洁生产要求？ （8）设备完好运行率是否达到国内同行业先进水平？			业水平？ （6）生产过程中产生的水、气、渣、噪声等污染物的排放是否达到规定要求？ （7）各种污染物排放总量控制是否达到地方政府规定的要求？ （8）企业近三年是否受到环保主管部门的处罚？		

附录1-3 钢铁行业典型工艺典型清洁生产方案

1 典型输入及其清洁生产方案

1.1 典型物料输入及其清洁生产方案

1.1.1 典型物料输入介绍

炼铁工艺的物料输入：炼铁的主要原料为烧结矿和球团矿（有的也掺入少量块矿），以石灰石作熔剂，焦炭作燃料（也是还原剂）。这些原、辅料和燃料经配料、称量后，由皮带机或斜桥料车上料，经高炉炉顶送入高炉炉内进行冶炼。冶炼过程中经热风炉向高炉炉缸鼓入热风助焦炭燃烧，同时向炉内吹氧和喷吹煤粉。

1.1.2 典型物料输入问题分析

炼铁工艺中的原辅料为烧结矿、球团矿、石灰石、焦炭和煤粉，若能考虑用废弃物替代上述原辅料，则可节约大量能源资源消耗，同时减少污染物的排放。

1.1.3 清洁生产方案

1.1.3.1 清洁生产方案介绍

高炉喷吹废塑料技术是指对回收废塑料经过颗粒加工预处理，类似高炉喷煤进行高炉喷吹。质地较硬的废塑料采取直接破碎的方法加工预处理；质地较软的废塑料采取熔融造粒的方法。该技术可消纳社会废塑料，节约煤粉消耗，减排 CO_2。

1.1.3.2 清洁生产方案效果分析

喷吹 1kg 废塑料，相当于 1.2kg 煤粉；喷吹废塑料 100kg/t，可降低渣量30～40kg/t；高炉每喷吹 1t 废塑料可减排 0.28t CO_2。初步测算，一座年产 800 万～1000 万吨级的钢铁厂每年可消纳处理 14 万～28 万吨废塑料。

1.2 典型能源使用及其清洁生产方案

1.2.1 典型能源使用介绍

炼钢工艺能源消耗主要包括煤气、水、电、蒸汽、氧气、压缩空气等。

1.2.2 典型能源使用问题分析

因生产工艺、装备水平、生产规模以及管理水平的不同，各生产企业工序能耗有较大差异，2000 年以来随着国内节能环保技术的发展，吨钢综合能耗逐年降低。但是，与国内外先进水平相比，仍有较大差距，说明国内转炉工序尚有较大的节能空间。

1.2.3 清洁生产方案

1.2.3.1 蓄热式钢包烘烤技术

A 清洁生产方案介绍

蓄热式钢包烘烤技术：钢水罐和中间罐烘烤是炼钢系统各厂的煤气消耗大户。蓄热式钢包烘烤器采用封闭式烘烤方式，利用高频换向阀使高温烟气与助燃空气和煤气在蓄热体内交替通过，相互间进行充分的热交换，从而使助燃空气和煤气预热到1000℃左右，排烟温度降低到150℃左右。

B 清洁生产方案效果分析

相对普通钢包烘烤器而言，蓄热式钢包烘烤器具有以下优点：可大幅度节约燃料；提高钢包温度，降低炼钢能耗；缩短烘烤时间；可以燃烧低质燃料；提高包衬寿命；降低CO、NO_x等有害气体的排放量。

1.2.3.2 转炉煤气回收利用

A 清洁生产方案介绍

转炉煤气回收利用：转炉炼钢周期中从把氧气吹入转炉熔池到停止吹氧的过程为吹炼期。在转炉吹炼开始前煤气回收罩下降盖住炉口，将抽出的烟气全部送煤气回收系统除尘。吹炼结束后，烟罩提起，风机进入低速待机状态。烟罩收集的烟气温度约1450℃，烟气成分在吹炼过程中是不同的，CO含量最高时为：CO 72.5%、H_2 3.3%、$CO_2$16.2%，此时为转炉煤气回收期，回收的煤气经除尘后通过煤气管网送往煤气柜，经煤气加压机送往各用户。非回收期的烟气由切换阀切换至烟囱，点火放散排放。

B 清洁生产方案效果分析

转炉煤气回收，不仅可以大幅降低炼钢能耗，而且可以大大减少炼钢的污染物排放（包括温室气体）的排放。

2 典型工艺步骤及其清洁生产方案

2.1 烧结/球团工艺

2.1.1 烧结/球团工艺步骤介绍

烧结是将矿粉（包括富矿粉、精矿粉以及其他含铁细粒状物料）、熔剂（石灰石、白云石、生石灰等粉料）、燃料（焦粉、煤粉）按照一定比例配合后，经混匀、造粒、加温（预热）、布料、点火，借助炉料氧化（主要是燃料燃烧）产生的高温，使烧结料水分蒸发并发生一系列化学反应，产生部分液相黏结，冷却后成块，经合理破碎和筛分，最终得到的块矿就是烧结矿。球团是粉矿造球的重要方法之一。球团工艺先将粉矿加适量的水分和黏结剂制成黏度均匀、具有足够强度的生球，经干燥、预热后在氧化气氛中焙烧，使生球结团，制成球团矿。这种方法特别适宜于处理精矿细粉。

2.1.2 典型工艺步骤资源、能源及环境问题分析

烧结/球团工艺废气量大、含尘浓度高、危害性较大。SO_2 排放量在钢铁各工序中居于首位。由于烧结生产配料中，加入了含油的轧钢氧化铁皮，很有可能将碳氢化合物带入烟气，从而生成二噁英类物质。烧结工序可以回收其他工序的污染物作为配料，使之重新参与钢铁生产。

2.1.3 清洁生产方案

2.1.3.1 清洁生产方案介绍

烧结烟气循环富集技术是将烧结总废气流中分出一部分返回烧结工艺的技术。该技术可大幅度减少废气量，节省对粉尘、重金属、二噁英、SO_x、NO_x、HCl 和 HF 等末端治理的投资和运行成本，并实现了废热再利用。

2.1.3.2 清洁生产方案效果分析

如在大中型烧结机推广使用，普及率达到 10% 以上，可以大幅减少末端处里费用 15 亿元，节约固体燃料消耗 30 万吨标准煤，减少 SO_2 排放 7.5 万吨。

2.2 焦化工艺

2.2.1 典型工艺步骤介绍

焦化是将炼焦煤在密闭的焦炉内隔绝空气，高温加热，放出水分和吸附气体，随后分解产生煤气和焦油等，剩下以碳为主体的固体产物即为焦炭。

2.2.2 典型工艺步骤资源、能源及环境问题分析

焦化工序酚氰废水污染较为严重，该工序 SO_2、无组织粉尘排放量较大，属于钢铁工业中污染较为严重的工序。

2.2.3 清洁生产方案

2.2.3.1 清洁生产方案介绍

煤调湿工艺（coal moisture control，简称 CMC）是一种炼焦用煤的预处理方法，是焦化生产中先进的节能环保技术，通过炼焦煤在焦炉外的干燥来控制装炉煤水分在 6% 左右，以达到提高焦炉生产能力、降低炼焦能耗、提高焦炭质量和稳定焦炉操作的目的。

2.2.3.2 清洁生产方案效果分析

（1）改善炼焦煤的粒度组成，各粒级煤质变化趋于均匀；（2）装炉煤堆积密度提高约 5%，提高焦炉生产能力 5% ~10%；（3）提高焦炭强度：M40 提高 1% ~2.5%，M10 改善 0.5% ~1.5%；（4）焦炭反应性降低 0.5% ~2.5%，反应后强度提高 0.2% ~2.5%；（5）在保持焦炭质量不变或略有提高的情况下，可多配用弱黏结性煤 10% ~12%；（6）降低炼焦耗热量 326MJ/t（约 5%）；

（7）提高高炉生产能力1%～2%。

3　典型输出及其清洁生产方案

3.1　主导产品及其清洁生产方案

3.1.1　主导产品介绍及分析

钢铁行业主导产品为铁、钢、材。产品的质量和数量影响行业的能耗、物耗水平。

3.1.2　产品更新与升级类清洁生产方案

洁净钢生产系统优化技术。优化炼钢企业现有冶金流程系统，采用铁水包脱硫，转炉脱磷，复吹转炉冶炼，100%钢水精炼，中间包冶金后进入高效连铸机保护浇铸，生产优质洁净钢，提高钢材质量，降低消耗和成本。

3.2　主要污染物及其清洁生产方案

3.2.1　主要污染物特性分析

钢铁行业废气量大、面广、颗粒细、吸附力强、阵发性、无组织排放多，废气具有回收价值；废水量大、水质差异大、污染物种类多；固废量大，处理途径较为单一。

3.2.2　主要污染物现场回用类清洁生产方案

转底炉处理含铁尘泥生产技术。将含铁尘泥加上结合剂按照配比进行润磨混合造球，经过干燥装入转底炉，利用炉内约1300℃高温还原性气氛及球团中的碳产生还原反应，将氧化铁还原为金属化铁，同时将氧化锌的大部分亦还原为锌，并回收。转底炉主要处理钢铁厂高炉、转炉、烧结生产过程中产生的各种以氧化物为主的含铁除尘灰、尘泥等固体废弃物，同时有效回收锌资源。

3.2.3　主要污染物最佳可行污染控制技术

LT干法除尘工艺。高温烟气经汽化冷却烟道间接冷却后，再用蒸发冷却器进行直接冷却——冷却过程是向通过蒸发冷却器内的烟气喷入雾化水。喷入的水量，要准确地随炼钢生产过程中产生的热气流的热焓而定，将烟气冷却到150～200℃后，经由煤气管道引入静电除尘器进入煤气切换站，合格煤气经进一步冷却后进入煤气回收系统，不合格煤气经放散塔点火放散。外排废气含尘浓度≤20mg/m^3。LT干法除尘工艺的主要设备组成是喷雾塔＋干式静电除尘器＋冷却塔。

4　其他清洁生产方案

其他清洁生产方案见附表1－3－1和附表1－3－2。

附表1-3-1 某钢铁公司钢铁生产流程无/低费清洁生产方案及实施情况汇总表

序号	生产工序	方案	方案内容	预期经济效益或环境效益	投资额/万元	方案费用
一、减少原辅料与能源消耗						
1	焦化厂	进厂煤水分控制	加强进厂煤车的管理，按进厂汽车煤管理办法，对水煤车要求控水后再复磅，杜绝煤车驾驶员向煤车上加水，降低对厂区的环境污染及给工厂带来的经济损失	每天平均汽车运输50车煤，每车按45t计算；水分含量12.8%；如果水分平均减少1%，每吨按700元计；每年减少煤支付成本约575万元；则加强管理后全年可节约575万元。水分每降低1%，炼焦耗热量每千克焦炭降低56J;1吨煤(干煤)=0.75吨焦炭	—	无费
2	焦化厂	进厂煤硫分控制	硫属于有毒有害成分，控制采购进厂煤硫含量，在生产过程中可减少硫对人体的损害，减少后续脱硫工序的处理负担，减少空气污染，减少对设备的腐蚀，从而增加固定资产的使用寿命	配合煤硫分降低0.01%，则生产出的焦炭硫含量可降低0.03%，减少荒煤气中SO_2的含量及对大气的污染，同时减少对后续运输管道的腐蚀，提高产品质量	—	无费
3	烧结厂	采用低硫原燃料代替高硫原燃料	调整原燃料结构，采购低硫原料和燃料代替高硫原燃料	从源头减少SO_2排放量	—	无费
4	烧结厂	加强进厂原料质量管理	采购品位稳定、铁精粉粒度均匀的铁精粉	提高烧结矿的质量和化学成分稳定性，降低能耗	—	无费
5	烧结厂	加强进厂熔剂质量管理	采购CaO含量高、SiO_2含量低且活性度高的优质生石灰	提高烧结矿合格品产量	—	无费
6	烧结厂	烧结原料精确配料	精确配料可使烧结矿化学质量稳定，保证高炉炉况顺行	为高炉提供精料，保高炉顺行，降低能耗	—	无费
7	电炉厂	电极消耗攻关	通过强化检查，保证电极喷淋水系统畅通、无堵塞，有效防止电极空气中氧化。强化工艺、技术操作，保证埋弧操作	减少电极消耗	—	无费
8	电炉厂	石灰消耗攻关	通过加强废钢的挑选及提高石灰质量，合理布料，强化操作等技术手段，降低石灰消耗	减少石灰消耗	—	无费

续附表1－3－1

序号	生产工序	方案	方案内容	预期经济效益或环境效益	投资额/万元	方案费用
9	电炉厂	钢铁料消耗攻关	通过加强废钢挑选，强化生产组织，提高员工操作技能，减少在线废品损失，加强对注余渣中废钢的回收，降低钢铁料消耗	降低钢铁料消耗	—	无费
10	电炉厂	降低炼钢钢铁料消耗	采取有效措施降低钢铁料消耗，将钢铁料消耗由1095kg/t降到1093kg/t，吨钢节省2kg。年节省4800t钢铁料	年减少钢铁料消耗4800t，节省费用936.32万元	—	无费
11	转炉厂	转炉厂照明系统改造	选择光效高、寿命长的节能照明系统代替原有照明系统，使灯具数量由677盏减少到248盏，照度为50～150lx，使每年照明耗电由120万千瓦小时，降到46万千瓦小时，同时降低维修费用	年节电74万千瓦·小时，节省电费33.3万元	88	低费
12	棒材厂	严把坯料入炉关	对上料台架上的坯料进行仔细检查	减少原辅料消耗，提高产品质量	—	无费
13	原料厂	原料厂码头配电室无功补偿装置改造	新建配电室、变压器室各一间，室外房顶变压器迁至室内，消除安全隐患，配置低压开关柜，线路整改以及安装。改造后提高功率因数、节约用电、减少线损、减少电缆及备件损耗	年节电18万千瓦·小时，年节省电费8.1万元	30	低费
二、工艺技术改进						
1	焦化厂	焦化厂干熄焦及制冷机循环冷却水系统改造	冷却塔制造、运输、安装及调试，高位水池土建、过滤器、电气设备、仪表及控制系统、水道及安装	提高冷却水循环利用率，节约用水	126	低费
2	烧结厂	采用热风烧结技术	利用带冷机、环冷机产生的热风，预热固体燃料，可降低固体燃料单耗，提高烧结矿质量	节能并提高产品质量和产量	—	无费
3	烧结厂	提高粉矿成球率	提高粉矿成球率与改善球的粒度组成,使烧结机产能提高,烧结矿强度提高,烧结矿的还原性能改善,燃料消耗降低。提高混合料粒度,提高透气性,提高产量	提高产品质量和产量	—	无费
4	烧结厂	采用厚料层及铺底料操作的烧结技术	采用烧结厚料层及铺底料操作技术，蓄热作用好，燃料消耗少，提高烧结矿产量和质量、降低固体燃耗。使烧结矿中FeO含量降低，还原性改善	节能并提高产品质量和产量	—	无费

续附表1－3－1

序号	生产工序	方案	方案内容	预期经济效益或环境效益	投资额/万元	方案费用
5	烧结厂	$90m^2$ 烧结机点火保温炉技术改造	按燃烧混合煤气设计、制作、安装 $90m^2$ 烧结机点火保温炉，拆除原按纯高炉煤气设计制作的余热、点火保温炉，同步对煤气管道进行改造，完善仪控系统，增设煤气安全设施及蒸汽吹扫系统，制作操作、检修、维护平台	$90m^2$ 烧结机年产量80万~90万吨，吨产品减少的混合煤气消耗量 $20m^3$，点火温度提高30℃，年减少混合煤气消耗量1800万立方米，年减少煤气费用540万元。同时提高了烧结矿强度，转鼓指数提高5%	79	低费
6	烧结厂	烧结厂 $90m^2$ 烧结机煤气管吹扫系统改造	从转炉厂处的总阀接入氮气，代替原有用蒸汽吹扫煤气管道，解决蒸汽吹扫效率低、烧结生产停机时间长等问题。主要建设内容包括管道、阀门、储气罐以及相应的检测仪、流量表和土建、安装、防锈工程	烧结机年停产检修时间为一周。年节约90h，同等时间产出的烧结矿产量为450t	47	低费
7	烧结厂	烧结厂矿槽疏松技术改造	采用武汉经盛机电有限公司开发的矿槽疏松技术专利产品，用以替代矿槽人工清堵。解决人工清堵存在的安全隐患多、工人劳动强度大、影响生产时间长等问题。主要建设内容包括购置疏堵机和相应的安装和材料费用	减少烧结机停产时间，提高生产效率。节约260h，同比多生产2400t，年取得经济收益153.5万元	42	低费
8	炼铁厂	高炉实行精料技术	高炉使用高碱度烧结矿配酸性球团和块矿的合理炉料结构，进口富铁矿。增加球团矿用量实现高炉合理炉料结构的要求	提高高炉入炉矿品位，降低铁矿石消耗	—	无费
9	炼铁厂	提高高炉炉顶压力	提高炉顶压力可以达到提高高炉冶炼强度和TRT发电能力	提高生铁产量和增加TRT发电能力	—	无费
10	炼铁厂	提高生矿入炉比例	提高生矿入炉比例，减少人造富矿入炉比	提高原料含铁品位，同时减少人造富矿入炉量，达到降低成本的目的	—	无费
11	炼铁厂	提高喷煤比和煤粉置换比	通过优化高炉炼铁生产工艺参数和岗位操作，提高喷煤比和煤粉置换比。喷煤比由2008年147.17kg/t提高到2009年157kg/t	年提高喷煤比9.83kg/t，降低焦比22kg/t，减少能耗(标煤)3.4438万吨，降低生产成本	—	无费

续附表1－3－1

序号	生产工序	方案	方案内容	预期经济效益或环境效益	投资额/万元	方案费用
12	炼铁厂	降低高炉焦比	在高炉炉况稳定顺行的前提下，通过优化原燃料配比，适时调整装料、送风，改善煤气利用，降低焦比，达到节能降耗的目的。焦比由2008年359kg/t降到2009年337kg/t	降低焦比22kg/t，年减少焦炭消耗5.28万吨，减少焦炭费用7983.86万元。扣除喷煤增加费用1179.6万元，净减少成本费用6804.26万元	—	无费
13	炼铁厂	炼铁厂喷煤烟气炉改造	增加一台喷煤烟气炉，与原有喷煤烟气炉互为备用，确保高炉喷煤不受影响。主要包括烟气炉本体、电气及控制设备，风机、管道及配套设施，建筑安装施工和材料费用等	降焦增产，避免高炉全焦冶炼	190	低费
14	电炉厂	电炉厂烤包机节能改造	将现有三台100t燃烧混合煤气的烤包机改造为蓄热式燃烧的烤包机，节能烘烤器设计节能率为30%。改造内容主要包括钢包盖、烧嘴、换向阀、快切阀、控制柜、自动控制系统。实现节能减排，提高钢包温度、加快烘烤速度、提高钢包寿命等作用	2009年预计减少混合煤气消耗为35.1m^3/t，按年产35万吨电炉钢计算，年减少煤气消耗1228.5万立方米，节省煤气成本费用245.7万元。2010年预计年产电炉钢50万吨，全年可减少混合煤气消耗1775万立方米，减少煤气成本费用351万元。因减少煤气消耗，可减少CO_2等污染物排放，有利于环境质量改善	82	低费
15	转炉厂	转炉留渣操作	通过留渣操作可以有效地降低钢铁料及石灰消耗，充分利用转炉渣的氧化铁和余热缩短冶炼周期	减少钢铁料消耗量3.2kg/t，石灰消耗13kg/t，年经济效益800万元	—	无费
16	棒材厂	合理调整燃气配比	合理、及时调整高、焦、转炉煤气配比	降低燃耗	—	无费
17	棒材厂	棒二车间加热炉改造	将原内置通道蓄热式加热炉改造成外置蓄热烧嘴式加热炉。主要包括炉体、烧嘴、仪表控制系统、变频引风机、外部管网改造	减少煤气泄漏，提高加热能力，年取得经济效益100万元	870	低费
18	棒材厂	棒二车间中轧穿水冷却改造	购置一套穿水装置以及相应的基础处理、电气配套、2号剪出口长导槽拆除和穿水装置安装调试	改善钢材组织，提高钢材性能	160	低费

续附表 1-3-1

序号	生产工序	方案	方案内容	预期经济效益或环境效益	投资额/万元	方案费用
19	棒材厂	棒一车间高压水除鳞	随着加热炉改造，增加高压水除鳞可有效防止氧化铁皮压入钢材。主要建设内容包括高压泵组除鳞箱、过滤器、管道及附件、控制柜、浊环系统增加立式长轴泵等以及相应的土建、安装工程	减少氧化铁皮的压入，提高钢材的表面质量，提高产品合格率	353	低费
20	冷轧薄板厂	冷轧薄板酸洗开平机、重卷开平机和圆盘剪技改工程	购置一套13辊数控板料开卷矫平剪切设备，安装在酸洗生产线；购置一套15辊数控板料开卷矫平剪切设备，安装在重卷生产线	回收废钢，提高产品成材率，预计经济效益400万元/年	325	低费
21	能源动力厂	热力车间除盐水系统改造	更新现有的PLC控制系统，原有的三组阴、阳离子交换器的手动控制阀更换为气动隔膜阀，更换除盐泵、中间泵、清水泵及重做相关基础，部分腐蚀、老化管道更换为衬胶管，改造化水站操作间	提高除盐水生产效率，减少能耗、物耗	150	低费
三、设备改造与更新						
1	棒材厂	棒二车间2号剪切机改造	购置、更换2号剪切机本体及传动装置	提高轧制速度，提高生产效率，年效益50万元	105	低费
2		棒一车间12号轧机改造	将12号轧机 $\phi 400$ 牌坊轧机改为 $\phi 400$ 短应力线高刚度轧机，提高轧机载荷能力，适应三切分轧制要求	提供轧机稳定性，减少废品	175	低费
3		棒一车间打捆机改造	购置一台国产棒材打捆机替代1台SMC打捆机。主要建设内容包括购置打捆机、抱紧装置、冷却循环水设备、电气设备以及相应的土建、安装工程	提高打捆包装质量，提高生产效率	116	低费
4		棒一车间定尺机改造更新	将原有定尺机进行更新改造，解决原有定尺机设备故障多、精度低、不能满足用户定尺要求等问题	提高定尺精度，提高负差率，年经济效益167万元	98	低费

续附表1－3－1

序号	生产工序	方案	方案内容	预期经济效益或环境效益	投资额/万元	方案费用
5	高线厂	高线厂新增自动打捆机	2008年12月从瑞典森德斯公司引进KNB－3800打捆机，经成功调试后与2009年4月正式投产使用	截止到2009年12月中旬，2009年打捆机累计误时170min，同比2008年降低76.38%，按每分钟轧材1.5t、平均销售利润200元/吨计算，可创造经济效益16.5万元，同时产量上升，固定费用下降，可创造经济效益5.5万元，合计22万元	900	低费
四、过程控制						
1	焦化厂	降低吨焦能耗	通过优化原燃料配比，调整各道工序操作，杜绝水、蒸汽的跑冒滴漏，达到节能降耗的目的	节能降耗	—	无费
2	焦化厂	焦化厂鼓风含氧分析仪更新改造	目前焦化厂鼓风采用激光含氧分析仪，自投产以来运行一直不稳定，分析结果不能真实反映管道中煤气含氧量，给煤气管网安全运行带来极大的隐患。改造采用防爆气体分析仪、蒸汽喷射取样系统、水洗单元、冷凝器流量控制调节，防爆电气控制、分析仪表等	预防煤气管网爆炸可能引发的煤气污染事故	41	低费
3	烧结厂	烧结工艺、岗位操作优化	通过优化烧结工艺控制参数、优化岗位操作，稳定水碳，合理控制终点温度，提高成品矿质量，提高成品率，降低含铁料消耗和能源的消耗	降低含铁料消耗和能耗	—	无费
4	烧结厂	烧结厂通信网络技术改造	采用一个系统和四个分系统结构，使拓扑机构更加优化明了，每个节点的信号衰减不到20dB，解决现有控制系统经常出现不明情况下设备跳停现象	减少设备运行故障，降低能耗，提高生产效率35%	57	低费
5	炼铁厂	炼铁工艺、岗位操作优化	通过优化炼铁工艺控制参数、优化岗位操作，提高生铁产量、提高生铁合格率，降低焦比	提高生铁产量，降低生铁成本	—	无费

续附表1-3-1

序号	生产工序	方案	方案内容	预期经济效益或环境效益	投资额/万元	方案费用
6	转炉厂	炼钢工艺、岗位操作优化	通过优化炼钢工艺控制参数、优化岗位操作，提高钢水成坯率，抑制喷溅、吹损、氧化铁皮和废钢产生量，降低炼钢钢铁料消耗。钢铁料消耗由2008年的1095kg/t降到2009年的1093kg/t	2009年降低钢铁料消耗2kg/t，共计减少钢铁料消耗4400t，减少钢铁料成本费用858.29万元	—	无费
7	棒材厂	加热工艺优化	完善加热烧钢工艺，减少加热烧损、减少铁资源损耗，提高产品成材率	减少金属消耗，降低能源消耗，提高生产效率	—	无费
8	棒材厂	棒一车间冷床无触点开关柜改造	采用17台变频器替代原有无触点开关柜，变频器配置通信板，由PLC系统控制。部分电机改型，所有变频柜采用公共母线供电。通过改造解决无触点开关柜老化、没有备件的问题，同时由于变频器控制技术高于无触点开关柜，可以减少冷床电机设备故障	提高设备作业率，减少设备故障和备件消耗	130	低费
9	计控中心	计控中心炼铁1号、2号喷煤控制系统改造	至今已运行近10年且该系统分几期建设，系统设计不完整，存在维护不方便、备件供应难等问题，设备老化，经常发生死机现象，处理速度慢，软件不完善，功能单一，存在很大的运行风险。采用新的进口PLC控制系统，冗余设置，保证生产安全运行	（1）提高系统稳定性，减少系统维护量；（2）按每年减少一次系统停机影响高炉生产4h，铁产量500t估算，年可创效益100万元以上	70	低费
10	计控中心	计控中心2号6000m^{3}制氧机控制系统改造	2号6000m^{3}制氧机控制系统投产已有12年，其设置已日趋老化落后，且备件来源异常困难，现事故经常发生，对生产危害较大。主要建设内容包括空分设备全部由DCS系统来完成工艺过程的监视和控制。配置操作站，保证设备正常进行操作和设备开、停车需要，设置控制机柜等	（1）提高系统稳定性，基本杜绝由于DCS系统故障造成的停机；（2）减少系统维护量；（3）按每年减少一次系统停机，影响氧气、氮气、氩气生产4h，每吨钢耗氧61m^3，直接影响钢产量约650t，估算年可创效益100万元以上	120	低费

续附表1－3－1

序号	生产工序	方案	方案内容	预期经济效益或环境效益	投资额/万元	方案费用
11	安环部	安环部建设污染源在线监测	在4号高炉出铁场布袋除尘器排气筒安装在线监测仪。在70t电炉二次烟气布袋除尘器排气筒安装在线监测仪	对废气污染物排放情况进行监控，为加强管理，减少污染物排放提供依据	179	低费
五、提高产品得率						
1	炼焦厂	提高冶金焦率	通过优化配煤，降低配合煤挥发分，调整并稳定生产工艺控制参数，提高冶金焦率	提高焦炭的冶金焦率	—	无费
2	炼焦厂	提高化工产品回收率	加强焦炉操作,连续稳定化工生产工艺过程,提高化工产品回收率	提高化工产品回收率,降低吨焦成本	—	无费
3	炼铁厂	提高炼铁金属收得率	通过优化生产工艺控制参数和改进岗位操作，提高产品合格率	提高炼铁金属收得率	—	无费
4	炼钢厂	提高钢水成坯率	炼钢工序通过采取抑制喷溅、吹损、氧化铁皮和废钢产生量等措施提高钢水成坯率	提高钢水成坯率	—	无费
5	高线厂	提高轧钢成材率	通过优化轧钢工序和轧机轧制工艺参数，优化岗位操作等措施，提高产品成材率	提高产品成材率	—	无费
6	能动厂	提高煤气供应质量	严格生产工艺管理，加强岗位操作控制与工艺技术攻关，严格控制焦炉煤气、转炉煤气净化设施，保证输送各种煤气的压力、热值合格、稳定，提高各用户的煤气质量	提高输送煤气的压力、热值，保证生产通畅	—	无费
六、减少废弃物产生						
1	炼铁厂	炼铁4号高炉料坑粉尘治理	在4号高炉料坑及碎焦转运区域新建一套处理风量为18万米^3/小时的长袋低压脉冲除尘器,选取5个抽风除尘点,除尘效率99.9%、排放浓度50mg/m^3	预计年减少粉尘排放量8996t	252	低费
2	炼铁厂	炼铁4号高炉电除尘电场改造和增加顶部振打	更换电场内的极线，将现型V15芒刺线改为放电效果好且强度好的BS不锈钢芒刺线；更换顶部阴极振打;更换电场内部阳极振打锤;增设顶侧部人孔门,包括侧部走台及外部走台。除尘器风量33万米^3/小时,除尘效率大于99%,排放浓度40mg/m^3	预计年粉尘捕集量16521t	108	低费

续附表1-3-1

序号	生产工序	方案	方案内容	预期经济效益或环境效益	投资额/万元	方案费用
3	炼铁厂	炼铁4号高炉电除尘电气改造	增加一台变压器和高压整流装置，新建变压器室98m²，更换变压器三台，将原三台变压器从顶部移到地面，新建变压器室内，更换风机叶轮转子组等	提高除尘效率，减少污染物排放	71	低费
4		炼铁厂4号高炉炉台增设除尘管道和吸尘罩	4号高炉出铁场南北各有7个铁水罐位，投产时只考虑了5个罐位除尘。现由于铁产量增加，需要启动6号甚至7号罐位，为了解决新罐位启用后的除尘，所以增设除尘管道和吸尘罩	减少烟粉尘排放	54	低费
5		炼铁4号高炉放散阀消声器更换	4号高炉放风阀消声器使用多年后，已逐步丧失消声功能，目前放风时噪声对市区居民影响很大，因此需要将原有消声器进行更换。主要建设内容包括购置消声器和拆除安装费用	减少噪声影响	35	低费
6	棒材厂	棒一车间水系统净环水改造	加热炉改造后，原有水系统净化能力不足，改造以提高净环水冷却能力	提高净环水循环率，减少废水排放	59	低费
7		棒一车间除油装置改造	淘汰原有浮油回收机和过滤装置，购置并安装4台带式除油装置，制作浮油回收油箱2个，安装2台菲利特全自动过滤器	提高废油回收率，减少废油排放	111	低费
8	能动厂	污水站总排口在线监测改造	在公司污水处理站总排口安装一套在线监测装置	对外排水质、水量进行监控，为加强管理，减排废水提供依据	35	低费
9		能动厂污水处理站改造	对公司污水处理站压滤机进行改造，在1号、2号初沉池增设立式泵	改善污水处理站污泥处理及水处理效率	168	低费
10	烧结厂	成品转运站除尘改造	在成品转运站增加4台皮带除尘器，同时对原除尘器进行改造。对矿槽进行密闭改造并增加1台皮带除尘器	年减少粉尘排放量9496.08t	60	低费

续附表1－3－1

序号	生产工序	方案	方 案 内 容	预期经济效益或环境效益	投资额/万元	方案费用
七、完善管理						
1	各生产单位	原辅料质量管理	严格管理控制钢铁生产各工序外购原辅料实物质量，认真贯彻执行炼铁精料方针，通过采取对原辅料质量检验与管理、原辅料与产品质量标准管理、人员培训等多种有效手段，提高各生产工序产品成材率和合格率，从而减少钢铁生产过程中的物料消耗	减少钢铁生产各工序物料消耗	—	无费
2		能源管理	科学测算各工序能耗考核指标；对能源消耗实行动态管理，逐级分解能源消耗指标，落实节能责任；组建能源调研组、攻关组，及时处理解决高耗能问题	减少钢铁生产各工序能耗	—	无费
3			完善公司节能管理制度、管理办法、促进生产单位节能降耗	间接减少能耗	—	无费
4			研究分析岗位设备经济运行，在保证生产需要的前提下，适当减少用电设备运行数量	节约电能	—	无费
5		设备运行管理	严格执行公司各项设备管理制度;组织开展6S设备管理活动;表彰设备管理先进单位、确保生产设备良好运行,减少能耗与物耗	减少能耗与物耗	—	无费
6			加强设备的点检工作，抓好设备事故管理，保证设备正常运行，减少能耗与物耗	减少能耗与物耗	—	无费
7			在大修工程中，强化考核管理，确保设备检修质量	减少能耗与物耗	—	无费
8			加强环保设备检修维护，保证环保设备同步正常运行，减少污染物的排放	减少污染物的排放	—	无费
9		生产组织管理	加强钢铁生产流程各生产工序生产组织管理，及时解决上下游生产工序生产不平衡的问题，减少不必要的能耗与物耗	减少能耗与物耗	—	无费
10			加强水、电、蒸汽管理节能降耗，严格工艺操作，标准化作业	使各项能源消耗最低，达到节能目的	—	无费
11			加强煤气的合理配比输送和利用	减少煤气的放散量	—	无费

续附表1－3－1

序号	生产工序	方案	方案内容	预期经济效益或环境效益	投资额/万元	方案费用
12	各生产单位	产品质量管理	严格生产工艺管理，加强岗位操作控制与工艺技术攻关，减少各生产工序不合格产品和降级品的产生，减少金属损耗，提高合格率与成材率	通过提高产品成材率、合格率，提高经济效益，减少能耗和物耗	—	无费
13		环保管理	将环保重点治理项目列入公司实施计划，组织落实环保治理项目，确保减排目标实现	确保达标外排，减少烟粉尘、SO_2、COD等污染物排放	—	无费
14			加强环保设施运行维护管理和考核	提高环保设施净化效率，减少污染物排放	—	无费
15			每月对监测超标污染源及现场检查发现的超标排放现象进行严格考核	确保环保达标排放	—	无费
16			组织技术力量对重点生产单位排水的水质、水量进行抽查监测	控制并减少污染物外排	—	无费
17			做好建设项目环保管理，积极办理各种环保审批手续。做好基建技改方案环保“三同时”管理，组织开展环评，协调环保审批手续。积极开展基建技改完工项目环保验收	符合环保法律、法规及相关规定要求。从工程设计，施工安装、试生产等阶段对污染物产生与排放进行预防控制	—	无费
18			强化放射源、危险废物和剧毒药品管理	预防环境污染事故发生	—	无费
八、员工教育与培训						
1	各生产厂	清洁生产意识与技能培训	由公司主管部门组织对公司职能管理部门专业技术人员进行清洁生产知识和技能培训	提高各职能管理专业技术人员清洁生产意识和素质	—	无费
2			各生产单位加强对本单位专业管理人员和技术人员、生产岗位人员清洁生产知识和技能的培训	提高各生产单位专业人员和生产岗位人员清洁生产技能和素质	—	无费
3		岗位员工宣传培训	各生产单位利用班前会等多种形式对岗位员工进行宣传教育，提高清洁生产意识，促进节能、降耗、减污、增效	间接减少能耗、物耗、产排污量	—	无费
4		员工培训	对员工进行质量教育和培训，提高员工检修质量和操作质量意识	间接减少能耗、物耗	—	无费
5		员工培训	对员工进行节水、节电宣传教育，提高节水、节电意识	间接减少能耗、物耗	—	无费

附表1－3－2　某钢铁公司钢铁生产流程中/高费清洁生产方案及实施情况汇总表

序号	生产单位	方案名称	方案内容	经济效益或环境效益	投资额/万元	方案费用
一、工艺技术改进						
1	原料场	防风抑尘网	原料场建设防风抑尘网，南侧188m，北侧321m和西侧的一部分314m，由于为主受风方向，采用带斜支撑的管式桁架结构；东侧574m和西侧的一部分349m采用单柱结构。南侧、北侧防风网的净高为19.5m，西侧高为10m，东侧高为12.3m。防风网拟采用高密度聚乙烯（HDPE）编织网，并设置为双层结构	可以有效地减少原料场散状料装卸过程中和堆放期间产生的扬尘，抑尘效果较好。原料场设计堆存量为144万吨，单价大约为800元/吨。根据国内外近年来的研究结果，钢铁联合企业的大型原料场其原料的风蚀损失一般占堆存量的2‰左右，可估算出每年造成的风蚀损失约为2880t，金额高达230.4万元。由于双层防风网的综合抑尘效果可达75%～90%，按照80%计算，每年可以减少原料风蚀损失2304t，节约资金184.3万元	1426	中费
2	焦化厂	煤调湿技术应用	利用焦炉烟道废气余热，实施煤调湿技术，拟建两套煤调湿系统，分别为150t/h，分别用于1号、2号焦炉，3号、4号焦炉，配合煤的水分控制及煤粒度分级	（1）采用气流分级调湿技术，可回收炼焦烟道废气的热能。煤调湿装置运行后，按年生产130万吨焦炭计算，吨焦能耗0.0053kg标准煤，调湿后含水率平均降低3%，炼焦每千克焦耗热量降低162kJ，年节约耗热量2.11×10^{11}kJ； 按吨焦用干煤1.33t计算，折合吨焦节约7.351kg标准煤，相当于吨焦回收能源为7.345kg标准煤，年回收能源9549t标准煤。年增加销售收入2589万元，扣除运行成本后，年增加经济收入为946万元。 （2）提高焦炉生产能力，改善焦炭质量，增加40～80mm粒级焦炭产率，降低焦粉量，降低焦炭反应性，提高反应后强度及耐磨性，从而可使炼铁高炉焦比降低约1%～2%； （3）岗位粉尘含量低于50mg/m³，不产生废渣，减少炼焦污水及环境污染，特别是减少含酚氰废水量	7942	高费
		焦炉干熄焦	新建9号～10号焦炉干熄焦系统1套，处理焦炭能力125t/h。配置15MW的凝汽式汽轮发电机组1套，年发电量1.242×10^{8}kW·h	相当年节约标煤5.02万吨，通过生产干熄焦焦炭和发电年创产值14918.2万元	17904	高费

续附表1-3-2

序号	生产单位	方案名称	方案内容	经济效益或环境效益	投资额/万元	方案费用
3	烧结厂	烧结余热发电	2×265m^{2}烧结采用烧结矿余热回收生产蒸汽发电	降低烧结工序能耗，年可增加发电量1.69亿千瓦·时，年增加收入6500万元	14300	高费
4	炼铁厂	高炉TRT工程	1号~5号高炉各配套建设1台“TRT”	年增发电约2.24亿千瓦·时，相当年节约标煤2.75万吨，年创产值8624万元	16000	高费
5	炼钢厂	1号转炉技术改造	建设一座130t转炉，一台板坯连铸机、一台RH炉、一台LF炉、一台KR炉（其他预留）以及相应的公辅设施	本方案实施后，年回收转炉煤气14400万立方米，回收蒸汽14.4万吨，节约能源5.85万吨标煤，年节能取得经济收益4104万元；另外，经除尘器净化处理后，年捕集烟粉尘量4.89万吨，经废水处理设施净化处理后，COD年去除量684t，石油类年去除量79.2t。综合利用转炉钢渣17.28万吨，取得经济收益2142.74万元。通过增加钢坯产量140万吨，增加经济收益（扣除成本和各种税费后）9094.35万元	142033	高费
6	线材厂	轧钢加热炉蓄热式改造及余热回收工程	轧材车间加热炉进行蓄热式改造，建设汽化冷却装置	可以节约煤气，回收余热，年可节约煤气12.6×104GJ，回收蒸汽34.8801万吨，年增加收入2019万元	1412	中费
7	宽厚板厂	4300mm宽厚板一期建设	年产宽厚板120万吨，主要建设内容包括工业厂房、板坯加工、4300mm单机架精轧机机组、冷床、剪切、精整、修磨、热处理、成品、磨辊等工艺设备以及水、电、风、气（汽）、检测、总图运输等设施	本方案实施后，与宝钢宽厚板厂工序能耗（标煤）（93.74kg/t）相比，吨产品减少能耗3.39kg标煤，年可减少能耗4068t标煤。经废水处理设施净化处理后，去除COD1356.72t/a，去除石油类134.4t/a。年增加宽厚板产品产量120万吨，扣除成本及税费后，经济收益为28448.4万元	293000	高费
			二、设备改造			
1	能源动力厂	高炉煤气柜工程	为1号高炉技改方案配套建设一座20万立方米干式高炉煤气柜	可减少高炉煤气放散造成的环境污染，提高高炉煤气回收利用率	5000	中费
2	能源动力厂	焦炉煤气柜工程	建设一座10万立方米稀油密封型干式焦炉煤气柜。对回收焦炉煤气流量、流速、压力起到稳定流量、压力的作用，可保证煤气用户改善工业炉窑燃烧效率和产品质量	可减少焦炉煤气放散造成的环境污染，提高焦炉煤气回收利用率	4200	中费

续附表1-3-2

序号	生产单位	方案名称	方 案 内 容	经济效益或环境效益	投资额/万元	方案费用
三、过程控制						
1	炼钢厂	转炉炉气分析动态控制系统建设工程	转炉炉气分析动态控制系统建设工程	年节约钢铁料9.2337万吨，节约氧气923万米^3，年增加收入11450万元	7630	中费
2	能源动力厂	完善用水计量检测手段	补充完善在线计量检测仪器仪表，加强给排水控制与管理，节约用水	减少工业用水漏损，节约用水447.8万吨	1000	中费
四、产 品						
1	棒线厂	棒材作业区生产螺纹钢采用切分轧制	对ϕ16mm、ϕ18mm、ϕ20mm、ϕ22mm的螺纹钢生产采用切分轧制	可提高生产效率15%，增加产品产量4.45万吨，增加产值13543万元	800	中费
五、废弃物						
1	烧结厂	260m^{2}烧结机头烟气脱硫装置系统工程	建设从烧结主抽风机出口至烟囱的烟道顶部出口，与脱硫系统相关的脱硫装置，预除尘系统、电气、仪表及自动控制、土建给排水等内容	本方案实施后预计年减少SO_2排放量4553.34t	4992	中费
2	焦化厂	焦化废水治理工程	对新老系统的焦化废水进行综合治理	本方案实施后预计年减少COD排放量302t，年减少NH_3-N排放量36.76t，年减少挥发酚排放量99.16t	2682.65	中费
3	炼钢厂	矿渣/钢渣微粉生产线	建设年产110万吨炉渣微粉生产线	年产矿渣/钢渣微粉80万吨，凝石材料30万吨，年销售收入16500万元	17076	高费

附录2　行业政策类文件

附录2-1 《钢铁产业发展政策》（国家发展和改革委员会组织有关部门制定，2005.7.20）

钢铁产业发展政策

钢铁产业是国民经济的重要基础产业，是实现工业化的支撑产业，是技术、资金、资源、能源密集型产业，钢铁产业的发展需要综合平衡各种外部条件。我国是一个发展中大国，在经济发展的相当长时期内钢铁需求较大，产量已多年居世界第一，但钢铁产业的技术水平和物耗与国际先进水平相比还有差距，今后发展重点是技术升级和结构调整。为提高钢铁工业整体技术水平，推进结构调整，改善产业布局，发展循环经济，降低物耗能耗，重视环境保护，提高企业综合竞争力，实现产业升级，把钢铁产业发展成在数量、质量、品种上基本满足国民经济和社会发展需求，具有国际竞争力的产业，依据有关法律法规和钢铁行业面临的国内外形势，制定钢铁产业发展政策，以指导钢铁产业的健康发展。

第一章　政策目标

第一条　根据我国经济社会发展需要和资源、能源及环保状况，钢铁生产能力保持合理规模，具体规模可在规划中解决。钢铁综合竞争能力达到国际先进水平，使我国成为世界钢铁生产的大国和具有竞争力的强国。

第二条　通过产品结构调整，到2010年，我国钢铁产品优良品率有大幅度提高，多数产品基本满足建筑、机械、化工、汽车、家电、船舶、交通、铁路、军工以及新兴产业等国民经济大部分行业发展需要。

第三条　通过钢铁产业组织结构调整，实施兼并、重组，扩大具有比较优势的骨干企业集团规模，提高产业集中度。到2010年，钢铁冶炼企业数量较大幅度减少，国内排名前十位的钢铁企业集团钢产量占全国产量的比例达到50%以上；2020年达到70%以上。

第四条 通过钢铁产业布局调整，到 2010 年，布局不合理的局面得到改善；到 2020 年，形成与资源和能源供应、交通运输配置、市场供需、环境容量相适应的比较合理的产业布局。

第五条 按照可持续发展和循环经济理念，提高环境保护和资源综合利用水平，节能降耗。最大限度地提高废气、废水、废物的综合利用水平，力争实现“零排放”，建立循环型钢铁工厂。钢铁企业必须发展余热、余能回收发电，500 万吨以上规模的钢铁联合企业，要努力做到电力自供有余，实现外供。2005 年，全行业吨钢综合能耗降到 0.76 吨标煤、吨钢可比能耗 0.70 吨标煤、吨钢耗新水 12 吨以下；2010 年分别降到 0.73 吨标煤、0.685 吨标煤、8 吨以下；2020 年分别降到 0.7 吨标煤、0.64 吨标煤、6 吨以下。即今后十年，钢铁工业在水资源消耗总量减少和能源消耗总量增加不多的前提下实现总量适度发展。

第六条 在 2005 年底以前，所有钢铁企业排放的污染物符合国家和地方规定的标准，主要污染物排放总量应符合地方环保部门核定的控制指标。

第二章　产业发展规划

第七条 国家通过钢铁产业发展政策和中长期发展规划指导行业健康、持续、协调发展。钢铁产业中长期发展规划由国家发展和改革委员会会同有关部门制定。

第八条 2003 年钢产量超过 500 万吨的企业集团可以根据国家钢铁产业中长期发展规划和所在城市的总体规划，制定本集团规划，经国务院或国家发展和改革委员会进行必要衔接平衡后批准执行。规划内的具体建设项目国家发展和改革委员会不再审批或核准，由企业办理土地、环保、安全、信贷等审批手续后自行组织实施，并按规定报国家发展和改革委员会备案。

第九条 其它钢铁企业的发展也必须符合钢铁产业发展政策和钢铁工业中长期发展规划的要求。

第三章　产业布局调整

第十条 钢铁产业布局调整要综合考虑矿产资源、能源、水资源、交通运输、环境容量、市场分布和利用国外资源等条件。

钢铁产业布局调整，原则上不再单独建设新的钢铁联合企业、独立炼铁厂、炼钢厂，不提倡建设独立轧钢厂，必须依托有条件的现有企业，结合兼并、搬迁，在水资源、原料、运输、市场消费等具有比较优势的地区进行改造和扩建。新增生产能力要和淘汰落后生产能力相结合，原则上不再大幅度扩大钢铁生产能力。

重要环境保护区、严重缺水地区、大城市市区，不再扩建钢铁冶炼生产能力，区域内现有企业要结合组织结构、装备结构、产品结构调整，实施压产、搬迁，满足环境保护和资源节约的要求。

第十一条 从矿石、能源、资源、水资源、运输条件和国内外市场考虑，大型钢铁企业应主要分布在沿海地区。内陆地区钢铁企业应结合本地市场和矿石资源状况，以矿定产，不谋求生产规模的扩大，以可持续生产为主要考虑因素。

东北的鞍山—本溪地区有比较丰富的铁矿资源，临近煤炭产地，有一定水资源条件，根据振兴东北老工业基地发展战略，该区域内现有钢铁企业要按照联合重组和建设精品基地的要求，淘汰落后生产能力，建设具有国际竞争力的大型企业集团。

华北地区水资源短缺，产能低水平过剩，应根据环保生态要求，重点搞好结构调整，兼并重组，严格控制生产厂点继续增多和生产能力扩张。对首钢实施搬迁，与河北省钢铁工业进行重组。

华东地区钢材市场潜力大，但钢铁企业布局过于密集，区域内具有比较优势的大型骨干企业可结合组织结构和产品结构调整，提高生产集中度和国际竞争能力。

中南地区水资源丰富，水运便利，东南沿海地区应充分利用深水良港条件，结合产业重组和城市钢厂的搬迁，建设大型钢铁联合企业。

西南地区水资源丰富，攀枝花—西昌地区铁矿和煤炭资源储量大，但交通不便，现有重点骨干企业要提高装备水平，调整品种结构，发展高附加值产品，以矿石可持续供应能力确定产量，不追求数量的增加。

西北地区铁矿石和水资源短缺，现有骨干企业应以满足本地区经济发展需求为主，不追求生产规模扩大，积极利用周边国家矿产资源。

第四章 产业技术政策

第十二条 为确保钢铁工业产业升级和实现可持续发展，防止低水平重复建设，对钢铁工业装备水平和技术经济指标准入条件规定如下，现有企业要通过技术改造努力达标：

建设烧结机使用面积180平方米及以上；焦炉炭化室高度6米及以上；高炉有效容积1000立方米及以上；转炉公称容量120吨及以上；电炉公称容量70吨及以上。

沿海深水港地区建设钢铁项目，高炉有效容积要大于3000立方米；转炉公称容量大于200吨，钢生产规模800万吨及以上。

钢铁联合企业技术经济指标达到：吨钢综合能耗高炉流程低于0.7吨标煤，电炉流程低于0.4吨标煤，吨钢耗新水高炉流程低于6吨，电炉流程低于3吨，水循环利用率95%以上。其它钢铁企业工序能耗指标要达到重点大中型钢铁企业平均水平。

钢铁建设项目要节约用地，严格土地管理，有关部门要抓紧完成钢铁厂用地指标和建筑系数标准修订工作。

第十三条 所有生产企业必须达到国家和地方污染物排放标准，建设项目主要污染物排放总量控制指标要严格执行经批准的环境影响评价报告书（表）的规定，对超过核定的污染物排放指标和总量的，不准生产运行。

新上项目高炉必须同步配套高炉余压发电装置和煤粉喷吹装置；焦炉必须同步配套干熄焦装置并匹配收尘装置和焦炉煤气脱硫装置；焦炉、高炉、转炉必须同步配套煤气回收装置；电炉必须配套烟尘回收装置。

企业应根据发展循环经济的要求，建设污水和废渣综合处理系统，采用干熄焦，焦炉、高炉、转炉煤气回收和利用，煤气—蒸汽联合循环发电，高炉余压发电、汽化冷却，烟气、粉尘、废渣等能源、资源回收再利用技术，提高能源利用效率、资源回收利用率和改善环境。

第十四条 加快培育钢铁工业自主创新能力，支持企业建立产品、技术开发和科研机构，提高开发创新能力，发展具有自主知识产权的工艺、装备技术和产品。支持企业跟踪、研究、开发和采用连铸薄带、熔融还原等钢铁生产流程前沿技术。

第十五条 企业应积极采用精料入炉、富氧喷煤、铁水预处理、大型高炉、转炉和超高功率电炉、炉外精炼、连铸、连轧、控轧、控冷等先进工艺技术和装备。

第十六条 支持和组织实施钢铁工业装备本地化，提高我国钢铁工业的重大技术装备研发、设计、制造水平。对于以国产新开发装备为依托建设的钢铁重大项目，国家给予税收、贴息、科研经费等政策支持。

第十七条 加快淘汰并禁止新建土烧结、土焦（含改良焦）、化铁炼钢、热烧结矿、容积300立方米及以下高炉（专业铸铁管厂除外）、公称容量20吨及以下转炉、公称容量20吨及以下电炉（机械铸造和生产高合金钢产品除外）、叠轧薄板轧机、普钢初轧机及开坯用中型轧机、三辊劳特式中板轧机、复二重式线材轧机、横列式小型轧机、热轧窄带钢轧机、直径76毫米以下热轧无缝管机组、中频感应炉等落后工艺技术装备。

钢铁产业必须严格遵守国家适时修订的《工商领域制止重复建设目录》、《淘汰落后生产能力、工艺和产品的目录》，或依照环保法规要求，淘汰落后工艺、产品和技术。

第十八条　进口技术和装备政策：鼓励企业采用国产设备和技术，减少进口。对国内不能生产或不能满足需求而必须引进的装备和技术，要先进实用。对今后量大面广的装备要组织实施本地化生产。

禁止企业采用国内外淘汰的落后二手钢铁生产设备。

第十九条　特钢企业要向集团化、专业化方向发展，鼓励采用以废钢为原料的短流程工艺，不支持特钢企业采用电炉配消耗高、污染重的小高炉工艺流程。鼓励特钢企业研发生产国内需求的军工、轴承、齿轮、工模具、耐热、耐冷、耐腐蚀等特种钢材，提高产品质量和技术水平。

第五章　企业组织结构调整

第二十条　支持钢铁企业向集团化方向发展，通过强强联合、兼并重组、互相持股等方式进行战略重组，减少钢铁生产企业数量，实现钢铁工业组织结构调整、优化和产业升级。

支持和鼓励有条件的大型企业集团，进行跨地区的联合重组，到2010年，形成两个3000万吨级，若干个千万吨级的具有国际竞争力的特大型企业集团。

大型钢铁企业均要进行股份制改造并支持其公开上市，鼓励包括民营资本在内的各类社会资本通过参股、兼并等方式重组现有钢铁企业，推进资本结构调整和机制创新。

第二十一条　国家支持具备条件的联合重组的大型钢铁联合企业通过结构调整和产业升级适当扩大生产规模，提高集约化生产度，并在主辅分离、人员分流、社会保障等方面给予政策支持。

第六章　投资管理

第二十二条　国家对各类经济类型的投资主体投资国内钢铁行业和国内企业投资境外钢铁领域的经济活动实行必要的管理，投资钢铁项目需按规定报国家发展和改革委员会审批或核准。

第二十三条　建设炼铁、炼钢、轧钢等项目，企业自有资本金比例必须达到40%及以上。

建设钢铁项目除满足环保生态、安全生产等国家法律法规要求外，企业还必须具备较强的资金实力、先进的技术和管理能力，以及健全的市场营销网络，水资源、矿石原料、煤炭和电力能源、运输等外部条件要稳定可靠和基本落实。

钢铁企业跨地区投资建设钢铁联合企业项目，普钢企业上年钢产量必须达到500万吨及以上，特钢企业产量达到50万吨及以上。非钢铁企业投资钢铁联合企业项目的，必须具有资金实力和较高的公信度，必须对企业注册资本进行验资，银行提供资信证明，会计事务所提供业绩报告，有条件的通过招标方式选择项目业主。

境外钢铁企业投资中国钢铁工业，须具有钢铁自主知识产权技术，其上年普通钢产量必须达到1000万吨以上或高合金特殊钢产量达到100万吨。投资中国钢铁工业的境外非钢铁企业，必须具有强大的资金实力和较高的公信度，提供银行、会计事务所出具的验资和企业业绩证明。境外企业投资国内钢铁行业，必须结合国内现有钢铁企业的改造和搬迁实施，不布新点。外商投资我国钢铁行业，原则上不允许外商控股。

第二十四条 对不符合本产业发展政策和未经审批或违规审批的项目，国土资源部门不予办理土地使用手续，工商管理部门不予登记，商务管理部门不批准合同和章程，金融机构不提供贷款和其它形式的授信支持，海关不予办理免税进口设备手续，质检部门不予颁发生产许可证，环保部门不予审批项目环境影响评价文件和不予发放排污许可证。

第二十五条 各金融机构向炼铁、炼钢、轧钢项目发放中长期固定资产投资贷款，要符合钢铁产业发展政策，加强风险管理，向新增能力的炼铁、炼钢、轧钢项目发放固定资产投资贷款需要项目单位提供国家发展和改革委员会出具的相应的项目批复、核准或备案文件。

第二十六条 企业申请首次公开发行股票或在证券市场融资，募集资金投向于钢铁行业，必须符合钢铁产业发展政策，并需向证券监管部门提供由国家发展和改革委员会出具的募集资金投向的文件。

第二十七条 国家鼓励钢铁生产和设备制造企业采用工贸或技贸结合的方式出口国内有优势的技术和冶金成套设备，并在出口信贷等方面给予支持。

第七章 原材料政策

第二十八条 矿产资源属国家所有。国家鼓励大型钢铁企业进行铁矿等资源勘探开发，矿山开采必须依法取得采矿许可证。储量5000万吨及以上铁矿资源的开采建设项目必须经国家发展和改革委员会核准或审批，同时做好矿山规划、安全生产以及土地复垦、水土保持、地下矿井回填等环境保护工作，禁止乱采滥挖行为。未经合法审批手续乱采滥挖的，国土资源部门要收回采矿权，停止非法开采行为。

第二十九条 根据我国富矿少、贫矿多的资源现状，国家鼓励企业发展低品位矿采选技术，充分利用国内贫矿资源。国土资源部门要加大矿产资源勘探力度，保护矿产资源，对滥采乱挖行为，要给予必要处罚和进行整顿。

第三十条 按照优势互补、互利双赢的原则，加强与境外矿产资源国际合作。支持有条件的大型骨干企业集团到境外采用独资、合资、合作、购买矿产资源等方式建立铁矿、铬矿、锰矿、镍矿、废钢及炼焦煤等生产供应基地。沿海地区企业所需的矿石、焦炭等重要原辅材料，国家鼓励依靠海外市场解决。

钢铁协会要搞好行业自律和协调，稳定国内外原料市场。

国内多家企业对境外资源造成恶性竞争时，国家可采取行政协调方式，进行联合或确定一家企业进行投资，避免恶性竞争。企业应服从国家行政协调。

限制出口能耗高、污染大的焦炭、铁合金、生铁、废钢、钢坯（锭）等初级加工产品，降低或取消对这些产品的出口退税。

第八章 钢材节约使用

第三十一条 全社会要树立节约使用钢材意识，科学使用，鼓励用可再生材料替代和废钢材回收，减少钢材使用数量。

第三十二条 建设部门要适时组织修订和完善建筑钢材使用设计规范和标准，在确保安全的情况下，降低钢材使用系数。

设计部门要严格按照设计规范和标准进行设计，把研发的经济、节约型产品及时纳入标准设计。

第三十三条 鼓励研究、开发和使用高性能、低成本、低消耗的新型材料，替代钢材。

第三十四条 鼓励钢铁企业生产高强度钢材和耐腐蚀钢材，提高钢材强度和使用寿命，降低钢材使用数量。

通过推广Ⅲ级（400MPa）及以上级别热轧带肋钢筋、各类用途的高强度钢板、H型钢等钢材品种，降低钢材消耗。

开发应用抗硫化氢、抗二氧化碳腐蚀的油井管和管线钢板、耐大气腐蚀钢板和型钢、耐火钢等产品，提高钢材的耐腐蚀性和钢材使用寿命。

第三十五条 随着市场保有钢铁产品数量增加和废钢回收量增加，逐渐减少铁矿石比例和增加废钢比重。

第九章 其　它

第三十六条 咨询、设计、施工单位从事钢铁业活动，必须遵守本产业政策。相关行业协会要建立自律机制，互相监督。违反本产业政策规定的，由国家发展和改革委员会、建设部、工商管理总局等有关部门根据规定对责任人、责任单位进行处罚。

本产业发展政策是对钢铁行业的基本要求，各有关部门和行业协会可根据本产业政策制定和修订有关技术规范和相关标准。

第三十七条 规范市场秩序，维护市场稳定。鼓励钢铁企业与用户建立长期战略联盟，稳定供需关系，提高钢材加工配送能力，延伸钢铁企业服务。

第三十八条 发挥行业协会的作用，行业协会要建立和完善钢铁市场供求、生产能力、技术经济指标等方面信息定期发布制度和行业预警制度，向政府行政部门及时反映行业动向和提出政策建议，协调行业发展的重大事项，加强行业自律，引导企业的发展。

第三十九条 本产业政策由国务院授权发布，各政府行政管理部门都应遵守。对违反本产业发展政策的建设单位和行政单位，各级监察、投资、土地、工商、税务、质检、环保、商务、金融、证券监管等部门要追究其责任。

第四十条 钢铁产业发展政策，由国家发展和改革委员会组织有关部门制定、修订报国务院批准，并监督执行。

注：

1. 本产业发展政策所称钢铁产业的范围包括铁矿、锰矿、铬矿采选，烧结、焦化、铁合金、炭素制品、耐火材料、炼铁、炼钢、轧钢、金属制品等各工艺及相关配套工艺。

2. 跨地区投资指跨国、跨省、自治区、直辖市。

3. 境外企业包括国外和在香港、澳门、台湾地区注册的企业。

附录2-2 《国家重点行业清洁生产技术导向目录（第一批）》（国家经济贸易委员会和国家环境保护总局，2003.2.27）

《国家清洁生产技术导向目录（第一批）》简介

编号	技术名称	适用范围	主要内容	投资及效益分析
冶金行业				
1	干熄焦技术	焦化企业	干法熄焦是用循环惰性气体做热载体，由循环风机将冷的循环气体输入到红焦冷却室冷却，高温焦炭至250℃以下排出。吸收焦炭显热后的循环热气导入废热锅炉回收热量产生蒸汽。循环气体冷却、除尘后再经风机返回冷却室，如此循环冷却红焦。	按100×10^4吨/年焦计，投资2.4亿元人民币，回收期（在湿法熄焦基础上增加的投资）6~8年。建成后可产蒸气（按压力为4.6MPa）5.9×10^5吨/年。此外，干法熄焦还提高了焦炭质量，其抗碎强度M_{40}提高3%~8%，耐磨强度M_{10}提高0.3%~0.8%，焦炭后应性和反应后强度也有不同程度的改善。由于干法熄焦于密闭系统内完成熄焦过程，湿法熄焦过程中排放的酚、HCN、H_2S、NH_3基本消除，减少焦尘排放，节省熄焦用水。
2	高炉富氧喷煤工艺	炼铁高炉	高炉富氧喷煤工艺是通过在高炉冶炼过程中喷入大量的煤粉并结合适量的富氧，达到节能降焦、提高产量、降低生产成本和减少污染的目的。目前，该工艺的正常喷煤量为200kg/t-Fe，最大能力可达250kg/t-Fe以上。	经济效益以日产量9500吨铁（年产量为346万吨铁）计算，喷煤比为120kg/t-Fe时，年经济效益为1895万元；喷煤比为200kg/t-Fe时，年经济效益为6160万元。
3	小球团烧结技术	大、中、小型烧结厂的老厂改造和新厂建设	通过改变混合机工艺参数，延长混合料在混合机内的有效滚动距离，加雾化水，加布料刮刀等，使烧结混合料制成3mm以上的小球大于75%，通过蒸汽预热，燃料分加，偏析布料，提高料层厚度等方法，实现厚料层、低温、匀温、高氧化性气氛烧结。通过这种方法烧出的烧结矿，上下层烧结矿质量均匀。烧结矿强度高、还原性好。	以1台90米^{2}烧结机的改造和配套计算，总投资约380万元，投资回收期0.5年，年直接经济效益895万元，年净效益798万元。使用该技术还可减少燃料消耗、废气排放量及粉尘排放量；提高烧结矿质量和产量。同时可较大幅度降低烧结工序能耗，提高炼铁产量和降低炼铁工序能耗，促进炼铁工艺技术进步。

续表

编号	技术名称	适用范围	主 要 内 容	投资及效益分析
4	烧结环冷机余热回收技术	大、中型烧结机	通过对现有的冶金企业烧结厂烧结冷却设备，如冷却机用台车罩子、落矿斗、冷却风机等进行技术改造，再配套除尘器、余热锅炉、循环风机等设备，可充分回收烧结矿冷却过程中释放的大量余热，将其转化为饱和蒸汽，供用户使用。同时除尘器所捕集的烟尘，可返回烧结利用。	按照烧结厂烧结机 $90m^2 \times 2$ 估算投资，约需4000万～5000万元人民币。烧结环冷机余热得到回收利用，实际平均蒸汽产量16.5吨/小时；由于余热废气闭路循环，当废气经过配套除尘器时，可将其中的烟尘（主要是烧结矿粉）捕集回收，既减少烟尘排放，又回收了原料，烧结矿粉回收量336公斤/小时。
5	烧结机头烟尘净化电除尘技术	$24 \sim 450m^2$ 各种规格烧结机机头烟尘净化	电除尘器是用高压直流电在阴阳两极间造成一个足以使气体电离的电场，气体电离产生大量的阴阳离子，使通过电场的粉尘获得相同的电荷，然后沉积于与其极性相反的电极上，以达到除尘的目的。	以将原4台 $75m^3$ 烧结机的多管除尘器改为4台 $104m^2$ 三电场电除尘器计算，总投资1100万元，回收期15年，年直接经济效益255万元，年创净效益71万元。同时烧结机头烟尘达标排放，年减少烟尘排放6273吨。
6	焦炉煤气H.P.F法脱硫净化技术	煤气的脱硫、脱氰净化	焦炉煤气脱硫脱氰有多种工艺，近年来国内自行开发了以氨为碱源的H.P.F法脱硫新工艺。H.P.F法是在H.P.F（醌钴铁类）复合型催化剂作用下，H_2S、HCN先在氨介质存在下溶解、吸收，然后在催化剂作用下铵硫化合物等被湿式氧化形成元素硫、硫氰酸盐等，催化剂则在空气氧化过程中再生。最终，H_2S 以元素硫形式，HCN以硫氰酸盐形式被除去。	按处理 $30000m^3/h$ 煤气量计算，总投资约2200万元，其中工程费约1770万元。主要设备寿命约20年。同时每年从煤气中（按含 H_2S $6g/Nm^3$ 计）除去 H_2S 约1570吨，减少 SO_2 排放量约2965吨/年，并从 H_2S 有害气体中回收硫磺，每年约740吨。此外，由于采用了洗氨前煤气脱硫，此工艺与不脱硫的硫铵终冷工艺相比，可减少污水排放量，按相同规模可节省污水处理费用约200万元/年。
7	石灰窑废气回收液态 CO_2	石灰窑废气回收利用	以石灰窑窑顶排放出来的含有约35%左右 CO_2 的窑气为原料，经除尘和洗涤后，采用“BV”法，将窑气中的 CO_2 分离出来，得到高纯度的食品级的 CO_2 气体，并压缩成液体装瓶。	以5000吨/年液态 CO_2 规模计，总投资约1960万元，投资回收期为7.5年，净效益160万元/年。同时每年可减少外排粉尘600吨，减少外排 CO_2 5000吨，环境效益显著。
8	尾矿再选生产铁精矿	磁选厂尾矿资源的回收利用	利用磁选厂排出的废弃尾矿为原料，通过磁力粗选得到粗精矿，经磨矿单体充分解离，再经磁选及磁力过滤得到合格的铁精矿，供高炉冶炼。	按照处理尾矿量160万吨/年、生产铁精矿4万吨/年（铁品位65%以上）的规模计算，总投资约630万元，投资回收期1年，年净经济效益680万元，减少尾矿排放量4万吨/年，具有显著的经济效益和环境效益，亦有助于生态保护。

续表

编号	技术名称	适用范围	主 要 内 容	投资及效益分析
9	高炉煤气布袋除尘技术	中小型高炉煤气的净化	高炉煤气布袋除尘是利用玻璃纤维具有较高的耐温性能（最高300℃），以及玻璃纤维滤袋具有筛滤、拦截等效应，能将粉尘阻留在袋壁上，同时稳定形成的一次压层（膜）也有滤尘作用，从而使高炉煤气通过这种滤袋得到高效净化，以提供高质量煤气给用户使用。	以 $300m^3$ 级高炉为例，总投资约600万元，其中投资回收期2年，直接经济效益300万元/年，净效益270万元/年。减少煤气洗涤污水排放量300万米^3/年，主要污染物排放量200吨/年，节约循环水300万～400万立方米/年，节电80万～100万千瓦·时/年，节约冶金焦炭1500吨/年，高炉增产3000吨/年。
10	LT法转炉煤气净化与回收技术	大型氧气转炉炼钢厂	转炉吹炼时，产生含有高浓度CO和烟尘的转炉煤气（烟气）。为了回收利用高热值的转炉煤气，须对其进行净化。首先将转炉煤气经过废气冷却系统，然后进入蒸发冷却器，喷水蒸发使烟气得到冷却，并由于烟气在蒸发器中得到减速，使其粗颗粒的粉尘沉降下来。此后将烟气导入设有四个电场的静电除尘器，在电场作用下，使得粉尘和雾状颗粒吸附在收尘极板上，这样得到精净化。当符合煤气回收条件时，回收侧的阀自动开启，高温净煤气进入煤气冷却器喷淋降温至约73℃，而后进入煤气储柜。经加压机加压后将高洁度的转炉煤气（含尘10mg/Nm^3）提供给用户使用。	以年产300万吨钢为例：LT废气冷却系统，如按回收蒸汽平均90kg/t－s计算，相当于10kg/t－s（标准煤），年回收标准煤约3万吨。LT煤气净化回收系统，回收煤气量75～90N kg/t－s，相当于23kg/t－s（标准煤），年回收煤气折算标准煤7万吨。每年回收总二次能源（折算标准煤）10万吨。
11	LT法转炉粉尘热压块技术	与LT法转炉煤气净化回收技术配套	粉尘在充氮气保护下，经输送和储存，将收集的粉尘按粗、细粉尘以0.67：1的配比混合，加入间接加热的回转窑内进行氮气保护加热。当粉尘被加热至580℃时，即可输入辊式压块机，在高温、高压下压制成45×35×25mm成品块。约500℃的成品块经冷却输送链在机力抽风冷却下，成品块温度降至～80℃，装入成品仓内。定期用汽车运往炼钢厂作为矿石重新入炉冶炼。	LT系统年回收含铁高的粉尘16kg/t－s×3 000 000t/a＝48 000t/a，可以全部压制成块（45×35×25mm）用于炼钢。

续表

编号	技术名称	适用范围	主 要 内 容	投资及效益分析
12	轧钢氧化铁皮生产还原铁粉技术	适用大中型轧钢厂（低碳、低合金钢轧制过程）产生的氧化铁皮，也可用于高品位铁精矿、铁砂等含铁资源的综合利用	采用隧道窑固体碳还原法生产还原铁粉。主要工序有：还原、破碎、筛分、磁选。铁皮中的氧化铁在高温下逐步被碳还原，而碳则气化成CO。通过二次精还原提高铁粉的总铁含量，降低O、C、S含量，消除海绵铁粉碎时所产生的加工硬化，从而改善铁粉的工艺性能。	按年产12000吨还原铁粉计算，总投资约10600万元，投资回收期5年。净效益2190万元/年。按此规模每年可综合利用20000吨轧钢氧化铁皮。
13	锅炉全部燃烧高炉煤气技术	一切具有富裕高炉煤气的冶金企业	冶金高炉煤气含有一定量的CO，煤气热值约3100kJ/m^3。除用于钢铁厂炉窑的燃料外，余下煤气可供锅炉燃烧。由于锅炉一般是缓冲用户，煤气参数不稳定，长期以来仅为小比例掺烧，多余煤气排入大气，这样既浪费了能源又污染了大气环境。当采用稳定煤气压力且对锅炉本体进行改造等措施后，可实现高炉煤气的全部利用，并可以确保锅炉安全运行。	与新建燃煤锅炉房相比，全烧高炉煤气锅炉房由于没有上煤、除灰设施，具有占地小、投资省、运行费用低等优点。以一台75t/h全烧高炉煤气锅炉为例，年燃用高炉煤气583×10^6米^3/年，仅此一项，年节约能源5.2万吨标准煤，减少向大气排放CO134×10^6米^3/年具有明显的经济效益和环境效益。

附录2-3 《国家重点行业清洁生产技术导向目录（第二批）》（国家经济贸易委员会和国家环境保护总局，2003.2.27）

《国家重点行业清洁生产技术导向目录（第二批）》简介

编号	技术名称	适用范围	主要内容	投资及效益分析
冶金行业				
1	高炉余压发电技术	钢铁企业	将高炉副产煤气的压力能、热能转换为电能，既回收了减压阀组释放的能量，又净化了煤气，降低了由高压阀组控制炉顶压力而产生的超高噪音污染，且大大改善了高炉炉顶压力的控制品质，不产生二次污染，发电成本低，一般可回收高炉鼓风机所需能量的25%～30%。	投资一般在3000万～5000万元左右，投资回收期大约在3～5年左右，节能环保效果明显。
2	双预热蓄热式轧钢加热炉技术	型材、线材和中板轧机的加热炉	采用蓄热方式（蓄热室）实现炉窑废气余热的极限回收，同时将助燃空气、煤气预热至高温，从而大幅度提高炉窑热效率的节能、环保新技术。	对中小型材、线材、中板、中宽带及窄带钢的加热炉（每小时加热能力100吨左右），改造投资在800万～1000万元（其中蓄热式系统投资200万～300万元），在正常运行情况下，整个加热炉改造投资回收期为一年左右。废气中有害物质排放大幅度降低。
3	转炉复吹溅渣长寿技术	转炉	采用“炉渣金属蘑菇头”生成技术，在炉衬长寿的同时，保护底吹供气元件在全炉役始终保持良好的透气性，使底吹供气元件的一次性寿命与炉龄同步，复吹比100%，提高复吹炼钢工艺的经济效益。	改造投资约100万～500万元，投资回收期在一年之内。
4	高效连铸技术	炼钢厂	用洁净钢水，高强度、高均匀度的一冷、二冷，高精度的振动、导向、拉娇、切割设备运行，在高质量的基础上，以高拉速为核心，实现高连浇率、高作业率的连铸系统技术与装备。主要包括：接近凝固温度的浇铸，中间包整体优化，结晶器及振动高优化，二冷水动态控制与铸坯变形优质化，引锭，电磁连铸六大方面的技术和装备。	投资：方坯连铸10～30元/吨能力，板坯连铸30～50元/吨能力，比相同生产能力的常规连铸机投资减少40%以上，提高效率60%～100%，节能20%，经济效益50～80元/吨坯，投资回收期小于1年。

续表

编号	技术名称	适用范围	主 要 内 容	投资及效益分析
5	连铸坯热送热装技术	同时具备连铸机和型线材或板材轧机的钢铁企业	该技术是在冶金企业现有的连铸车间与型线材或板材轧制车间之间，利用现有的连铸坯输送辊道或输送火车（汽车），增加保温装置，将原有的冷坯输送改为热连铸坯输送至轧制车间热装进行轧制，该技术分三种形式：热装、直接热装、直接轧制。该技术的使用，大大降低了轧钢加热炉加热连铸坯的能源消耗，同时减少了钢坯的氧化烧损，并提高了轧机产量。	一般连铸方坯投资在1000万～2000万元；连铸板坯投资在3000万～5000万元。正常运行情况下，1～2年即可收回投资。
6	交流电机变频调速技术	使用同步电动机、异步电动机的冶金、石化、纺织、化工、煤炭、机械、建材等行业	把电网的交流电经变流装置，直接变换成频率可调的交流电供给电机。改变变流器的输出电压（或频率），即可改变电机的速度，达到调速的目的。	在总装机容量为10万千瓦的热连轧采用，节能率12%～16%。风机、水泵类应用，一般可节电20%以上。
7	转炉炼钢自动控制技术	转炉炼钢厂	在转炉炼钢三级自动化控制设备基础上，通过完善控制软件，开发和应用计算机通讯自动恢复程序、静态模型和动态模型系数优化、转炉长寿炉龄下保持复吹等技术，实现转炉炼钢从吹炼条件、吹炼过程控制，直至终点前动态预测和调整，吹制设定的终点目标自动提枪的全程计算机控制，实现转炉炼钢终点成分和温度达到双命中，做到快速出钢，提高钢水质量，提高劳动生产率，降低成本。	投资约为7300万元人民币。该技术使吹炼氧耗降低4.27标准立方米/(吨·秒)，铝耗减少0.276千克/(吨·秒)，钢水铁损耗降低1.7千克/(吨·秒)，既减少了钢水过氧化造成的烟尘量，又节约了能源，年经济效益可达千万元以上。
8	电炉优化供电技术	大于30吨交流电弧炉	通过对电弧炉炼钢过程中供电主回路的在线测量，获取电炉变压器一次侧和二次侧的电压、电流、功率因数、有功功率、无功功率及视在功率等电气运行参数。对以上各项电气运行参数进行分析处理，可得到电弧炉供电主回路的短路电抗、短路电流等基本参数，进而制定电弧炉炼钢的合理供电曲线。	以一座年产钢20万吨炼钢电弧炉为例，采用该技术后，平均可节电10～30千瓦·时/吨，冶炼通电时间可缩短3分钟左右，年节电300万千瓦·时，电炉炼钢生产效率可提高5%左右。利税增加100万元以上。
9	炼焦炉烟尘净化技术	机械化炼焦炉	采用有效的烟尘捕集、转换连接、布袋除尘器、调速风机等设施，将炼焦炉生产的装煤、出焦过程中产生的烟尘有效净化。	以JN43焦炉两座炉一组（能力为年产焦炭60万吨）的装煤、出焦除尘为例，投资为2600万元（装煤除尘地面站为1200万元，出焦除尘地面站为1400万元）。年回收粉尘1万多吨，环境效益显著。

续表

编号	技术名称	适用范围	主 要 内 容	投资及效益分析
10	洁净钢生产系统优化技术	大中型钢铁厂	对转炉钢铁企业现有冶金流程进行系统优化，采用高炉出铁槽脱硅，铁水包脱硫，转炉脱磷，复吹转炉冶炼，100%钢水精炼，中间包冶金后进入高效连铸机保护浇铸，生产优质洁净钢，提高钢材质量，降低消耗和成本。	设备投资约 20～50 元/吨钢，增加效益为 20～30 元/吨钢，投资回收期小于 2 年，环境效益显著。
11	铁矿磁分离设备永磁化技术	金属矿（磁性）分选和非金属矿的除杂（铁、钛）	采用高性能的稀土永磁材料，经过独特的磁路设计和机械设计，精密加工而成的高场强的磁分离设备，分选磁场强度最高达 1.8 特斯拉。	与电磁设备相比，节约电能 90%以上，节水 40%以上，设备重量减轻 60%，使用寿命可达 20 年。与跳汰设备相比，节水 70%，提高回收率 20%以上。
12	长寿高效高炉综合技术	1000 立方米以上高炉	在确保冷却水无垢无腐蚀的前提下，应用长寿冷却壁设计、长寿炉缸炉底设计及长寿冷却器选型及布置技术，通过采用专家系统技术、人工智能控制技术、现代项目管理等技术，严格规范高炉设计、建设、操作及维护，从而确保一代高炉寿命达到 15 年以上。	以 1000 立方米高炉计算，采用长寿高效高炉综合技术，一次性投资比普通高炉提高 1000 万元左右，但寿命可达到 15 年以上，减少大修费用约 8000 万元，去除喷补费用，加上增加的产量，年经济效益为 9000 万～10000 万元左右。
13	转炉尘泥回收利用技术	转炉炼钢	转炉尘泥量大，不易利用，浪费资源，污染环境。本技术是回收转炉尘泥，制成化渣剂用于转炉生产，可有效缓解转炉炉渣返干，减少粘枪事故，提高氧枪寿命，改进转炉顺行；同时，可降低原料用量，增加冶炼强度，缩短冶炼时间，提高生产效率，使转炉炼钢指标得到显著改善。	采用此技术，仅计算提高金属收得率和降低石灰用量所降低的成本，扣除用球增加的成本，可降低炼钢成本 8.34 元/吨，年经济效益为 1000 多万元。
14	转炉汽化冷却系统向真空精炼供汽技术	转炉炼钢厂真空精炼工程	将转炉汽化冷却系统改造之后，使之具有“一机两用”功能，既优先向真空泵供汽、又能将多余蒸汽外送。	以 80 吨转炉配置真空精炼炉为例，建设投资节约 750 万元，与锅炉供汽工艺相比年节约运行费约 300 万元。真空炉越大经济效益越好。

附录2－4 《国家重点行业清洁生产技术导向目录（第三批）》（国家发展和改革委员会、国家环境保护总局，2006.11.27）

国家重点行业清洁生产技术导向目录（第三批）

序号	技术名称	适用范围	主要内容	主要效果
1	利用焦化工艺处理废塑料技术	钢铁联合企业焦化厂	利用成熟的焦化工艺和设备，大规模处理废塑料，使废塑料在高温、全封闭和还原气氛下，转化为焦炭、焦油和煤气，使废塑料中有害元素氯以氯化铵可溶性盐方式进入炼焦氨水中，不产生剧毒物质二噁英（Dioxins）和腐蚀性气体，不产生二氧化硫、氮氧化物及粉尘等常规燃烧污染物，实现废塑料大规模无害化处理和资源化利用。	对原料要求低，可以是任何种类的混合废塑料，只需进行简单破碎加工处理。在炼焦配煤中配加2%的废塑料，可以增加焦炭反应后强度3%～8%，并可增加焦炭产量。
2	冷轧盐酸酸洗液回收技术	钢铁酸洗生产线	将冷轧盐酸酸洗废液直接喷入焙烧炉与高温气体接触，使废液中的盐酸和氯化亚铁蒸发分解，生成Fe_2O_3和HCl高温气体。HCl气体从反应炉顶引出、过滤后进入预浓缩器冷却，然后进入吸收塔与喷入的新水或漂洗水混合得到再生酸，进入再生酸贮罐，补加少量新酸，使HCl含量达到酸洗液浓度要求后送回酸洗线循环使用。通过吸收塔的废气送入收水器，除水后由烟囱排入大气。流化床反应炉中产生的氧化铁排入氧化铁料仓，返回烧结厂使用。	此技术回收废酸并返回酸洗工序循环使用，降低了生产成本，减少了环境污染。废酸回收后的副产品氧化铁（Fe_2O_3）是生产磁性材料的原料，可作为产品销售，也可返回烧结厂使用。
3	焦化废水A/O生物脱氮技术	焦化企业及其它需要处理高浓度COD、氨氮废水的企业	焦化废水A/O生物脱氮是硝化与反硝化过程的应用。硝化反应是废水中的氨氮在好氧条件下，被氧化为亚硝酸盐和硝酸盐；反硝化是在缺氧条件下，脱氮菌利用硝化反应所产生的NO_2^-和NO_3^-来代替氧进行有机物的氧化分解。此项工艺对焦化废水中的有机物、氨氮等均有较强的去除能力，当总停留时间大于30小时后，COD、BOD、SCN^-的去除率分别为67%、38%、59%，酚和有机物的去除率分别为62%、36%，各项出水指标均可达到国家污水排放标准。	工艺流程和操作管理相对简单，污水处理效率高，有较高的容积负荷和较强的耐负荷冲击能力，减少了化学药剂消耗，减轻了后续好氧池的负荷及动力消耗，节省运行费用。

续表

序号	技术名称	适用范围	主 要 内 容	主 要 效 果
4	高炉煤气等低热值煤气高效利用技术	钢铁联合企业	高炉等副产煤气经净化加压后与净化加压后的空气混合进入燃气轮机混合燃烧，产生的高温高压燃气进入燃气透平机组膨胀做功，燃气轮机通过减速齿轮传递到汽轮发电机组发电；燃气轮机作功后的高温烟气进入余热锅炉，产生蒸汽后进入蒸汽轮机做功，带动发电机组发电，形成煤气－蒸汽联合循环发电系统。	该技术的热电转换效率可达40%～45%，接近以天然气和柴油为燃料的类似燃气轮机联合循环发电水平；用相同的煤气量，该技术比常规锅炉蒸汽多发电70%～90%，同时，用水量仅为同容量常规燃煤电厂的1/3，污染物排放量也明显减少。
5	转炉负能炼钢工艺技术	大中型转炉炼钢企业	此项技术可使转炉炼钢工序消耗的总能量小于回收的总能量，故称为转炉负能炼钢。转炉炼钢工序过程中消耗的能量主要包括：氧气、氮气、焦炉煤气、电和使用外厂蒸汽，回收的能量主要是转炉煤气和蒸汽，煤气平均回收量达到90 m^3/吨钢；蒸汽平均回收量80kg/吨钢。	吨钢产品可节能23.6kg标准煤，减少烟尘排放量10mg/m^3，有效地改善区域环境质量。我国转炉钢的比例超过80%，推广此项技术对钢铁行业清洁生产意义重大。
11	煤粉强化燃烧及劣质燃料燃烧技术	建材、冶金及化工行业回转窑煤粉燃烧	该技术采用了热回流技术和浓缩燃烧技术，有效地实现“节能和环保”。由于强化回流效应，使煤粉迅速燃烧，特别有利于烧劣质煤、无烟煤等低活性燃料，因此可采用当地劣质燃料，促进能源合理使用，提高资源利用效率。一次风量小，节能显著。	对煤种的适应性强，可烧灰分35%的劣质煤，降低一次风量的供应，一次风量占燃烧空气量小于7%；NO_x 减少30%以上。
18	干法脱硫除尘一体化技术与装备	燃煤锅炉和生活垃圾焚烧炉的尾气处理	向含有粉尘和二氧化硫的烟气中喷射熟石灰干粉和反应助剂，使二氧化硫和熟石灰在反应助剂的辅助下充分发生化学反应，形成固态硫酸钙（$CaSO_4$），附着在粉尘上或凝聚成细微颗粒随粉尘一起被袋式除尘器收集下来。此工艺的突出特点是集脱硫、脱有害气体、除尘于一体，可满足严格的排放要求。	能有效脱除烟气中粉尘、SO_2、NO_x 等有害气体，粉尘排放浓度＜50mg/Nm，SO_2 排放浓度＜200mg/Nm，NO_x 排放浓度＜300mg/Nm，HCl及重金属含量满足国家排放标准。

附录2－5 《钢铁行业清洁生产评价指标体系（试行）》（国家发展和改革委员会、国家环境保护总局公布，2005.6.14）

钢铁行业清洁生产评价指标体系（试行）

国家发展和改革委员会
国家环境保护总局
发布

前　　言

为了贯彻落实《中华人民共和国清洁生产促进法》，指导和推动钢铁企业依法实施清洁生产，提高资源利用率，减少和避免污染物的产生，保护和改善环境，制定钢铁行业清洁生产评价指标体系（试行）（以下简称“指标体系”）。

本指标体系用于评价钢铁企业的清洁生产水平，作为创建清洁生产先进企业的主要依据，并为企业推行清洁生产提供技术指导。

本指标体系依据综合评价所得分值将企业清洁生产等级划分为两级，即代表国内先进水平的“清洁生产先进企业”和代表国内一般水平的“清洁生产企业”。随着技术的不断进步和发展，本指标体系每3～5年修订一次。

本指标体系由冶金清洁生产技术中心起草。

本指标体系由国家发展和改革委员会负责解释。

本指标体系自公布之日起试行。

1 钢铁行业清洁生产评价指标体系的适用范围

本评价指标体系适用于钢铁行业，包括由烧结、焦化、炼铁、炼钢以及轧钢等各主要工序组成的长流程生产企业和由电炉炼钢、轧钢等主要工序组成的短流程生产企业。

2 钢铁行业清洁生产评价指标体系的结构

根据清洁生产的原则要求和指标的可度量性，本评价指标体系分为定量评价和定性要求两大部分。

定量评价指标选取了有代表性的、能反映"节能"、"降耗"、"减污"和"增效"等有关清洁生产最终目标的指标，建立评价模式。通过对各项指标的实际达到值、评价基准值和指标的权重值进行计算和评分，综合考评企业实施清洁生产的状况和企业清洁生产程度。

定性评价指标主要根据国家有关推行清洁生产的产业发展和技术进步政策、资源环境保护政策规定以及行业发展规划选取，用于定性考核企业对有关政策法规的符合性及其清洁生产工作实施情况。

定量指标和定性指标分为一级指标和二级指标。一级指标为普遍性、概括性的指标，二级指标为反映钢铁企业清洁生产各方面具有代表性的、易于评价考核的指标。

考虑到长流程生产企业与短流程生产企业生产工序和工艺过程的不同，本评价指标体系根据这两类企业各自的实际生产特点，对其二级指标的内容及其评价基准值、权重值的设置有一定差异，使其更具有针对性和可操作性。

长流程生产企业、短流程生产企业定量和定性评价指标体系框架分别见图1～图4。

3 钢铁企业清洁生产评价指标的评价基准值及权重值

在定量评价指标体系中，各指标的评价基准值是衡量该项指标是否符合清洁生产基本要求的评价基准。本评价指标体系确定各定量评价指标的评价基准值的依据是：凡国家或行业在有关政策、规划等文件中对该项指标已有明确要求值的就选用国家要求的数值；凡国家或行业对该项指标尚无明确要求值的，则选用国内重点大中型钢铁企业近年来清洁生产所实际达到的中上等以上水平的指标值。本定量评价指标体系的评价基准值代表了行业清洁生产的平均先进水平。

在定性评价指标体系中，衡量该项指标是否贯彻执行国家有关政策、法规的情况，按"是"或"否"两种选择来评定。

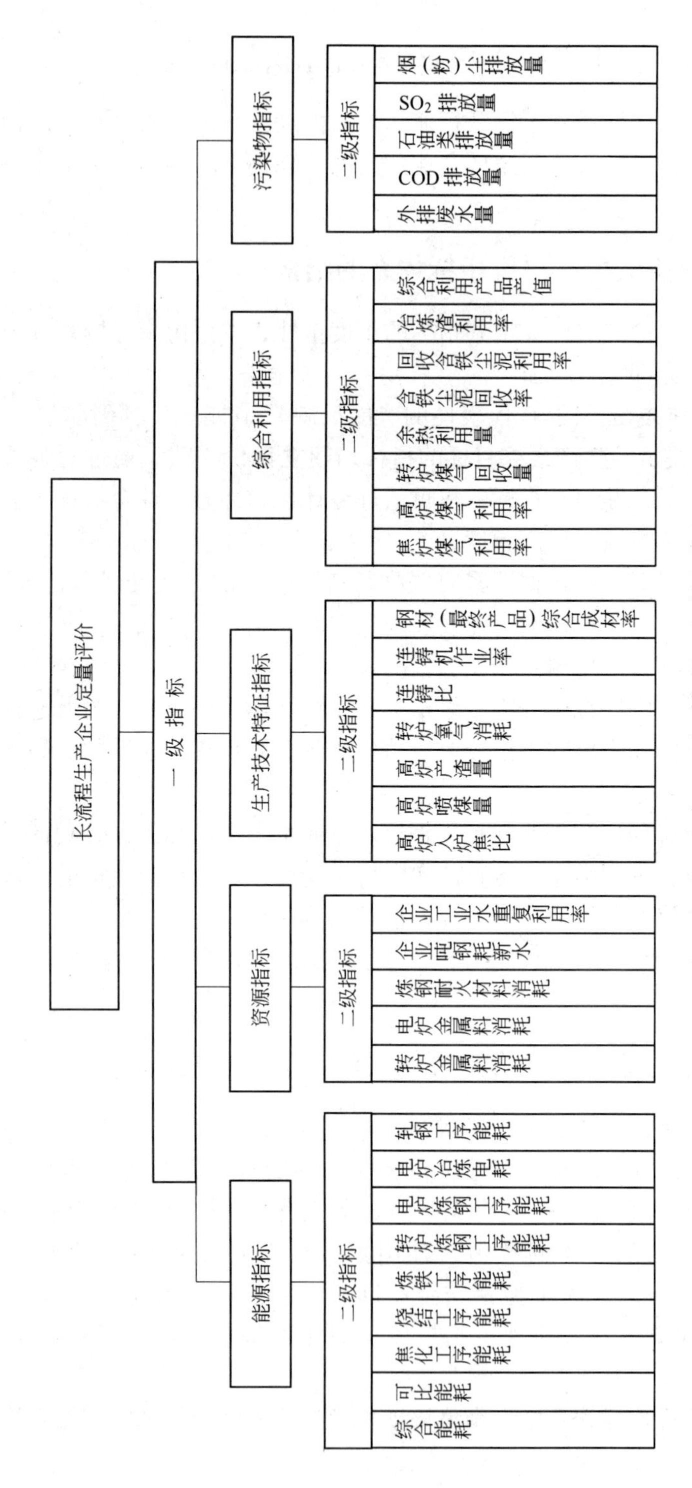

图1 长流程生产企业定量评价指标体系框架

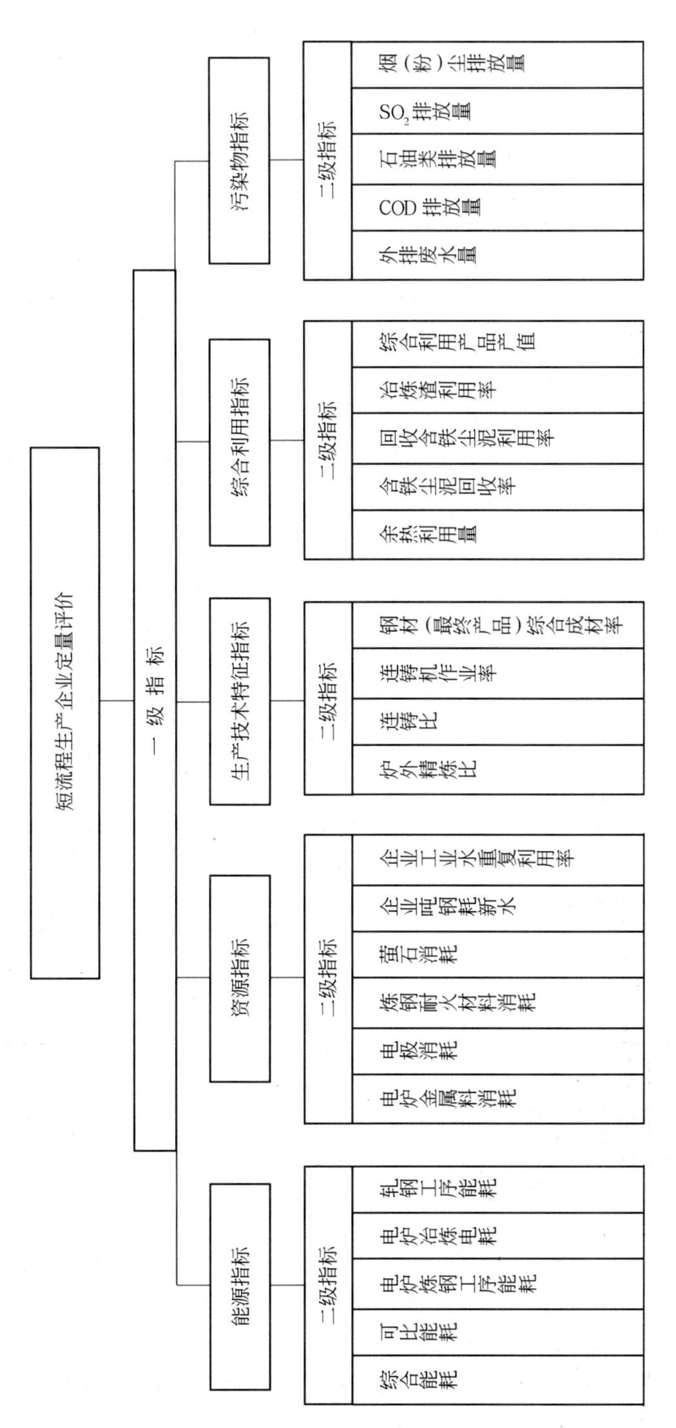

图2 短流程生产企业定量评价指标体系框架

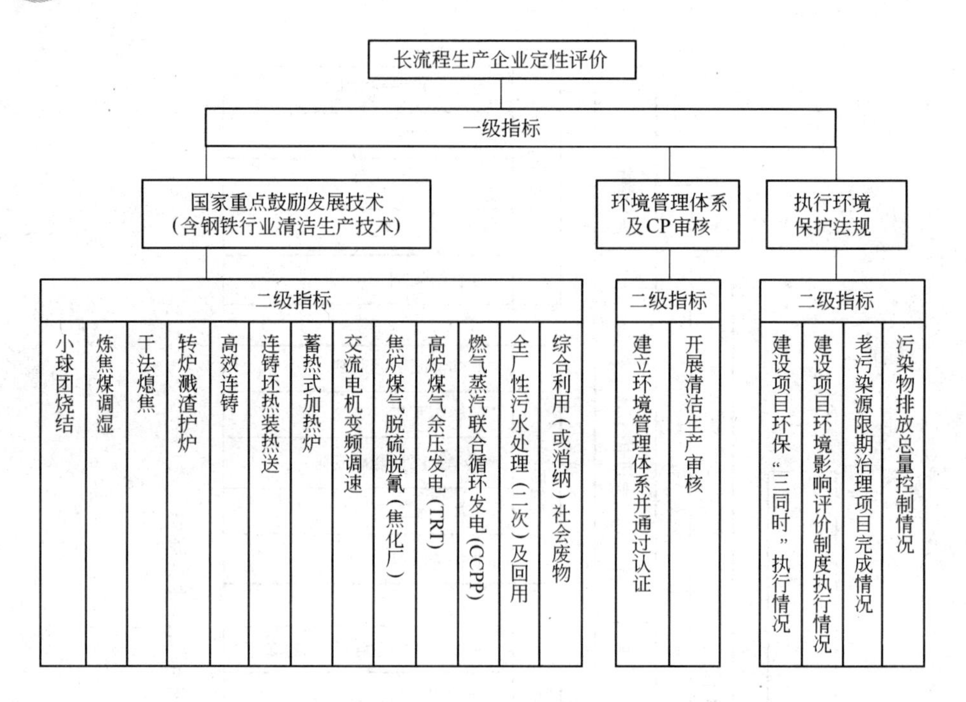

图3 长流程生产企业定性评价指标体系框架

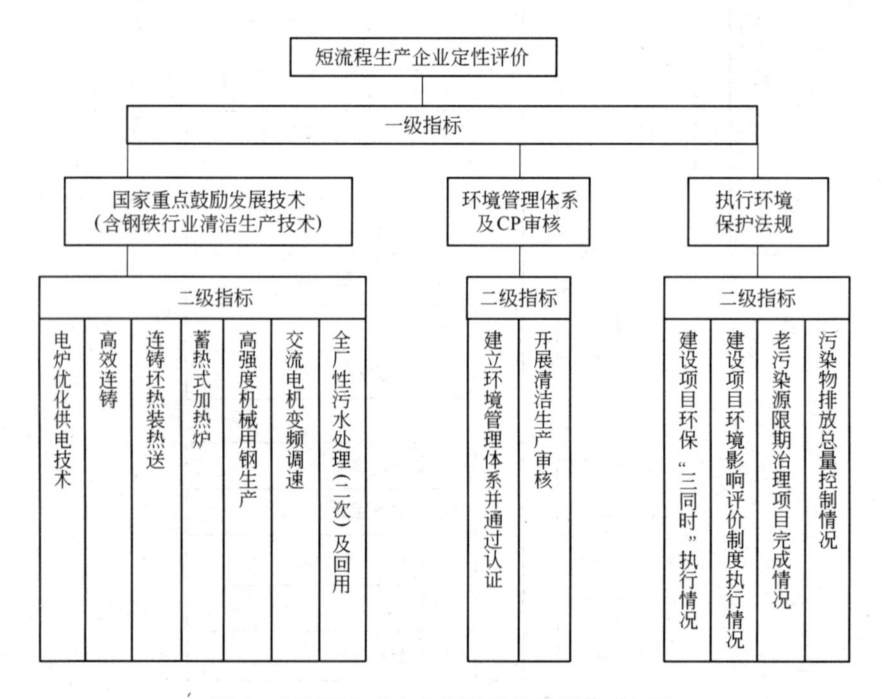

图4 短流程生产企业定性评价指标体系框架

清洁生产评价指标的权重值反映了该指标在整个清洁生产评价指标体系中所占的比重。它原则上是根据该项指标对钢铁企业清洁生产实际效益和水平的影响程度大小及其实施的难易程度来确定的。

长流程生产企业和短流程生产企业清洁生产评价指标体系的各评价指标、评价基准值和权重值见表1～表4。

表1 长流程生产企业定量评价指标项目、权重及基准值

一级指标	权重值	二 级 指 标	单位	权重值	评价基准值[1]
（1）能源指标	25	综合能耗	kgce/t 钢	4	700
		可比能耗	kgce/t 钢	6	680
		焦化工序能耗	kgce/t 焦	3	140
		烧结工序能耗	kgce/t 矿	2	60
		炼铁工序能耗	kgce/t 铁	3	446
		转炉炼钢工序能耗	kgce/t 钢	2	20
		电炉炼钢工序能耗	kgce/t 钢	2	210
		电炉冶炼电耗	kW·h/t 钢	1	370
		轧钢工序能耗	kgce/t 材	2	80
（2）资源指标	20	转炉金属料消耗	kg/t 钢	3	1090
		电炉金属料消耗	kg/t 钢	3	1050
		炼钢耐火材料消耗	kg/t 钢	1	10
		企业吨钢耗新水	m^3/t 钢	8	6
		企业工业水重复利用率	%	5	93
（3）生产技术特征指标	20	高炉入炉焦比	kg/t 铁	3	380
		高炉喷煤量	kg/t 铁	3	150
		高炉产渣量	kg/t 铁	3	320
		转炉氧气消耗	Nm^3/t 钢	2	55
		连铸比	%	4	100
		连铸机作业率	%	1	75
		钢材（最终产品）综合成材率	%	4	96
（4）综合利用指标	20	焦炉煤气利用率	%	2	100
		高炉煤气利用率	%	3	97
		转炉煤气回收量	kgce /t 钢	3	21
		余热利用量	kgce/t 钢	3	30
		含铁尘泥回收率	%	2	100
		回收含铁尘泥利用率	%	2	100
		冶炼渣利用率	%	2	100
		综合利用产品产值	元/t 钢	3	100

续表1

一级指标	权重值	二 级 指 标	单位	权重值	评价基准值[1]
（5）污染物指标	15	外排废水量	m^3/t 钢	3	3
		COD 排放量	kg/t 钢	2	0.20
		石油类排放量	kg/t 钢	3	0.005
		SO_2 排放量	kg/t 钢	4	1.0
		烟（粉）尘排放量	kg/t 钢	3	1.3

注：1 评价基准值的单位与其相应指标的单位相同。

表2 短流程生产企业定量评价指标项目、权重及基准值

一级指标	权重值	二 级 指 标	单位	权重值	评价基准值[1]
（1）能源指标	25	综合能耗	kgce/t 钢	6	530
		可比能耗	kgce/t 钢	7	500
		电炉炼钢工序能耗	kgce/t 钢	4	300
		电炉冶炼电耗	kW·h/t 钢	4	490
		轧钢工序能耗	kgce/t 材	4	175
（2）资源指标	25	电炉金属料消耗	kg/t 钢	5	1050
		电极消耗	kg/t 钢	3	1.5
		炼钢耐火材料消耗	kg/t 钢	2	14
		萤石消耗	kg/t 钢	2	3
		企业吨钢耗新水	m^3/t 钢	8	6
		企业工业水重复利用率	%	5	92
（3）生产技术特征指标	15	炉外精炼比	%	6	100
		连铸比	%	2	95
		连铸机作业率	%	1	70
		钢材（最终产品）综合成材率	%	6	92
（4）综合利用指标	15	余热利用量	kgce/t 钢	5	25
		含铁尘泥回收率	%	2	100
		回收含铁尘泥利用率	%	2	100
		冶炼渣利用率	%	3	100
		综合利用产品产值	元/ t 钢	3	20
（5）污染物指标	20	外排废水量	m^3/t 钢	5	3
		COD 排放量	kg/t 钢	3	0.2
		石油类排放量	kg/t 钢	4	0.04
		SO_2 排放量	kg/t 钢	3	0.40
		烟（粉）尘排放量	kg/t 钢	5	1.0

注：1 评价基准值的单位与其相应指标的单位相同。

表3 长流程生产企业定性评价指标项目及权重

一级指标	指标分值	二级指标	指标分值	备注
（1）执行国家重点鼓励发展技术（含冶金清洁生产技术）的符合性	50	小球团烧结	3	定性评价指标无评价基准值，其考核按对该指标的执行情况给分。 对一级指标“（1）”所属各二级指标，凡采用的按其指标分值给分，未采用的不给分。 对一级指标“（2）”所属二级指标，凡已建立环境管理体系并通过认证的给10分，只建立环境管理体系但尚未通过认证的则给5分；凡已进行清洁生产审核的给15分。 对一级指标“（3）”所属各二级指标，如能按要求执行的，则按其指标分值给分； 对建设项目环保“三同时”、建设项目环境影响评价、老污染源限期治理指标未能按要求完成的则不给分；对污染物排放总量控制要求，凡水污染物和气污染物均有超总量要求的则不给分；凡仅有水污染物或气污染物超总量要求的，则给4分。
		炼焦煤调湿	3	
		干法熄焦	6	
		转炉溅渣护炉	3	
		高效连铸	3	
		连铸坯热装热送	6	
		蓄热式加热炉	5	
		交流电机变频调速	3	
		焦炉煤气脱硫脱氰（焦化厂）	3	
		高炉煤气余压发电（TRT）	3	
		燃气蒸汽联合循环发电（CCPP）	3	
		全厂性污水处理（二次）及回用	4	
		综合利用（或消纳）社会废物	5	
（2）环境管理体系建立及清洁生产审核	25	建立环境管理体系并通过认证	10	
		开展清洁生产审核	15	
（3）贯彻执行环境保护法规的符合性	25	建设项目环保“三同时”执行情况	5	
		建设项目环境影响评价制度执行情况	5	
		老污染源限期治理项目完成情况	6	
		污染物排放总量控制情况	9	

表4 短流程生产企业定性评价指标项目及权重

一级指标	指标分值	二级指标	指标分值	备注
（1）执行国家重点鼓励发展技术（含冶金清洁生产技术）的符合性	50	电炉优化供电技术	6	定性评价指标无评价基准值，其考核按对该指标的执行情况给分，其给分办法与表3中长流程生产企业的定性评价指标体系的给分要求相同。
		高效连铸	7	
		连铸坯热装热送	9	
		蓄热式加热炉	9	
		高强度机械用钢生产	5	
		交流电机变频调速	6	
		全厂性污水处理（二次）及回用	8	

续表4

一级指标	指标分值	二 级 指 标	指标分值	备 注
（2）环境管理体系建立及清洁生产审核	25	建立环境管理体系并通过认证	10	定性评价指标无评价基准值，其考核按对该指标的执行情况给分，其给分办法与表3中长流程生产企业的定性评价指标体系的给分要求相同。
		开展清洁生产审核	15	
（3）贯彻执行环境保护法规的符合性	25	建设项目环保“三同时”执行情况	5	
		建设项目环境影响评价制度执行情况	5	
		老污染源限期治理项目完成情况	6	
		污染物排放总量控制情况	9	

清洁生产是一个相对概念，它将随着经济的发展和技术的更新而不断完善，达到新的更高、更先进水平，因此清洁生产评价指标及指标的基准值，也应视行业技术进步趋势进行不定期调整，其调整周期一般为3年，最长不应超过5年。

4　钢铁企业清洁生产评价指标的考核评分计算方法

4.1　定量评价指标的考核评分计算

企业清洁生产定量评价指标的考核评分，以企业在考核年度（一般以一个生产年度为一个考核周期，并与生产年度同步）各项二级指标实际达到的数值为基础进行计算，综合得出该企业定量评价指标的考核总分值。定量评价的二级指标从其数值情况来看，可分为两类情况：一类是该指标的数值越低（小）越符合清洁生产要求（如能耗、水耗、污染物排放量等指标）；另一类是该指标的数值越高（大）越符合清洁生产要求（如二次能源回收量及其利用率、工业水重复利用率、固体废物利用率、高炉喷煤量、连铸比、连铸机作业率、钢材〈最终产品〉综合成材率等指标）。因此，对二级指标的考核评分，根据其类别采用不同的计算模式。

4.1.1　定量评价二级指标的单项评价指数计算

对指标数值越高（大）越符合清洁生产要求的指标，其计算公式为：

$$S_i = S_{xi}/S_{oi}$$

对指标数值越低（小）越符合清洁生产要求的指标，其计算公式为：

$$S_i = S_{oi}/S_{xi}$$

式中：S_i——第 i 项评价指标的单项评价指数。如采用手工计算时，其值取小数点后两位；

S_{xi}——第 i 项评价指标的实际值（考核年度实际达到值）；

S_{oi}——第 i 项评价指标的评价基准值。

本评价指标体系各二级指标的单项评价指数的正常值一般在1.0左右，但当其实际数值远小于（或远大于）评价基准值时，计算得出的 S_i 值就会较大，计算结果就会偏离实际，对其他评价指标的单项评价指数产生较大干扰。为了消除这种不合理影响，应对此进行修正处理。修正的方法是：当 $S_i > k/m$ 时（其中 k 为该类一级指标的权重值，m 为该类一级指标中实际参与考核的二级指标的项目数），取该 S_i 值为 k/m。

4.1.2 定量评价考核总分值计算

定量评价考核总分值的计算公式为：

$$P_1 = \sum_{i=1}^{n} (S_i \cdot k_i)$$

式中：P_1——定量评价考核总分值；

n——参与定量评价考核的二级指标项目总数；

S_i——第 i 项评价指标的单项评价指数；

k_i——第 i 项评价指标的权重值。

若某项一级指标中实际参与定量评价考核的二级指标项目数少于该一级指标所含全部二级指标项目数（由于该企业没有与某二级指标相关的生产设施所造成的缺项）时，在计算中应将这类一级指标所属各二级指标的权重值均予以相应修正，修正后各相应二级指标的权重值以 K_i'表示：

$$K_i' = K_i \cdot A_j$$

式中：A_j——第 j 项一级指标中，各二级指标权重值的修正系数。$A_j = A_1/A_2$。A_1 为第 j 项一级指标的权重值；A_2 为实际参与考核的属于该一级指标的各二级指标权重值之和。

如由于企业未统计该项指标值而造成缺项，则该项考核分值为零。

4.2 定性评价指标的考核评分计算

定性评价指标的考核总分值的计算公式为：

$$P_2 = \sum_{i=1}^{n''} F_i$$

式中：P_2——定性评价二级指标考核总分值；

F_i——定性评价指标体系中第 i 项二级指标的得分值；

n''——参与考核的定性评价二级指标的项目总数。

4.3 企业清洁生产综合评价指数的考核评分计算

为了综合考核钢铁企业清洁生产的总体水平，在对该企业进行定量和定性评价考核评分的基础上，将这两类指标的考核得分按不同权重（以定量评价指标为主，以定性评价指标为辅）予以综合，得出该企业的清洁生产综合评价指数和相对综合评价指数。

4.3.1　综合评价指数（P）

综合评价指数是描述和评价被考核企业在考核年度内清洁生产总体水平的一项综合指标。国内大中型钢铁企业之间清洁生产综合评价指数之差可以反映企业之间清洁生产水平的总体差距。综合评价指数的计算公式为：

$$P = 0.7P_1 + 0.3P_2$$

式中：P——企业清洁生产的综合评价指数，其值一般在100左右；

P_1、P_2——分别为定量评价指标中各二级指标考核总分值和定性评价指标中各二级指标考核总分值。

4.3.2　相对综合评价指数（P'）

相对综合评价指数是企业考核年度的综合评价指数与企业所选对比年度的综合评价指数的比值。它反映企业清洁生产的阶段性改进程度。相对综合评价指数的计算公式为：

$$P' = P_b / P_a$$

式中：P'——企业清洁生产相对综合评价指数；

P_a、P_b——分别为企业所选定的对比年度的综合评价指数和企业考核年度的综合评价指数。

4.4　钢铁行业清洁生产企业的评定

对钢铁企业清洁生产水平的评价，是以其清洁生产综合评价指数为依据的，对达到一定综合评价指数的企业，分别评定为清洁生产先进企业或清洁生产企业。

根据目前我国钢铁行业的实际情况，不同等级的清洁生产企业的综合评价指数列于表5。

表5　钢铁行业不同等级清洁生产企业综合评价指数

清洁生产企业等级	清洁生产综合评价指数	
	长流程生产企业	短流程生产企业
清洁生产先进企业	$P \geqslant 90$	$P \geqslant 85$
清洁生产企业	$85 \leqslant P < 90$	$75 \leqslant P < 85$

按国家现行环境保护政策法规以及产业政策要求，凡参评企业被地方环保主管部门认定为主要污染物排放未“达标”（指总量未达到控制指标或污染源排放

超标）或仍继续采用要求淘汰的设备、工艺和产品进行生产的，则该企业不能被评定为“清洁生产先进企业”或“清洁生产企业”。

5 指标解释

《钢铁行业清洁生产评价指标体系》部分指标的指标解释与《中国钢铁统计》和《钢铁企业环境保护统计》中指标概念一致，其它指标解释如下：

1. 炼钢耐火材料消耗

炼钢工序（包括转炉炼钢、电炉炼钢、炉外精炼、连铸等）每生产1吨合格钢水消耗的耐火材料量。其计算公式为：

$$炼钢耐火材料消耗（kg/t\ 钢）=\frac{炼钢工序耐火材料年耗量（kg）}{合格钢水年产量（t）}$$

2. 高炉产渣量

每生产1吨生铁产生的高炉渣量。其计算公式为：

$$高炉产渣量（kg/t\ 铁）=\frac{高炉渣年产量（kg）}{生铁年产量（t）}$$

3. 转炉煤气回收量

每生产1吨合格钢水回收的转炉煤气折合标准煤量。其计算公式为：

$$转炉煤气回收量（kgce/t\ 钢）=\frac{全年回收转炉煤气折合标准煤量（kgce）}{合格钢水年产量（t）}$$

4. 余热利用量

钢铁生产各工序所有可利用余热的吨钢利用量。其计算公式为：

$$余热利用量（kgce/t\ 钢）=\frac{各工序所有可利用余热的全年实际利用量（kgce）}{合格钢水年产量（t）}$$

5. 综合利用产品产值

每生产1吨合格钢水综合利用产品的产值。其计算公式为：

$$综合利用产品产值（元/t\ 钢）=\frac{综合利用产品年产值（元）}{合格钢水年产量（t）}$$

6. 外排废水量

每生产1吨合格钢水外排的废水量。其计算公式为：

$$外排废水量（m^3/t\ 钢）=\frac{年排放废水量（m^3）}{合格钢水年产量（t）}$$

7. COD排放量

每生产1吨合格钢水外排废水中的COD量。其计算公式为：

$$COD\ 排放量（kg/t\ 钢）=\frac{年排放\ COD\ 量（kg）}{合格钢水年产量（t）}$$

8. 石油类排放量

每生产1吨合格钢水外排废水中的石油类量。其计算公式为：

$$石油类排放量（kg/t钢）=\frac{年排放石油类量（kg）}{合格钢水年产量（t）}$$

9. SO_2 排放量

每生产1吨合格钢水外排废气中的 SO_2 量。其计算公式为：

$$SO_2排放量（kg/t钢）=\frac{年排放SO_2量（kg）}{合格钢水年产量（t）}$$

10. 烟（粉）尘排放量

每生产1吨合格钢水外排的烟粉尘量。其计算公式为：

$$烟（粉）尘排放量（kg/t钢）=\frac{年排放烟尘量（kg）+年排放粉尘量（kg）}{合格钢水年产量（t）}$$

11. 萤石消耗

每生产1吨合格钢水消耗的萤石量。其计算公式为：

$$萤石消耗（kg/t钢）=\frac{萤石年耗量（kg）}{合格钢水年产量（t）}$$

12. 炉外精炼比

炉外精炼比是指经过炉外精炼（二次冶金）工艺生产的合格钢水年产量占合格钢水年总产量的比例。其计算公式为：

$$炉外精炼比（\%）=\frac{精炼合格钢水年产量（t）}{合格钢水年产量（t）}\times 100\%$$

附录2－6 《焦化行业准入条件（2008年修订）》（产业[2008年]第15号，2008.12.19）

焦化行业准入条件

（2008年修订）

总则

为促进焦化行业产业结构优化升级，规范市场竞争秩序，依据国家有关法律法规和产业政策要求，按照“总量控制、调整结构、节约能（资）源、保护环境、合理布局”的可持续发展原则，特制定本准入条件。

本准入条件适用于常规机焦炉、半焦（兰炭）焦炉和现有热回收焦炉生产企业及炼焦煤化工副产品加工生产企业。

常规机焦炉是指炭化室、燃烧室分设，炼焦煤隔绝空气间接加热干馏成焦炭，并设有煤气净化、化学产品回收利用的生产装置。装煤方式分顶装和捣固侧装。

半焦（兰炭）炭化炉是以不粘煤、弱粘煤、长焰煤等为原料，在炭化温度750℃以下进行中低温干馏，以生产半焦（兰炭）为主的生产装置。加热方式分内热式和外热式。

热回收焦炉系指焦炉炭化室微负压操作、机械化捣固、装煤、出焦、回收利用炼焦燃烧废气余热的焦炭生产装置。以生产铸造焦为主。

一、生产企业布局

新建和改扩建焦化生产企业厂址应靠近用户或炼焦煤原料基地。必须符合各省（自治区、直辖市）地区焦化行业发展规划、城市建设发展规划、土地利用规划、环境保护和污染防治规划、矿产资源规划和国家焦化行业结构调整规划要求。

在城市规划区边界外2公里（城市居民供气项目、现有钢铁生产企业厂区内配套项目除外）以内，主要河流两岸、公路干道两旁和其他严防污染的食品、药品等企业周边1公里以内，居民聚集区《焦化厂卫生防护距离标准》（GB 11661—1989）范围内，依法设立的自然保护区、风景名胜区、文化遗产保护区、世界文化自然遗产和森林公园、地质公园、湿地公园等保护地以及饮用水水源保护区内，不得建设焦化生产企业。已在上述区域内投产运营的焦化生产企业要根据该区域规划要求，在一定期限内，通过“搬迁、转产”等方式逐步退出。

二、工艺与装备

新建和改扩建焦化生产企业应满足节能、环保和资源综合利用的要求，实现合理规模经济。

1. 焦炉

常规机焦炉：新建顶装焦炉炭化室高度必须≥6.0 米、容积≥38.5m^3；新建捣固焦炉炭化室高度必须≥5.5 米、捣固煤饼体积≥35m^3，企业生产能力 100 万吨/年及以上。

半焦（兰炭）炭化炉：新建直立炭化炉单炉生产能力≥7.5 万吨/年，每组生产能力≥30 万吨/年，企业生产能力 60 万吨/年及以上。

热回收焦炉：企业生产能力 40 万吨/年及以上。应继续提升热回收炼焦技术。禁止新建热回收焦炉项目。

钢铁企业新建焦炉要同步配套建设干熄焦装置并配套建设相应除尘装置。

2. 煤气净化和化学产品回收

焦化生产企业应同步配套建设煤气净化（含脱硫、脱氰、脱氨工艺）、化学产品回收装置与煤气利用设施。

热回收焦炉应同步配套建设热能回收和烟气脱硫、除尘装置。

3. 化学产品加工与生产

新建煤焦油单套加工装置应达到处理无水煤焦油 15 万吨/年及以上；新建的粗（轻）苯精制装置应采用苯加氢等先进生产工艺，单套装置要达到 5 万吨/年及以上；已有的单套加工规模 10 万吨/年以下的煤焦油加工装置、酸洗法粗（轻）苯精制装置应逐步淘汰。

新建焦炉煤气制甲醇单套装置应达到 10 万吨/年及以上。

4. 环境保护、事故防范与安全

焦化企业应严格执行国家环境保护、节能减排、劳动安全、职业卫生、消防等相关法律法规。应同步建设煤场、粉碎、装煤、推焦、熄焦、筛运焦等抑尘、除尘设施，以及熄焦水闭路循环、废气脱硫除尘及污水处理装置，并正常运行。具体有：

（1）常规机焦炉企业应按照设计规范配套建设含酚氰生产污水二级生化处理设施、回用系统及生产污水事故储槽（池）。

（2）半焦（兰炭）生产的企业氨水循环水池、焦油分离池应建在地面以上。生产污水应配套建设污水焚烧处理或蒸氨、脱酚、脱氰生化等有效处理设施，并按照设计规范配套建设生产污水事故储槽（池），生产废水严禁外排。

（3）热回收焦炉企业应配置烟气脱硫、除尘设施和二氧化硫在线监测、监控装置。

（4）焦化生产企业应采用可靠的双回路供电；焦炉煤气事故放散应设有自动点火装置。

（5）焦化生产企业的化学产品生产装置区及储存罐区和生产污水槽池等应

做规范的防渗漏处理，油库区四周设置围堰，杜绝外溢和渗漏。

（6）规范排污口的建设，焦炉烟囱、地面除尘站排气烟囱和废水总排口安装连续自动监测和自动监控系统，并与环保部门联网。

（7）焦化生产企业应建设足够容积事故水池、消防事故水池。

三、主要产品质量

1. 焦炭

冶金焦应达到 GB/T 1996—2003 标准；

铸造焦应达到 GB/T 8729—1988 标准；

半焦（兰炭）应参照 YB/T 034—92 标准。

2. 焦炉煤气

城市民用煤气应达到 GB 13612—92 标准；

工业或其它用煤气 H_2S 含量应≤250mg/m^3。

3. 化学工业产品

硫酸铵符合 GB 535—1995 标准（一级品）；

粗焦油符合 YB/T 5075—1993 标准（半焦所产焦油应参照执行）；

粗苯符合 YB/T 5022—1993 标准；

甲醇、焦油和苯加工等及其他化工产品应达到国标或相关行业产品标准。

四、资（能）源消耗和副产品综合利用

1. 资（能）源消耗

焦化生产企业应达到《焦炭单位产品能耗》标准（GB 21342—2008）和以下指标：

项　目	常规焦炉	热回收焦炉	半焦（兰炭）炉
综合能耗（kgce/t 焦）	≤165 *1	≤165 *1	≤260 *1（内热） ≤230 *1（外热）
煤耗（干基）（t/t 焦）	1.33 *2	1.33	1.65
吨焦耗新水（m^3/t 焦）	2.5	1.2	2.5
焦炉煤气利用率（%）	≥98	—	≥98
水循环利用率（%）	≥95	≥95	≥95
炼焦煤烧损率（%）		≤1.5	

注：*1 综合能耗引用《焦炭单位产品能耗》标准（GB 21342—2008）当电力折标系数为 0.404kgce/kWh 等价值时的现值标准，如采用电力折标系数为 0.1229kgce/kWh 的当量值时，应为 155kgce/t 焦；半焦（兰炭）炉的综合能耗标准相应调整，≤250（内热）、≤220（外热）。

*2 适于装炉煤挥发分 V_d = 24% ~ 27%。若装炉煤挥发分超出此范围时，当予以折算。

热回收焦炉吨焦余热发电量：入炉煤干基挥发分为17%时，吨焦发电量≥350kWh；入炉煤干基挥发分为23%时，吨焦发电量≥430kWh。

2. 焦化副产品综合利用

焦化生产企业生产的焦炉煤气应全部回收利用，不得放散；煤焦油及苯类化学工业产品必须回收，并鼓励集中深加工。

五、环境保护

1. 污染物排放量

焦化生产企业主要污染物排放量不得突破环保部门分配给其排污总量指标。

2. 气、水污染物排放标准

焦炉无组织污染物排放执行《炼焦炉大气污染物排放标准》（GB 16171—1996），其它有组织废气执行《大气污染物综合排放标准》（GB 16297—1996），NH_3、H_2S 执行《恶臭污染物排放标准》（GB 14554—1996）。

酚氰废水处理合格后要循环使用，不得外排。外排废水应执行《污水综合排放标准》（GB 8978—1996）。排入污水处理厂的达到二级，排入环境的达到一级标准。

3. 固（液）体废弃物

备配煤、推焦、装煤、熄焦及筛焦工段除尘器回收的煤（焦）尘、焦油渣、粗苯蒸馏再生器残渣、苯精制酸焦油渣、脱硫废渣（液）以及生化剩余污泥等一切焦化生产的固（液）体废弃物，应按照相关法规要求处理和利用，不得对外排放。

六、技术进步

鼓励焦化生产企业采用煤调湿、风选调湿、捣固炼焦、配型煤炼焦、粉煤制半焦、干法熄焦、低水分熄焦、热管换热、导热油换热、焦炉烟尘治理、焦化废水深度处理回用、焦炉煤气制甲醇、焦炉煤气制合成氨、苯加氢精制、煤沥青制针状焦、焦油加氢处理、煤焦油产品深加工等先进适用技术。

七、监督与管理

1. 焦化生产企业建设项目的投资管理、土地供应、环评审批、能源评价、信贷融资等必须依据本准入条件。环境影响评价报告应由省级行业主管部门提出预审意见后，报省级及以上环境保护行政主管部门审批。

2. 焦化生产企业生产装置建成投产前，应经省级及以上焦化行业、环境保护等行政主管部门组织联合检查组，按照本准入条件中第一、二款要求进行监督检查。经检查未达到准入条件要求的，环境保护行政主管部门不颁发其排污许可证，行业主管部门应责令限期完成符合准入条件的有关建设内容。仍达不到要求的，环境保护行政主管部门依照有关法律法规要求吊销其排污许可证，水电供应部门报请同级行政主管部门批准后，将依法停止供电、供水。

3. 焦化建设项目应在投产6个月内达到本准入条件第四、五款中规定的资（能）源消耗、副产品综合利用和环境保护指标。逾期者除按正常规定缴纳相关费用外，环境保护行政主管部门要根据国家有关法律、法规的要求责令限期整改或停产。

4. 各省级焦化行业主管部门会同环境保护行政主管部门应对本地区执行焦化行业准入条件情况进行监督检查，工业和信息化部应组织国家有关部门进行不定期抽查和检查。

5. 中国炼焦行业协会要加强对国内外焦炭市场、焦化工艺技术发展等情况进行分析研究，推广焦化行业环保、节能和资源综合利用新技术；建立符合准入条件的评估体系，科学公正提出评估意见；研究建立清洁生产评价指标体系，在行业内积极推广清洁生产；协助政府有关部门做好监督和管理工作。

6. 工业和信息化部定期公告符合准入条件的焦化生产企业名单。符合准入条件的焦化生产企业可享受政府的相关扶持政策，可按有关程序规定取得焦炭产品出口资格。

7. 对不符合准入条件的新建或改扩建焦化建设项目，环境保护行政管理部门不得办理环保审批手续，金融机构不得提供信贷，电力供应部门依法停止供电。地方人民政府或相关主管部门依法决定撤销或责令关闭的企业，有关管理部门应依法撤销相关许可证件，工商行政管理部门依法责令其办理变更登记或注销登记。

附　　则

本准入条件适用于中华人民共和国境内（台湾、香港、澳门特殊地区除外）焦化行业生产企业。

本准入条件中涉及的国家和行业标准若进行了修订，则按修订后的新标准执行。

本准入条件自2009年1月1日起实施，国家发展和改革委员会2004年第76号公告《焦化行业准入条件》同时废止。

本准入条件由工业和信息化部负责解释，并根据行业发展情况和宏观调控要求进行修订。

附录2－7 《钢铁行业清洁生产技术推行方案》（工信部节［2010］104号，2010.3.14）

钢铁行业清洁生产技术推行方案

一、总体目标

到2012年，通过钢铁行业清洁生产重点技术的推广，减排粉尘300万吨、二氧化硫7.5万吨、COD 10万吨、钢渣800万吨、尾矿3000万吨，消纳废塑料和废橡胶120万吨，节水1.8亿立方米。

二、应用示范技术

序号	技术名称	适用范围	技术主要内容	解决的主要问题	技术来源	所处阶段	应用前景分析
1	氧化钒清洁生产技术	含钒原料提取氧化钒	该技术是在分析传统钠盐提钒工艺的弱点和现有废水处理技术的缺点，吸收了俄罗斯图拉石灰法技术优点的基础上，自主研发的一种钒渣生产氧化钒工艺。	通过工艺革新，从根本上解决传统氧化钒生产带来的高浓度氨氮废水问题；该技术较传统工艺收率提高3%～5%，成本降低5000元/t。	自主研发	研发阶段	该技术不仅能解决传统工艺的废水问题，而且能使提钒残渣实现循环利用，提高钒资源的利用率。可彻底解决钒产业的环保问题，提钒技术领先。
2	烧结干法脱硫灰综合利用技术	适用于钙基干法烧结脱硫系统	基于烧结机干法脱硫灰成分及特性的蒸压免烧生产工艺；基于蒸压免烧工艺的环保建筑砌块配方研究；基于干法脱硫灰特性和配方的生产线设计和开发。	烧结机干法脱硫资源化利用；消耗钢铁企业部分水渣等其它固体废弃物；部分替代粘土实心砖。	自主研发	研发阶段	解决钢铁企业现有干法烧结脱硫灰的综合利用问题；部分利用其它固体废弃物；有利于烧结干法脱硫技术应用，推进烧结脱硫实施。
3	烧结烟气循环富集技术	大中型烧结机	该技术是指将烧结总废气流中分出一部分返回烧结工艺的技术。具有大幅度减少废气排放量，并实现了废热再利用，减少CO_2排放。	大幅度减少废气量，节省对粉尘、重金属、二噁英、SO_x、NO_x、HCl和HF等末端治理的投资和运行成本。实现分段废气循环、组合废气循环或选择废气循环。	引进、消化吸收	应用阶段	预计近三年大中型烧结机推广使用，普及率达到10%以上，可以大幅减少末端处里费用15亿元，节约固体燃料消耗30万吨标准煤，减少SO_2排放7.5万吨。
4	焦炉废塑料、废橡胶利用技术	适用于钢铁联合企业	废塑料、废橡胶无害化预处理后，利用焦炉处理废塑料、废橡胶，使其在高温、全封闭和还原气氛下，转化为焦炭、焦油和煤气，实现废塑料、废橡胶资源化利用。	消化社会废塑料及废橡胶，节约炼焦煤消耗，减排CO_2。	引进、消化吸收	应用阶段	预计约有12200万吨焦炭产量可采用本技术。废塑料及废橡胶配入量为0.8%～1.2%，可利用废塑料及废橡胶约122万吨。
5	高炉喷吹废塑料技术	适用于钢铁联合企业	对回收废塑料经过颗粒加工预处理，类似高炉喷煤进行高炉喷吹。质地较硬的废塑料采取直接破碎的方法加工预处理；质地较软的废塑料采取熔融造粒的方法。	消纳社会废塑料，节约煤粉消耗，减排CO_2。	引进、消化吸收	应用阶段	喷吹1kg废塑料，相当于1.2kg煤粉；喷吹废塑料100kg/t，可降低渣量30～40kg/t；高炉每喷吹1t废塑料可减排0.28t CO_2。初步测算，一座年产800万吨～1000万吨级的钢铁厂每年可消纳处理14万吨～28万吨废塑料。

续表

序号	技术名称	适用范围	技术主要内容	解决的主要问题	技术来源	所处阶段	应用前景分析
6	氯化钛白生产技术	钛白生产	沸腾氯化生产四氯化钛技术；四氯化钛提纯技术；四氯化钛氧化工艺技术；钛白后处理工艺技术；氯化残渣无害化处理技术。	沸腾氯化生产技术替代硫酸法生产，提高钛产品品质。污染物产生和排放量约为硫酸法的15%。	引进、消化吸收	应用阶段	我国约70家钛白生产企业，仅2～3家拟建氯化法钛白生产技术，其余均为硫酸法生产技术，生产技术落后，能耗高，污染严重，产品档次低，品种少，品质不高。因此，氯化法钛白的发展在我国有广阔的前景。
7	尾矿高浓度浓缩尾矿堆存技术	矿山企业	浓缩尾矿堆存技术：尾矿深堆浓缩机浓缩、高浓度输送、尾矿干堆。	浓缩尾矿堆存技术：减少尾矿储存占地，降低基建投资，抑制尾矿扬尘；无长期蓄水，有效防止污染地下水和土壤；溃坝可能性小，安全性高；减少水分蒸发量，提高回水利用率。	引进、消化吸收	应用阶段	以年产生700万吨尾矿某矿山企业为例：浓缩尾矿堆存技术方案新增总体投资2.48亿元。尾矿吨运营费常规方案在5～10元/t，采用浓缩尾矿堆存技术方案运营费2.78元/t，减少生产成本，推广前景较好。

三、推广技术

序号	技术名称	适用范围	技术主要内容	解决的主要问题	技术来源	所处阶段	应用前景分析
8	尾矿制加气混凝土综合利用技术	矿山企业	尾矿制加气混凝土等建材产品生产技术，典型技术内容：配料、注模、切割、入釜蒸养、成品。	尾矿制加气混凝土等建材产品生产技术：减少尾矿排放，减少污染物。	引进、消化吸收	推广阶段	预计未来3年，尾矿制加气混凝土等建材产品生产技术矿山普及率达到5%～8%，年利用尾矿3000～4000万吨。
9	洁净钢生产系统优化技术	适用于炼钢企业	优化炼钢企业现有冶金流程系统，采用铁水包脱硫，转炉脱磷，复吹转炉冶炼，100%钢水精炼，中间包冶金后进入高效连铸机保护浇铸，生产优质洁净钢，提高钢材质量，降低消耗和成本。	提高钢材质量，降低消耗和成本。	引进、消化吸收	推广阶段	吨钢石灰消耗下降约20%～30%，总渣量减少20%～30%。目前普及率低于30%。预计未来三年普及率提高到40%。

续表

序号	技术名称	适用范围	技术主要内容	解决的主要问题	技术来源	所处阶段	应用前景分析
10	转炉炼钢自动控制技术	适用于转炉炼钢企业	在转炉炼钢三级自动化控制设备基础上，通过完善控制软件，开发和应用计算机通讯自动恢复程序、动态模型系数优化、转炉长寿炉龄下保持复吹、副枪或炉气分析等技术，实现转炉炼钢从吹炼条件、吹炼过程控制，直至终点前动态预测和调整，吹制设定的终点目标自动提枪的全程计算机控制。	实现转炉炼钢终点成分和温度达到双命中，做到快速出钢，提高钢水质量，提高劳动生产率，降低成本。	引进，消化吸收	推广阶段	该技术使吹炼氧耗降低4.27标准立方米/吨·秒，铝耗减少0.276千克/(吨·秒)，钢水铁损耗降低1.7千克/(吨·秒)，既减少了钢水过氧化造成的烟尘量，又节约了能源，年经济效益可达千万元以上。目前普及率低于15%。预计未来三年普及率提高到30%。
11	转底炉处理含铁尘泥生产技术	适用于大中型钢铁联合企业，经济规模为处理尘泥在20万吨以上	将含铁尘泥加上结合剂按照配比进行润磨混合，造球。经过干燥装入转底炉，利用炉内约1300℃高温还原性气氛及球团中的碳产生还原反应，将氧化铁还原为金属化铁，同时将氧化锌的大部分亦还原为锌，并回收。	转底炉主要处理钢铁厂高炉、转炉、烧结生产过程中产生的各种以氧化物为主的含铁除尘灰、尘泥等固体废弃物，同时有效回收锌资源。	引进，消化吸收	推广阶段	每生产1吨金属化铁，可减少粉尘(尘泥)排放量1.5吨。转底炉可集中处理各种尘泥，向高炉或炼钢炉提供成分均匀、稳定的产品，优化炼铁系统的操作。可回收Zn、Pb等有价金属，特别是对Zn的回收，可使尘泥中90%以上的Zn被回收。目前仅建有一套生产线。预计未来三年将新建10套以上生产线，减少粉尘排放量300万吨以上。
12	废水膜处理回用技术	适用于钢铁企业废水再生利用	钢铁企业废水膜法深度处理后再生回用。	改善废水回用水水质，提高废水再生回用率。	引进、消化吸收	推广阶段	可使钢铁企业废水回用率稳定达到75%以上，节水潜力达到约5亿m^3，减排COD约25万吨。目前普及率低于15%，预计未来三年可达50%，节水1.8亿m^3，减排COD约10万吨。
13	钢渣微粉生产技术	适用于转炉炼钢企业	钢渣微粉的生产是水泥粉磨技术与选矿技术相结合的边缘技术，其核心技术就是渣与钢的分离粉磨技术和分级磁选技术。为了实现渣与钢的分离，采用选矿生产中常用的预粉磨技术；为了实现钢渣微粉的分离，采用风力分级与磁选相组合的工艺路线。	此项技术不仅解决了钢渣中铁金属的回收利用，而且为钢渣尾渣找到了规模化、高附加值利用的最佳途径。	自主研发	推广阶段	目前国内仅少数几家企业建有生产线，还未广泛应用。预计未来三年，形成800万吨的生产能力，减少钢渣排放800万吨。

附录2－8 《工业和信息化部关于钢铁工业节能减排的指导意见》(工信部节［2010］176号，2010.4.13)

工业和信息化部关于钢铁工业节能减排的指导意见

工信部节［2010］176号

各省、自治区、直辖市及计划单列市、新疆生产建设兵团工业和信息化主管部门，中国钢铁工业协会，有关中央企业，相关单位：

为深入贯彻落实科学发展观，加快钢铁工业结构调整和产业升级，切实转变钢铁工业发展方式，促进节约、清洁和可持续发展，现就进一步加强钢铁工业节能减排工作，提出如下意见：

一、充分认识钢铁工业节能减排的重要意义

钢铁工业是国民经济的基础产业，也是我国能源资源消耗和污染排放的重点行业。2009年，全国粗钢产量突破5.6亿吨，占全球的46%，能源消耗约占全国总能耗的16.1%、工业总能耗的23%；新水消耗、废水、二氧化硫、固体废物排放量分别占工业的3%、8%、8%和16%左右。

近年来，钢铁工业节能减排不断取得进步。2008年，重点大中型钢铁企业总能耗2.43亿吨标准煤，吨钢综合能耗626.92千克标准煤，吨钢耗新水5.18立方米，同比分别下降0.2%和7.2%；吨钢二氧化硫、化学需氧量（COD）、工业烟粉尘排放分别下降到2.27千克、0.13千克、1.55千克，同比下降6.2%、18.75%和1.9%。

但是，钢铁工业节能减排仍然面临一些突出问题：

一是能源利用效率与国际先进水平相比仍有差距。同口径相比，吨钢综合能耗高于国际先进水平约15%。重点大中型企业按照工序能耗计算，48.6%的烧结工序、37.8%的炼铁工序、76%的转炉工序、38.7%的电炉工序能耗高于《粗钢生产主要工序单位产品能源消耗限额》国家强制性标准中的参考限定值（电力折标系数按当量值计算），13%的焦化工序能耗高于《焦炭单位产品能源消耗限额》国家强制性标准中的参考限定值（电力折标系数按当量值计算）。高炉、转炉煤气放散率分别达到6%和10%，余热资源回收利用率不足40%。

二是主要污染物排放控制水平有待进一步提高。重点大中型企业吨钢烟粉

尘、SO_2 排放量与国外先进钢铁企业相比尚有较大差距；通过国家及地方政府清洁生产审核的钢铁企业仅1.4%，其中重点大中型企业约30%；钢铁行业氮氧化物、CO_2、二噁英等污染物减排尚处于研究探索阶段。

三是固体废物综合利用技术水平偏低。重点大中型企业中，冶金废渣、粉煤灰和炉渣利用率分别达到94.93%、79.47%，但固体废物高附加值利用技术和水平亟待提高；尾矿综合利用率仅5.02%。

四是落后产能比重大。整个行业企业较多、产能及布局分散；还存在土法炼焦、环形小烧结机、横列式轧机等落后工艺；相当多的企业仍然使用400立方米及以下高炉、30吨及以下转炉等落后装备，淘汰落后产能工作有待进一步加强。

五是先进节能减排技术的推广应用力度不够。重点大中型企业高炉干式炉顶压差发电（TRT）、干熄焦、转炉干法除尘配备率仅30%、52%和20%；煤调湿技术仅在少数企业得到应用。依靠先进技术推进节能减排的激励机制还未完全建立，相应节能减排技术规范不完善，企业现代化管理水平还有待进一步提升。

目前，我国工业能源消耗占全社会能源消耗的70%以上，是耗费能源、资源，产生环境污染的主要产业，而钢铁工业又是工业中消耗资源能源和产生污染排放的重点行业。钢铁工业节能减排成效对实现国家“十一五”约束性目标意义重大，是实施节能减排战略的主攻方向。特别是我国仍处于工业化、城镇化加速发展阶段，经济社会发展面临着严峻的资源和环境双重约束，迫切需要加速推进钢铁等重点行业节能减排，这既是国家节能减排战略的迫切需要，也是钢铁工业调整产业结构、提升产业竞争力、走内涵式发展道路的紧迫任务。

二、指导思想、基本原则和目标

（一）指导思想

以科学发展观为指导，按照党的十七大提出的走中国特色新型工业化道路要求，认真贯彻国务院关于节能减排的工作部署，落实《钢铁产业调整和振兴规划》，以降低钢铁生产能源资源消耗和减少钢渣、二氧化硫等废物排放为目标，加强科技进步和技术创新，加大淘汰落后产能力度，加快推行清洁生产和发展循环经济，强化企业监督管理，全面提升钢铁工业节能减排水平，推动发展方式转变，努力构建资源节约型、环境友好型钢铁工业。

（二）基本原则

坚持政府引导与市场推动相结合。加强政府宏观引导，加快完善有利于节能减排的政策和市场环境。充分发挥企业的市场主体作用，严格执行节能环保法律法规，落实节能减排目标责任。

坚持控制增量与优化存量相结合。把节能减排作为项目准入的重要标准，严格执行项目审批制度，严把节能环保两个闸门，严控新增产能，加快淘汰落后产能。鼓励支持钢铁企业积极挖潜，改造落后生产工艺和装备，配套完善节能环保关键装备和设施，提升现有产能节能环保水平。

坚持自主创新与技术改造相结合。针对钢铁节能减排目标任务需求，加快培育企业原始创新、集成创新和引进消化吸收再创新能力，建设节能减排技术支撑平台，推动建立以企业为主体、产学研相结合的节能减排技术创新与成果转化体系，大力推广应用先进适用节能减排技术。以重点技术为支撑，围绕节能减排重点工程，大力支持钢铁企业开展技术改造，促进产业升级。

坚持重点突破与全面提升相结合。以企业能源管理中心建设、二次能源回收利用等重点环节和领域为突破口，加快专项工程建设，力争钢铁行业关键环节、重点企业节能环保技术和管理水平取得突破；通过加强行业指导，强化企业和行业管理，加快行业信息化技术应用，带动全行业节能减排水平的全面提升。

（三）主要目标

到2011年底，重点大中型钢铁企业吨钢综合能耗不超过620千克标准煤；吨钢耗用新水量低于5立方米，水重复利用率95%以上；吨钢烟粉尘排放量小于1.0千克，吨钢二氧化硫排放量低于1.8千克，吨钢化学需氧量排放量低于0.2千克；二次能源基本实现回收利用；钢渣综合利用率94%，铁渣综合利用率97%，尘泥综合利用率99%，尾矿综合利用率10%。钢铁工业新增2200万吨标准煤的节能能力，污染物排放浓度和排放总量双达标。

到“十二五”末，重点大中型企业基本建成资源节约型、环境友好型企业，能耗、水耗达到国际先进水平。吨钢综合能耗不超过615千克标准煤，主要生产工序能耗全部达到国家《粗钢生产主要工序单位产品能源消耗限额》和《焦炭单位产品能源消耗限额》限定值（电力折标系数按当量值计算）。全面实施综合污（废）水回收利用，钢铁联合企业废水基本实现“零”排放；氮氧化物、二噁英等污染物排放得到有效控制。冶金废渣基本实现综合利用，尾矿综合利用率较大幅度提高。大幅提升废钢资源循环利用水平，铁钢比降低5个百分点。全国钢铁行业初步形成资源节约型、环境友好型发展模式。

三、重点任务

（一）加快淘汰落后产能

严格执行国家炼钢、炼铁、铁合金、焦炭等落后产能淘汰标准（详见附件1），分解制定和严格执行淘汰落后产能年度计划，确保2011年底前实现淘汰400

立方米及以下高炉炼铁能力12540万吨，30吨及以下转炉和电炉炼钢能力2820万吨的目标。积极研究制定以节能环保强制性标准淘汰落后产能的具体措施，加快推动规模优势企业兼并重组落后产能和低水平企业，促进产能改造和技术水平提升。

（二）强化工序节能和二次能源利用

焦化工序加强焦炉改造，重点发展高压干熄焦、煤调湿；烧结工序加强烧结余热利用；炼铁工序强化高炉喷煤、高炉干式TRT；转炉工序提升煤气回收利用水平，发展干法除尘、低压饱和蒸汽发电；热轧工序积极推广应用蓄热式加热炉。钢铁企业要全流程系统优化和提升煤气、余热、余压资源回收利用。积极采取综合节电措施，推广应用变频调速、节能型变压器、高效风机水泵等设备，鼓励钢铁企业积极参与有序用电等电力需求侧管理。制定和发布焦炉煤调湿、干熄焦、烧结余热发电、高炉喷煤、高炉干式TRT、热送热装和无头轧制、全煤气高温高压锅炉、燃气蒸汽联合循环（CCPP）热电联产、饱和蒸汽余热发电、蓄热式加热炉、变频调速、无功补偿节电等12项成熟适用节能技术的推广应用方案。

（三）开展行业能效对标达标

积极督促钢铁企业对比《粗钢生产主要工序单位产品能源消耗限额》（GB 21256—2007）、《焦炭单位产品能源消耗限额》（GB 21342—2008）、《铁合金单位产品能源消耗限额》（GB 21341—2008）确定的限值（见附件2）。组织行业协会和有关技术支撑机构建立和完善行业能效对标信息平台，定期发布主要工序能耗领先水平和“领跑”企业名单，引领钢铁企业结合自身能耗现状，开展对标达标活动，不断挖掘节能减排潜力。

（四）推进冶金废渣资源化利用

重点解决冶炼废渣高附加值利用、粉煤灰及尾矿综合利用问题。探索钢渣磁选后尾渣等固体废物综合利用技术和途径，推进钢铁渣微粉加工、氧化铁皮生产粉末冶金利用；加强矿山企业尾矿综合利用，做好废弃尾矿有价组分复选回收工作，提高铁尾矿综合利用水平。在确保安全的基础上，做好闭库尾矿库、排岩场生态恢复治理。推广尾矿生产建材、干排填埋塌陷区、胶结充填采空区等尾矿综合利用技术。

（五）加强水资源循环利用

建立各工序内部、厂内、厂际、多极用水循环；与主体技术改造配合，采用不用水或少用水工艺及大型装备，做到源头用水减量化；采用高效、安全、可靠的先进水处理技术工艺，提高水循环利用率，降低吨钢耗新水量；采用先进工艺对排放的废水进行有效处理，实现废水资源化，减少水循环系统的废水排放量。重点推广干熄焦、干法除尘、干式TRT（“三干”节水技术）、焦化废水深度处理回用、清污分流、循环串级供水技术等6项节水技术。

（六）努力推进废钢循环利用

充分利用国内外两种资源，加强废钢铁供应基地建设，努力提升废钢资源循环利用水平。围绕车辆、舰船、机械、家电等机电产品报废拆解，支持建设国内现代化废钢铁回收、加工、配送基地，大力推进国内废钢铁资源分类分级高效利用。研究调整有关鼓励进口的管理政策和法规体系，支持国内大型钢铁企业开拓国外供应渠道，更好地利用境外废钢资源。

（七）全面推行清洁生产

组织编制和实施钢铁行业清洁生产推行方案，加强非高炉冶炼－炼钢、精炼－直接轧制全新流程清洁工艺技术研发和试验，推广应用烧结烟气循环富集技术、高炉喷吹废塑料技术、洁净钢生产系统优化技术、转炉炼钢自动控制技术、转底炉处理含铁尘泥生产技术、废水膜处理回用技术等典型清洁生产工艺技术。积极支持钢铁企业编制清洁生产规划，组织钢铁企业对照钢铁行业清洁生产评价指标体系开展清洁生产审核，支持钢铁企业清洁生产中高费方案的实施，到2011年重点大中型企业达到“清洁生产企业”以上水平。

（八）加快构建钢铁工业循环经济模式

继续加强循环经济试点探索，总结提升钢铁工业十家国家级循环经济试点企业发展经验。积极支持和引导重点大中型企业加快建立以钢铁企业为中心，集钢铁生产与化工、建材、能源转化等行业为一体的循环经济发展模式，实现资源相互共享、废物互为利用。重点支持富余煤气发电、冶炼废渣制水泥、氧化铁皮生产粉末冶金等循环经济重点工程。推进钢铁生态工业园区建设，支持钢铁企业建立废物消纳中心，利用钢铁生产高炉、焦炉等高温冶炼环境条件，对工业废物、废橡胶、废塑料、城市污泥等社会废物尤其是有毒有害固体废物进行消纳处理，实现区域内物质循环利用，推进钢铁企业与社会环境和谐发展。

（九）提升节能减排装备和配套设施水平

鼓励沿海钢铁企业发展有效容积3000立方米以上高炉、炭化室高度7.0米及以上焦炉、炭化室高度达到6米及以上捣固焦炉、公称容量200吨及以上转炉，生产所需铁矿石和炼焦煤立足于进口，发展海水冷却和海水淡化技术。鼓励内陆钢铁企业发展面积180平方米及以上烧结机、炭化室高度6米及以上焦炉、炭化室高度5.5m及以上捣固焦炉、有效容积1200立方米及以上高炉、公称容量100吨及以上转炉、公称容量100吨及以上电炉。加快完善配套节能环保设施建设，对钢铁企业改扩建项目必须同步配套建设节能环保设施：高炉应配套余压发电装置和煤粉喷吹装置，烧结机配套烟气脱硫和余热回收利用装置，焦炉配套干熄焦及收尘、煤气脱硫装置，焦炉、高炉、转炉配套煤气回收装置，电炉配套除尘和余热回收装置，铁合金矿热电炉配套烟尘回收处理、余热和煤气回收装置等。

（十）加快节能减排信息化建设

2011年前重点支持300万吨以上钢铁企业新建或改造能源管理中心，支持钢铁企业数字化测量仪器仪表的推广使用，积极应用电子信息技术，对能源输配和消耗情况实施动态监测、控制和优化管理，不断加强能源的平衡、调度、分析和预测，实现系统性节能降耗。支持重点地区和行业协会建设基于企业能源管理中心和节能减排管理系统的信息化监测平台，逐步建立统一的企业综合能耗及排放数据采集、传输、处理接口标准，构建钢铁行业互联互通的节能减排数据采集和信息监测平台。争取到“十二五”末，全行业基本实现能源管理信息化、数字化及自动化，显著提高企业科学用能、科学管理水平。

（十一）组织实施节能减排技术改造重点工程

重点实施能源管理中心、高温高压干熄焦、高炉干式压差发电（TRT）、炼焦煤调湿、烧结余热发电、大型热电联产、蓄热式燃烧、高炉干法除尘、转炉干法除尘等节能技术改造专项，新增2250万吨标准煤的节能量；实施干法除尘、干法熄焦等节水技术工程及综合污（废）水处理回用工程，进一步提升钢铁企业节水能力；实施烧结烟气脱硫示范工程，新增烧结烟气脱硫能力20万吨；实施冶金废渣资源化利用工程，提升资源综合利用水平（节能减排技术改造重点专项工程具体建设内容见附件3）。

（十二）强化企业节能减排管理

认真贯彻《中华人民共和国节约能源法》相关要求，建立钢铁企业能源管理负责人制度。督促钢铁企业聘任能源管理负责人，设立能源管理岗位，健全企业内部能源管理机构，加强节能管理体系和制度建设。按照《企业能源审计技术通则》等规定要求，组织钢铁企业开展能源审计，提出切实可行的节能降耗措施并加以实施。组织钢铁企业开展电力平衡测试，强化用电管理。组织开展能源管理体系试点，探索推进钢铁企业能源管理体系建设。积极推进钢铁企业明确节能环保岗位和机构的职责和目标考核要求，建立健全能源资源节约、清洁生产、减排治污等各项内部管理制度，进一步加强能源计量监测器具配备，完善节能减排奖惩制度，根据节能减排目标完成情况，把奖惩落实到车间、班组和机台。引导钢铁企业改善物流管理，开展钢铁工业物流信息系统试点，适时推广钢铁企业物流管理系统，提高物流效率，促进节能减排。

四、政策措施

（一）认真开展节能减排目标责任考核

对与国家和地方政府签订“十一五”节能责任书的钢铁企业，要加强监督指导力度，积极督促其按期完成节能目标。按照《中华人民共和国节约能源法》对重点用能企业目标责任考核的要求，树立钢铁企业节能减排的主体责任意识，制定具体管理办法，建立和实施钢铁企业节能目标责任制评价考核制度，积极开展节能目标责任评价考核。对没有完成节能目标的钢铁企业要加强问责，及时组织整改。加强节能减排、落后产能淘汰目标任务完成情况与新上改扩建钢铁项目的审批、核准相衔接。完善钢铁行业清洁生产水平评价指标，对长期稳定实现清洁生产各项指标达标的钢铁企业，予以表彰和奖励。

（二）严格执行能源资源和环保准入条件

认真贯彻落实《钢铁产业发展政策》和《产业结构调整目录》，严格执行焦化、铁合金等行业准入条件，从严控制钢铁企业盲目扩张。加快研究制订钢铁行业改扩建项目节能评估审查具体办法，严格执行钢铁行业能耗、排放强制性标准等有关要求（见附件2），从源头上把好改扩建项目能耗和污染排放关。研究完善按照节能环保标准甄别落后产能的执行机制，把钢铁行业能耗、环保及清洁生产等相关标准确定的指标（见附件2）作为落后产能界定的主要标准，定期公告淘汰落后产能企业名单，实现名单公告与资金补贴、差别政策相互衔接，进一步完善落后产能退出的资金补贴、差别政策政策机制，加大政策执行力度。

（三）加快推进实施钢铁余热余压发电上网激励政策

为切实解决钢铁企业二次能源回收利用问题，会同有关部门积极研究钢铁余热余压发电上网政策。积极推动把钢铁企业余热余压发电作为资源综合利用认定的重要内容，制订认定具体管理办法，切实推进相关税收减免等鼓励政策的落实。

（四）加大节能减排技术改造投入力度

把钢铁工业节能减排作为国家技术改造的重点予以支持，加大中央财政技术改造资金、国家节能减排资金对节能减排重点专项工程的支持力度，优先支持符合国家产业政策的钢铁企业加强节能减排技术改造。

（五）加强“两型”示范企业创建

选择一批具备条件、有代表性的钢铁企业，积极开展资源节约型、环境友好型企业创建试点工作，争取在较短时间内建设一批“两型”企业示范典型。加强资源环境、循环经济基础研究，建立体现资源节约型、环境友好型钢铁工业资源环境统计指标体系和评价标准。及时总结先进典型经验，加强经验交流和推广。研究制定鼓励资源节约环境友好型企业发展的具体政策，推进全行业向资源节约型、环境友好型发展模式转变。

（六）实施合同能源管理等节能新机制

选择认定一批在全国有影响力、具有钢铁行业节能成功业绩经验的专业性节能服务公司，支持其通过合同能源管理方式为钢铁企业开展节能技术改造服务。加强对节能服务公司的资金和政策扶持，引导金融信贷机构加强信贷支持。探索实施钢铁企业节能减排自愿协议，对开展清洁生产审核、实施节能减排自愿协议的钢铁企业，研究制定优先支持技术改造项目等具体激励措施。

（七）强化节能减排监管

加快制定《能源管理系统技术规范》、《干熄焦节能技术规范》、《烧结系统余热利用技术规范》、《电炉钢冶炼电耗限额》和《钢铁行业蓄热式燃烧技术规范》以及轧钢、金属制品等产品能耗限额国家强制性标准，完善相关标准规范的制定工作。组织各地节能监察中心加强对各地区钢铁企业节能减排标准执行情况的监督检查，适时开展钢铁企业能效强制性标准、能源计量器具配备、能源计量数据及使用、特种设备等专项检查。逐步实施钢铁企业污染排放在线监控，及时掌握钢铁企业能源利用和污染物排放情况。根据对钢铁企业能源审计、环境监测结果，对现有工序能耗指标和污染物排放指标达不到国家钢铁生产主要工序单位产品能源消耗限额限定值要求以及国家《钢铁工业大气污染物排放标准》（烧结、球团、炼铁、炼钢、轧钢）、《钢铁工业水污染物排放标准》新标准要求的，适时向媒体公布。

（八）加强组织领导

各地工业和信息化主管部门、有关中央企业要加强钢铁行业节能减排工作的组织领导，结合本地区、本企业实际，按照《钢铁产业调整和振兴规划》和本意见要求，抓紧制订具体落实方案，切实抓好淘汰落后产能、项目能评、重点技术推广、技术改造等具体工作，确保钢铁行业节能减排取得实效。行业协会要积极协助开展企业能效对标达标活动，推广先进典型技术、经验和做法，加强行业节能减排的统计监测和技术指导。对推进钢铁工业节能减排工作过程中出现的新情况、新问题，应认真加以研究，制定解决措施，并及时报送工业和信息化部。

附件：1. 钢铁行业各工序落后工艺、产品和装备汇总表

2. 钢铁行业能耗、环保指标要求

3. 钢铁行业节能减排重点专项工程汇总表

二〇一〇年四月十三日

附件1

钢铁行业各工序落后工艺、产品和装备汇总表

序号	生产工序	2011年淘汰目标	政策依据
1	冶金矿山	整顿或淘汰无尾矿设施、无有资质设计单位正规设计、无开采矿山复垦设计的矿山	《中华人民共和国矿产资源法》、《矿产资源监督管理暂行办法》、《固体矿产地质勘查规范总则》、《钢铁产业发展政策》
2	焦化	淘汰土法炼焦（含改良焦炉）、炭化室高度小于4.3m顶装焦炉；淘汰5万吨/年及以下单套煤焦油加工装置；2.5万吨/年及以下单套粗（轻）苯精制装置	《焦化行业准入标准（2008年修订）》、《产业结构调整指导目录（2007年）》
3	烧结球团	淘汰$50m^2$以下烧结机	建议产业政策修订增加的内容
4	炼铁	淘汰$400m^3$及以下高炉；淘汰$200m^3$及以下铸铁高炉和$100m^3$及以下铁合金高炉	《钢铁产业调整和振兴规划》、《产业结构调整指导目录（2007年）》、建议产业政策修订增加的内容
5	炼钢	淘汰生产地条钢、钢锭或连铸坯的工频和中频感应炉；淘汰化铁炼钢；淘汰30吨及以下转炉（不含铁合金转炉）和30吨及以下电炉（不含机械铸造和生产高合金钢电炉）	《钢铁产业调整和振兴规划》、《产业结构调整指导目录（2007年）》、建议产业政策修订增加的内容
6	铁合金	根据《关于推进铁合金行业加快结构调整的通知》（发改产业［2006］567号）以及《铁合金行业准入条件（2008年修订）》要求，结合各地实际情况从严从紧、加快淘汰落后产能	《关于推进铁合金行业加快结构调整的通知》、《铁合金行业准入条件（2008年修订）》
7	轧钢	淘汰横列式中小型轧机、复二重线材轧机、热轧窄带钢轧机、落后的无缝管轧机（穿孔－冷拔工艺）、叠轧薄板轧机及三辊劳特式中厚板轧机 淘汰热轧电工钢产品	《钢铁产业发展政策》、《钢铁产业调整和振兴规划》
8	冶金石灰	淘汰土立窑工艺设备	《钢铁工业节能设计规范》、《产业结构调整指导目录》

附件2

钢铁行业能耗、环保指标要求

序号	工序	能耗			环保			
		《粗钢生产主要工序单位产品能源消耗限额》GB 21256—2007 《焦炭单位产品能源消耗限额》GB 21342—2008 《铁合金单位产品能源消耗限额》GB 21341—2008			钢铁工业大气污染物排放标准 烧结(球团)、炼铁、炼钢、轧钢、铁合金 (国家最新标准)		钢铁工业水污染物排放标准 (国家最新标准)	
		现有	新建(2008年开始)		现有	新建	现有	新建
		限额值	准入值	先进值				
1	焦炉	155	125/130	115	指在本标准实施之日前建成投产或环境影响评价文件已通过审批的钢铁企业或生产设施。	指在本标准实施之日起环境影响评价文件已通过审批的新建、改建、扩建钢铁企业或生产设施。	指在本标准实施之日前建成投产或环境影响评价文件已通过审批的钢铁企业或生产设施。	指在本标准实施之日起环境影响评价文件已通过审批的新建、改建、扩建钢铁企业或生产设施。
2	烧结	≤56	≤51	47				
3	高炉	≤446	≤417	380				
4	转炉	≤0	≤-8	-20				
5	电炉 普钢	≤92	≤90	88				
6	电炉 特钢	≤171	≤159	154				
7	轧钢	—	—	—				

注:1. 表中能耗数据的电力折标系数0.1229kgce/kW·h;单位产品能耗指标为kgce/t。

2. 表中铁合金单位产品能耗按照GB 21341—2008执行。新建焦炉“/”下面数据为捣固焦炉。烧结工序能耗不包括脱硫能耗。

3. 能耗指标企业现有工序必须达到限额值,新建设施必须达到准入或先进值。

4. 表中环保指标均为企业在现有污染物排放总量控制条件下的排放浓度要求。表中《钢铁工业大气污染物排放标准》、《钢铁工业水污染物排放标准》按国家环保部即将颁布新标准执行。在新标准未颁布实施之前可参考原有标准。环保指标的单位按标准要求执行。

5. 环保指标以国家最新标准为依据,企业应按国家最新标准要求进行监测和整改;整改后监测数据应由当地环保及相关工业部门主管部门认可,否则按落后产能处理。

附件 3

钢铁行业节能减排重点专项工程汇总表

序号	名　称	目　标	主 要 内 容	实 施 效 果	建设年限
1	高温高压干熄焦工程	建设干熄焦装置 75 套（含在建），采用干熄焦焦炭产量约 7950 万吨。	干熄焦装置、干熄焦锅炉、汽轮发电机组、除尘系统和公辅配套设施等。	可节约熄焦用水 3180 ~ 3975 万立方米，预期可形成 318 万吨标准煤的节能能力。	2010 ~ 2013 年
2	焦炉烟道气煤调湿工程	建设烟道气煤调湿装置 69 套，采用煤调湿焦炭产量约 8300 万吨。	煤调湿装置、煤料输送系统、除尘设施和配套设施等。	可减排蒸氨废水 373 万 m^3，预期可形成 75 万吨标准煤的节能能力。	2010 ~ 2014 年
3	烧结余热发电工程	在大中型钢铁企业中，实施一批烧结饱和蒸汽余热发电技术项目，使钢铁行业的比例由 4% 提高到 20%。	改造原有余热回收系统、新建汽轮机发电机组及其附属系统、循环冷却水系统、电气系统、热控系统及配套外部管道等。	预期形成 157.5 万吨标准煤的节能能力。	2010 ~ 2012 年
4	高炉压差发电（干式 TRT）工程	重点大中型钢铁企业 1000m^3 以上高炉干式 TRT 配置率由 58% 提高到 100%。	1000m^3 以上高炉干式 TRT 余压发电配置透平膨胀机和无刷励磁发电机，大型阀门、高低压发配电和仪表自控系统等。	预期形成 50 万吨标准煤的节能能力。	2010 ~ 2014 年
5	大型热电联产工程	在大中型钢铁企业中推广 CCPP 和全燃煤气高温高压发电技术，促进钢铁企业能源利用效率提高。	利用企业富余煤气，建设全燃煤气高温高压发电机组；500 万吨以上企业应利用富余煤气建设 CCPP 联合循环发电机组。	预期形成 800 万吨标准煤的节能能力。	2009 ~ 2011 年
6	蓄热式燃烧工程	力争 2012 年我国重点大中型钢铁企业蓄热式燃烧技术推广率达到 70% 以上。	重点提高热连轧机和中厚板轧机加热炉的蓄热式燃烧技术应用比例，分别达到 50% 和 70%；支持连续棒材轧机和高速线材轧机全面采用该技术。	预期形成 100 万吨标准煤的节能能力。	2010 ~ 2012 年

续表

序号	名称	目标	主要内容	实施效果	建设年限
7	能源管理中心建设工程	在大中型钢铁企业建设和改造一批钢铁企业能源管理中心系统，促进钢铁企业节能减排工作的深入开展。	在300万吨以上钢铁企业推广企业能源管理中心建设。	预期形成600万吨标准煤的节能能力。	2009～2011年
8	高炉干法除尘工程	在大中型钢铁企业中改造一批$1000m^3$以上高炉的湿法除尘系统，减少水资源消耗，为提高TRT发电率创造条件。	在200万吨以上钢铁企业推广$1000m^3$以上高炉干法除尘技术。	预期形成100万吨标准煤的节能能力。	2010～2012年
9	转炉干法除尘及配套工程	在大中型钢铁企业中改造一批100t以上转炉的湿法除尘系统，减少水资源和工艺用电消耗。	100t以上转炉LT干式除尘配冷凝蒸发器、高压电除尘器、防爆阀、高低压配电和自控仪表系统等。	预期形成50万吨标准煤的节能能力。	2010～2012年
10	综合污（废）水处理回用工程	2011年前，50%的钢铁联合企业建成投运综合污（废）水处理厂。	支持钢铁企业综合污（废）水回用工程建设，重点支持深度处理设施建设。工程主要内容包括企业外排废水集中收集、预处理和深度处理设施。	外排综合污（废）水经物化处理达到生产新水水质标准后回用。年可节水约6亿立方米。	2009～2011年
11	烧结烟气脱硫工程	2011年前完成重点企业20万吨（其中中央企业10万吨）烧结烟气脱硫能力建设。	烧结机建烟气脱硫装置，新增烧结机脱硫面积$15800m^2$，其中中央企业新增烧结机脱硫面积$7700m^2$。	2011年钢铁烧结烟气排放二氧化硫不超过64.5万吨，重点大中型企业吨钢二氧化硫排放量小于1.8kg。	2009～2011年
12	废弃物资源化利用工程	钢渣利用率94% 高炉渣利用率97% 尾矿综合利用率10% 含铁尘泥利用率99%	钢铁渣处理加工综合利用，钢铁厂尘泥、氧化铁皮处理加工综合利用，钢铁厂吸纳社会废弃物处理加工综合利用，尾矿综合利用。	实现钢铁厂废弃物“零”排放，废弃物作为再生资源，回用到钢铁厂生产工序中或为社会其他行业提供再生原料，节约资源、改善环境、节约土地、降低企业生产成本。	2009～2011年

附录2－9 《钢铁工业“十二五”发展规划》(工信部联规［2012］29号，2012.1.18)

前　言

钢铁工业是国民经济的重要基础产业，包括采矿、选矿、烧结（球团）、焦化、炼铁、炼钢、轧钢、金属制品及辅料等生产工序。经过改革开放以来特别是近十年的发展，市场配置资源的作用不断加强，各种所有制形式的钢铁企业协同发展，产品结构、组织结构、技术装备不断优化，有效支撑了国民经济平稳较快发展。

“十二五”时期是深入推进科学发展、加快转变发展方式的攻坚阶段。钢铁工业“十二五”发展规划，根据《国民经济和社会发展第十二个五年规划纲要》和《工业转型升级规划（2011～2015年）》编制，主要阐明钢铁行业发展战略和目标，明确发展重点，引导市场优化配置资源，对钢铁工业转型升级进行部署，作为“十二五”期间我国钢铁工业发展的指导性文件。

一、发展现状

“十一五”时期是我国钢铁工业发展速度最快、节能减排成效显著的五年，钢铁工业有效满足了经济社会发展需要。但与此同时，行业发展的资源、环境等制约因素逐步增大，结构性矛盾依然突出。

（一）“十一五”主要成就

1. 支撑了国民经济平稳较快发展。“十一五”时期，我国粗钢产量由3.5亿吨增加到6.3亿吨，年均增长12.2%。钢材国内市场占有率由92%提高到97%。2010年，钢铁工业实现工业总产值7万亿元，占全国工业总产值的10%；资产总计6.2万亿元，占全国规模以上工业企业资产总值的10.4%，为建筑、机械、汽车、家电、造船等行业以及国民经济的快速发展提供了重要的原材料保障。

2. 品种质量明显改善。“十一五”时期，我国钢铁产品结构进一步优化，钢材品种齐全，产品质量不断提高，大部分品种自给率达到100%。关键钢材品种开发取得长足进步，高强建筑用钢板、抗震建筑用高强螺纹钢筋、航天器用合金材料、高性能管线钢、大型水电站用钢、高磁感取向硅钢、高速铁路用钢轨等高性能钢铁材料有力支撑了相关领域的发展，保障了北京奥运会场馆、上海世博会场馆、灾后重建、载人航天、探月工程等国家重大工程建设以及西气东输、三峡工程、京沪高铁等国家重点项目的顺利实施。

3. 技术装备水平大幅度提高。“十一五”时期，重点统计钢铁企业1000立方米及以上高炉生产能力所占比例由48.3%提高到60.9%，100吨及以上炼钢转炉生产能力所占比例由44.9%提高到56.7%，大部分企业已配备铁水预处理、钢水二次精炼设施，精炼比达到70%。轧钢系统基本实现全连轧，长期短缺的热连轧、冷连轧宽带钢轧机分别由26套和16套增加到72套和50套。宝钢、鞍钢、武钢、首钢京唐、马钢、太钢、沙钢、兴澄特钢、东特大连基地等大型钢铁企业技术装备达到国际先进水平。

4. 节能减排成效显著。“十一五”期间，共淘汰落后炼铁产能12272万吨、炼钢产能7224万吨，高炉炉顶压差发电、煤气回收利用及蓄热式燃烧等节能减排技术得到广泛应用，部分大型企业建立了能源管理中心，促进了钢铁工业节能减排。2010年，重点统计钢铁企业各项节能减排指标全面改善，吨钢综合能耗降至605千克标煤、耗新水量4.1立方米、二氧化硫排放量1.63千克，与2005年相比分别下降12.8%、52.3%和42.4%。固体废弃物综合利用率由90%提高到94%。

5. 联合重组步伐加快。跨地区重组不断推进，宝钢重组新疆八一钢铁、韶钢和宁波钢铁，武钢重组鄂钢、柳钢和昆钢股份，鞍钢联合重组攀钢，首钢重组水钢、长治钢铁、贵阳钢铁和通化钢铁，沙钢重组河南永钢，华菱钢铁重组无锡钢厂等基本完成。区域联合重组取得新进展，相继组建了河北钢铁集团、山东钢铁集团、渤海钢铁集团、新武安钢铁集团，河北钢铁集团还探索以渐进式股权融合方式重组了区域内12家钢铁企业。

6. 布局优化取得进展。建成了曹妃甸、鲅鱼圈、宁波等现代化沿海钢铁基地，宝钢、武钢、沙钢、马钢等沿江钢厂的影响力进一步增强。宝钢湛江和武钢防城港沿海钢铁精品基地已完成前期筹备，首钢、重钢、大连钢厂等城市钢厂搬迁工程基本完成。以国内资源为主导的钢铁工业布局逐步向国际、国内资源并举和贴近市场的战略布局转变。

7. 两化融合水平不断提升。钢铁行业工业化和信息化相互促进，融合程度不断加深。钢铁企业在工艺装备、流程优化、企业管理、市场营销和节能减排等方面的信息化水平大幅提升，并加速向集成应用转变。基础自动化在全行业普及应用，重点统计钢铁企业已全面实施生产制造执行系统，主要钢铁企业实现了企业管理信息化，逐步形成了多层次、多角度的信息化整体解决方案。

8. 铁矿资源勘探开采迈出新步伐。“十一五”期间，我国新增查明铁矿石资源储量151亿吨，平均每年增加30.2亿吨，国内铁矿石年产量从4.2亿吨增加到10.7亿吨，年均增长20.6%，增强了我国钢铁工业发展的资源基础。

（二）面临的主要问题

1. 品种质量亟待升级。我国钢材产品实物质量整体水平仍然不高，只有约30%可以达到国际先进水平。量大面广的热轧螺纹钢筋等品种升级换代缓慢，规范和标准不能适应减量化用钢的要求。产品质量不稳定，下游行业尚不能高效科学使用钢材。少数关键品种钢材仍依赖进口，高强度、耐腐蚀、长寿命、减量化等高性能产品研发和生产技术水平有待进一步提高。钢铁行业尚未形成为下游产业提供完整材料解决方案的服务体系。

2. 布局调整进展缓慢。钢铁工业“北重南轻”的布局长期未能改善，东南沿海经济发展迅速，钢材需求量大，长期供给不足。环渤海地区钢铁产能近4亿吨，50%以上产品外销。部分地区钢铁工业布局不符合全国主体功能区规划和制造业转移的要求。16个直辖市和省会城市建有大型钢铁企业，已越来越不适应城市的总体发展要求。

3. 能源、环境、原料约束增强。重点统计钢铁企业烧结、炼铁、炼钢等工序能耗与国际先进水平相比还有一定差距，二次能源回收利用效率有待进一步提高，企业节能减排管理有待完善，成熟的节能减排技术有待进一步系统优化。高炉、转炉煤气干法除尘普及率较低。烧结脱硫尚未普及，绿色低碳工艺技术开发还处于起步阶段，二氧化硫、二氧化碳减排任务艰巨。铁矿石价格大幅上涨极大地挤压了钢铁行业的盈利空间，严重制约了钢铁行业的健康发展。

4. 自主创新能力不强。重点统计钢铁企业研发投入只占主营业务收入的1.1%，远低于发达国家3%的水平。多数钢铁企业技术创新体系尚未完全形成，自主创新基础薄弱，缺乏高水平专家带头人才，工艺技术装备和关键品种自主创新成果不多。轧钢过程控制自动化技术和部分关键装备仍然主要依靠引进，非高炉炼铁、近终形连铸轧等前沿技术研发投入不足。

二、市场消费预测

"十二五"期间，我国发展仍处于可以大有作为的重要战略机遇期，钢铁工业将步入转变发展方式的关键阶段，既面临结构调整、转型升级的发展机遇，又面临资源价格高涨，需求增速趋缓、环境压力增大的严峻挑战，产品同质化竞争加剧，行业总体上将呈现低增速、低盈利的运行态势。

（一）发展环境

从国际环境看，世界经济复苏与增长有利于拉动全球钢铁工业发展，发展中国家特别是新兴经济体国家经济持续快速增长为钢铁工业提供了新的市场空间，同时也将加剧各国钢铁企业间的竞争。经济全球化深入发展将有利于我国钢铁企业广泛参与国际合作与竞争。同时，国际金融危机影响深远，国际钢铁市场各种形式的贸易保护主义抬头，围绕市场、资源、标准等方面的竞争更加激烈。全球铁矿石等原燃料供应及价格波动将对我国钢铁工业运行继续产生重大影响。应对气候变化和环境保护等因素对钢铁工业发展提出了更高的要求。我国钢铁工业发展的国际环境更趋复杂。

国内环境方面，我国在"十二五"期间将以内需拉动为主，经济发展仍将保持平稳较快势头，但国内生产总值增长速度比"十一五"期间将有所降低，固定资产投资增速将减缓，消费及第三产业对经济增长的拉动作用将逐渐增强。我国经济发展对钢铁消费需求还将继续增长，但增速减缓。转变经济发展方式将降低单位国内生产总值钢铁消费强度，新型材料将取代一部分钢铁产品，下游行业转型升级和战略性新兴产业发展将对钢材品种质量提出更高和更新的要求，钢铁工业与其他产业之间的融合发展将进一步加强。资源环境约束趋紧，节能减排将继续抑制钢铁产能释放。受进口大宗原燃料价格不断提高和其他要素成本上升的影响，钢铁生产成本压力继续增大，经营风险进一步增加。

（二）2015年粗钢消费量预测

钢材消费量主要受经济总量和经济结构、发展阶段、固定资产投资规模等因素影响。"十二五"时期，工业化、城镇化不断深入，保障性安居工程、水利设施、交通设施等大规模建设将拉动钢材消费。同时，我国将加快转变发展方式，推动工业转型升级，培育发展战略性新兴产业，钢材“减量化”和材料替代等因素将对钢材消费量和消费结构产生重大影响。综合考虑以上因素，规划采用以下三种方法对2015年国内粗钢消费量进行了预测：

行业消费调研法。调查分析建筑、机械、汽车、交通、矿山、石油化工等13个主要下游行业的“十二五”用钢需求，预测2015年消费量为7.5亿吨左右。

地区消费平衡法。根据各省市公布的“十二五”国内生产总值发展目标，结合各地区现有钢材消费水平和发展趋势，预测2015年消费量为8.2亿吨。

消费系数和回归分析法。根据《国民经济和社会发展第十二个五年规划纲要》提出的目标，设定了“十二五”期间国民经济快速、较快和适度等三种不同发展情景，综合采用国内生产总值钢材消费系数法、固定资产投资钢材消费系数法和回归分析法，预测2015年消费量分别为8.1亿吨、7.5亿吨和7.1亿吨。

综合预测，2015年国内粗钢导向性消费量约为7.5亿吨。

（三）中远期粗钢消费量预测

参考美、德、日等国钢铁工业发展规律，考虑我国地域广阔，各地区经济发展不平衡，对钢材消费总量和持续时间都将产生较大影响。综合各种因素，采用国内生产总值消费系数法和人均粗钢法，预测我国粗钢需求量可能在“十二五”期间进入峰值弧顶区，最高峰可能出现在2015年至2020年期间，峰值约7.7～8.2亿吨，此后峰值弧顶区仍将持续一个时期。随着工业化、城镇化不断深入发展，以及经济发展方式转变和产业升级，城乡基础设施投资规模增速放缓，我国钢铁需求增速将呈逐年下降趋势，进入平稳发展期。

（四）关键钢材品种需求预测

根据各行业用钢需求，预测了2015年关键钢材品种消费量。

专栏1　2015年关键钢材品种消费预测

序　号	品　　种	2010年（万吨）	2015年（万吨）
1	铁路用重轨	400	380
2	铁路车轮、车轴钢	54	60
3	高强钢筋	5650	11200
4	轴承钢	370	500
5	齿轮钢	207	250
6	合金弹簧钢	260	450

续专栏 1

序　号	品　　种	2010年（万吨）	2015年（万吨）
7	合金模具钢	30	50
8	造船板	1300	1600
9	高压容器用钢板	100	160
10	汽车用冷轧及镀锌薄板	835	1400
11	油井管	380	470
12	电站用高压锅炉管	48	70
13	硅钢片	572	650
14	不锈钢	940	1600

三、指导思想、基本原则和主要目标

（一）指导思想

以邓小平理论和“三个代表”重要思想为指导，深入贯彻落实科学发展观，坚持走中国特色新型工业化道路，满足下游行业转型升级和战略性新兴产业发展的要求，以钢铁工业结构调整、转型升级为主攻方向，以自主创新和技术改造为支撑，提高质量，扩大高性能钢材品种，实现减量化用钢，推进节能降耗，优化区域布局，引导兼并重组，强化资源保障，提高资本开放程度和国际化经营能力，加快实现由注重规模扩张发展向注重品种质量效益转变。

（二）基本原则

坚持结构调整。把扩大品种、提高质量、增进服务和推进钢材减量化以及加快节能减排、淘汰落后、优化布局作为结构调整的重点，严格控制产能扩张，加快发展钢铁新材料和生产性服务业，继续推进兼并重组，进一步提高产业集中度。

坚持绿色发展。积极开发、推广使用高效能钢材，推进两化深度融合，加快资源节约型、环境友好型的钢铁企业建设，大力发展清洁生产和循环经济，积极研发和推广使用节能减排和低碳技术，加强废弃物的资源化综合利用。

坚持自主创新。把自主创新作为钢铁工业可持续发展的重要支撑，强化钢铁企业技术创新主体地位，加快原始创新、集成创新和引进消化吸收再创新，完善技术创新体系，培育自主知识产权核心技术和品牌产品。

坚持区域协调。落实国家区域发展总体战略和主体功能区战略，根据资源能源条件、市场需求、环境容量、产业基础和物流配套能力，统筹沿海沿边与内陆、上下游产业及区域经济发展，优化产业布局，满足各地区经济社会发展需求。

强化资源保障。把提高资源保障能力提升到行业发展安全的战略高度。充分利用国内外两种资源两个市场，加大境外矿产资源合作开发，整合国内铁矿资源开发，规范国内铁矿石市场秩序，建立健全铁矿石资源战略保障体系。

（三）主要目标

“十二五”末，钢铁工业结构调整取得明显进展，基本形成比较合理的生产力布局，资源保障程度显著提高，钢铁总量和品种质量基本满足国民经济发展需求，重点统计钢铁企业节能环保达到国际先进水平，部分企业具备较强的国际市场竞争力和影响力，初步实现钢铁工业由大到强的转变。

1. 品种质量。产品质量明显提高，稳定性增强，满足重点领域和重大工程需求，支撑下游行业转型升级和战略性新兴产业发展。进口量较大的高强高韧汽车用钢、硅钢片等品种实现规模化生产，国内市场占有率达到90%以上；船用耐蚀钢、低温压力容器板、高速铁路车轮及车轴钢、高压锅炉管等高端品种自给率达80%。400兆帕及以上高强度螺纹钢筋比例超过80%。

2. 节能减排。淘汰400立方米及以下高炉（不含铸造铁）、30吨及以下转炉和电炉。重点统计钢铁企业焦炉干熄焦率达到95%以上。单位工业增加值能耗和二氧化碳排放分别下降18%，重点统计钢铁企业平均吨钢综合能耗低于580千克标准煤，吨钢耗新水量低于4.0立方米，吨钢二氧化硫排放下降39%，吨钢化学需氧量下降7%，固体废弃物综合利用率97%以上。

3. 产业布局。产能过剩地区的盲目扩张得到抑制，建成湛江、防城港钢铁精品基地，从根本上解决“北钢南运”问题。

4. 资源保障。基本建立利益共享的铁矿石、煤炭等钢铁工业原燃料保障体系，新增境外铁矿石产能1亿吨以上。

5. 技术创新。重点统计钢铁企业建立起完善的技术创新体系，研发投入占主营业务收入达到1.5%以上。绿色低碳冶炼和资源综合利用等自主创新工艺技术取得进展，高效生产和节能减排等共性关键技术得到广泛应用。

6. 产业集中度。大幅度减少钢铁企业数量，国内排名前10位的钢铁企业集团钢产量占全国总量的比例由48.6%提高到60%左右。

专栏2 “十二五”时期钢铁工业发展主要指标

序号	指　　标	2005年	2010年	2015年	“十二五”时期累计增长（%）
1	行业前十家产业集中度提高（%）	34.7	48.6	60	11.4*

续专栏2

序号	指　　标	2005年	2010年	2015年	“十二五”时期累计增长（%）
2	单位工业增加值能耗降低（%）				18
3	单位工业增加值二氧化碳排放降低（%）				18
4	企业平均吨钢综合能耗降低（千克标煤）	694	605	≤580	≥4
5	吨钢耗新水量降低（立方米）	8.6	4.1	≤4.0	≥2.4
6	吨钢二氧化硫排放量降低（千克）	2.83	1.63	≤1	≥39
7	吨钢化学需氧量降低（千克）	0.25	0.07	0.065	7
8	固体废弃物综合利用率提高（%）	90	94	≥97	≥3*
9	研究与实验发展经费占主营业务收入比重（%）	0.9	1.1	≥1.5	≥0.5*

注：*为2015年比2010年增加或减少的百分点。

四、重点领域和任务

（一）加快产品升级

全面推进钢材品种、质量和标准的提升。为适应国家产业转型升级需要，钢铁企业要将产品升级放在首位，将提高量大面广的钢材产品质量、档次和稳定性作为产品结构调整的重中之重，全面提高钢铁产品性能和实物质量，加快标准升级，有效降低生产成本。进一步提高铁水预处理、炉外精炼比例，注重铁合金等辅料对产品质量的影响，以洁净钢平台建设为重点，理顺工艺流程，推广使用新一代控轧控冷等工艺技术。从生产和使用两方面开展工作，加强钢铁产品标准与下游建设、制造标准规范的衔接，建立健全产品质量检测体系，进一步提升建筑、机械、轻工、造船等行业用钢材的产品质量，增强质量稳定性。

加大高强钢筋的推广应用。支持钢铁企业围绕高强度螺纹钢筋生产和品种开发实施技术改造，提高产品质量，保障供应能力，完善高强度螺纹钢筋生产及市场配送体系。修订钢筋混凝土用钢标准，研究开发高强度螺纹钢筋连接技术，满足高强度螺纹钢筋生产要求。结合国家城乡基础设施建设重大工程、保障性安居工程和重点水利工程建设项目，在抓好江苏、河北、云南等地应用高强度螺纹钢筋试点工作基础上，在全国大中城市全面推广使用400兆帕、500兆帕高强度螺纹钢筋，促进建筑钢材升级换代和减量应用。

发展关键钢材品种。鼓励有实力的钢铁企业开发高端钢材品种，同时防止产品高档次同质化发展，避免投资浪费和高端产品的无序竞争。

专栏3　下游行业主要用钢材产品升级方向

01	建筑业 适应减量化用钢趋势，升级热轧螺纹钢标准，重点发展400兆帕及以上高强度螺纹钢筋、抗震钢筋、高强度线材（硬线）；在钢结构建筑领域重点推广高强度、抗震、耐火耐候钢板和H型钢的应用。
02	机械行业 重点发展高强度、低合金中厚板和高强度棒材，提高钢材产品质量稳定性。
03	造船业 重点发展油船用高品质耐蚀船板、大型液化天然气（LNG）运输船用低温压力容器板和高强度船板。
04	汽车业 重点发展700兆帕及以上高强度汽车大梁板，780～1500兆帕高强度汽车板，高强、超高强帘线钢等产品。提高产品表面质量和质量稳定性。
05	家电业 重点发展高强度、薄规格家电钢板，提高板材表面质量、平整度，推广使用钝化或耐指纹膜处理的镀铝锌钢板、热镀锌无铬钝化板、无铬彩涂板、电工钢环保涂层板等绿色环保用材。
06	电力业 重点发展超临界、超超临界火电机组用大口径耐热、耐高压管，核电机组用高性能铁素体和奥氏体不锈钢、锰镍钼类合金钢管，低铁损、高磁感硅钢，非晶带材。

促进特钢品质全面升级。支持特钢企业兼并重组，增强太钢、中信泰富、东北特钢、宝钢特钢等特钢龙头企业的引领作用，鼓励特钢企业走“专、精、特、新”的发展道路，大力推进特钢企业技术进步和产品升级换代，开发绿色低碳节能环保型钢材以及装备制造业、航空航天业所需的高性能特钢材料。着重提高轴承钢、齿轮钢、工模具钢、不锈钢、高温合金等特钢产品的质量和性能，特别是延长使用寿命。支持大力发展特钢废钢回收体系等特钢配套产业。

专栏4　特殊钢发展重点

01	推广应用特钢生产技术 特殊钢高洁净冶炼技术，电渣熔铸、真空冶金等特种冶炼技术，均质化、细晶化凝固技术，精准成分控制技术，控制成型技术，特种成型技术，精准热处理技术。
02	重点发展的关键特钢品种 高铁等重大装备用高品质轴承钢、车轴钢、车轮、弹簧钢，超超临界火电机组用耐热钢，高档不锈钢，汽车等制造业用高档齿轮钢，高抛光性能、高耐蚀性能工模具钢，特种耐腐蚀油井管，航空航天零部件用特殊钢，高档数控机床用特殊钢，核电机组用特殊钢，工程机械用高强度高硬度合金结构钢，高温合金及特种合金材料，特种合金钢管、银亮材、精密冷带等深加工产品。
03	特钢重点工艺技术开发 大型锻件生产线，超大规格圆坯连铸，特种钢板热处理，高等级特钢型材及不锈钢无缝钢管，合金钢丝生产线。

（二）深入推进节能减排

按照国家节能减排总体要求和地区分解任务指标，降低钢铁企业单位增加值能源消耗、二氧化碳排放和用水量，减少二氧化硫排放总量。烧结机全部加装烟气脱硫和余热回收装置，鼓励实施脱硝改造，钢铁企业焦炉基本采用干法熄焦，高炉全部配备高效喷煤和余热余压回收装置，提升转炉负能炼钢水平，进一步推广普及应用干法除尘、蓄热式燃烧等节能技术。加强冶金渣、尘泥等固体废弃物的综合利用，加快钢铁行业资源能源回收利用产业发展。促进钢铁与其他产业的融合，发展循环经济。健全能源计量管理制度，完善能源管理体系，依法开展能源审计、清洁生产审核和清洁生产方案的实施。

专栏5 节能减排技术推广应用重点

01	铁前节能减排技术 低温烧结工艺技术，烧结烟气脱硫、脱硝技术，小球烧结技术，链箅机－回转窑球团技术，球团废热循环利用技术，高温高压干熄焦技术，煤调湿技术，捣固炼焦技术，焦炉、高炉利用废塑料技术，高炉高效喷煤技术，高炉脱湿鼓风技术，高炉干法除尘技术，高炉热风炉双预热技术，转底炉处理含铁尘泥技术。
02	炼钢、轧钢节能减排技术 转炉煤气干法除尘技术，转炉负能炼钢工艺技术，电炉烟气余热回收利用除尘技术，蓄热式燃烧技术，低温轧制技术，在线热处理技术，轧钢氧化铁皮综合利用技术。
03	综合节能减排技术 燃气－蒸汽联合循环发电技术，原料场粉尘抑制技术，双膜法污水处理回用技术，能源管理中心及优化调控技术。冶金渣综合利用技术，综合污水处理技术，余热余压综合利用技术。

（三）强化技术创新和技术改造

推进企业技术创新，提高钢铁工业自主创新能力。鼓励开发应用新一代可循环钢铁流程技术，低品位、难选冶、共伴生矿资源开发与尾矿综合利用技术，非高炉炼铁技术，高效低成本洁净钢生产技术，近终形连铸轧成套装备技术，高强、长寿、耐腐蚀产品制造技术，以及烧结脱硝脱二噁英等节能减排前沿技术。支持企业围绕战略性新兴产业开发钢铁新材料。

加快建立以企业为主体、市场为导向、产学研用相结合的技术创新体制和机制。增强冶金科研院所、高校和工程设计单位创新动力，鼓励大型钢铁企业加大研发投入，推动建立企业、科研院所、高校、工程设计单位和下游用户共同参与的创新战略联盟。完善钢铁工业国家工程实验室、重点实验室、工程技术（研究）中心、企业技术中心、技术创新示范企业、高新技术产业化基地和高效钢材应用示范等技术创新平台。

专栏6 技术创新重点

01	新工艺、新装备、新技术 非高炉炼铁技术，新一代可循环钢铁流程技术，钢材强韧化技术，新一代控轧控冷技术，大型电炉设备成套技术，薄带连铸短流程产业化技术，煤针状焦产业化技术，工业核心工艺控制器系统（CCTS）研究与开发。
02	新产品、新材料技术 核电不锈钢、核岛压力容器钢板、核电发电机转子锻件合金钢、核电蒸发器传热管用钢生产技术；超超临界火电机组蒸汽管、过热器、再热器用钢，高中压电转子用钢生产技术；超纯铁素体不锈钢、高氮控氮奥氏体不锈钢、超级奥氏体耐蚀不锈钢生产技术；油船用高品质耐蚀船板、特种耐腐蚀油井管生产技术；高强高韧汽车用钢、高品质轴承钢、齿轮钢等生产技术。
03	节能减排新技术及资源、能源循环利用技术 高炉富氧喷吹焦炉煤气技术，高炉炉顶煤气循环氧气鼓风炼铁技术，烧结脱硝脱二噁英技术，电炉炼钢中二噁英类物质的减排技术，转底炉直接还原钒钛磁铁矿技术，矿产资源综合利用新流程技术，高炉渣、钢渣等显热回收利用技术，共伴生矿、难选冶矿应用技术。

加快技术改造，促进钢铁工业优化升级。围绕品种质量、节能降耗、清洁生产、“两化”融合和安全生产等重点，加快应用新技术、新工艺、新装备，对企业现有生产设施、装备、生产工艺条件进行改造，不断优化生产流程，升级企业技术装备，提高资源综合利用水平，增强新产品开发能力，加快产品升级换代，加强安全生产保障。

专栏7 技术改造重点

01	品种质量 重点开发满足下游行业和战略性新兴产业发展需要的关键钢材品种，提高产品质量、档次和稳定性。依托有实力的企业发展高速铁路用钢、高磁感取向硅钢、高强高韧汽车用钢、高强度机械用钢、低温压力容器板、船舶行业用耐蚀钢、高性能油气输送管线钢、高强度机械用钢、海洋工程用钢、油气储罐用钢、电力行业用高压锅炉管和核电用钢等高精尖产品和关键钢材品种。建筑钢材生产企业全面改造升级，生产400兆帕及以上高强度螺纹钢筋。
02	资源开发 低品位、伴生矿采选冶炼，尾矿综合利用，废钢加工等。
03	节能减排 转炉、高炉烟气干法净化与余热余压综合利用系统集成优化，电炉烟气余热回收，烧结工序节能减排系统集成优化，冶金渣等固废处理利用与过程中余热利用系统集成优化。

续专栏7

04	工艺技术 洁净钢生产、新一代控轧控冷（TMCP）等工艺技术改造和工艺流程优化。
05	两化融合 钢材性能在线监测、预报、控制技术改造，信息化集成系统技术改造，建设能源管理中心。

（四）淘汰落后生产能力

“十二五”时期是淘汰落后的攻坚期，继续严格执行节能、土地、环保等法律法规，综合运用差别电价、财政奖励、考核问责等法律手段、经济手段和必要的行政手段，加大淘汰落后产能力度，公告淘汰落后产能企业名单，切实落实淘汰落后年度计划，严禁落后产能转移。要将上大与压小相结合，淘汰落后与新上项目相结合，根据各地区淘汰落后产能情况，优先核准淘汰落后任务完成较好地区和企业的技术改造项目。

专栏8 落后生产工艺装备和产品

01	烧结、球团和炼焦生产工艺装备 90平方米以下烧结机，土烧结矿、热烧结矿工艺，8平方米以下球团竖炉，土法炼焦（含改良焦炉），单炉产能7.5万吨/年以下或无煤气、焦油回收利用和污水处理达不到准入条件要求的半焦（兰炭）生产装置，炭化室高度4.3米（捣固焦炉3.8米）以下常规机焦炉。
02	炼铁、炼钢生产工艺装备 400立方米及以下的炼铁高炉，200立方米及以下的专业铸铁管厂高炉，生产地条钢、普碳钢的工频和中频感应炉（机械铸造用钢锭除外），30吨及以下炼钢转炉，15000千伏安及以下（30吨及以下）炼钢电炉，5000千伏安及以下（公称容量10吨及以下）高合金钢电炉。
03	轧钢生产工艺装备 复二重线材轧机，叠轧薄板轧机，横列式棒材及型材轧机，普钢初轧机及开坯用中型轧机，热轧窄带钢（600毫米及以下）轧机，三辊劳特式中板轧机，直径76毫米以下热轧无缝管机组，三辊横列式型线材轧机（不含特殊钢生产）。
04	落后产品 热轧硅钢片，I级螺纹钢筋产品，Ⅱ级螺纹钢筋产品（按建筑行业用钢标准和建筑规范要求淘汰），25A空腹钢窗料，普通松弛级别的钢丝、钢绞线。工频和中频感应炉等生产的地条钢、普碳钢及以其为原料生产的钢材产品。

（五）优化产业布局

结合兼并重组和淘汰落后，在不增加生产能力的前提下，围绕提高产品质量和降低物流成本，统筹考虑市场需求、交通运输、环境容量和铁矿、煤炭、供水、电力等资源能源保障条件，有保有压，优化产业布局。重大布局调整项目要进行能耗、水耗、环境容量、运输等综合平衡，把完成能耗和环保约束性指标作为项目核准的必要条件。

环渤海、长三角地区原则上不再布局新建钢铁基地。河北、山东、江苏、辽宁、山西等钢铁规模较大的地区通过兼并重组、淘汰落后，减量调整区域内产业布局。湖南、湖北、河南、安徽、江西等中部地区省份在不增加钢铁产能总量条件下，积极推进结构调整和产业升级。西部地区部分市场相对独立区域，立足资源优势，承接产业转移，结合区域差别化政策，适度发展钢铁工业。

继续推进东南沿海钢铁基地建设。“十二五”期间，加快建设湛江、防城港沿海钢铁精品基地，彻底改变东南沿海钢材供需矛盾，推进福建宁德钢铁基地建设，促进海峡西岸经济发展。通过上述重大布局项目的建设，抑制过剩地区钢铁产能盲目扩张。

西部地区已有钢铁企业要加快产业升级，结合能源、铁矿、水资源、环境和市场容量适度发展。新疆、云南、黑龙江等沿边地区，积极探索利用周边境外矿产、能源和市场，发展钢铁产业。充分发挥攀西钒钛资源和包头稀土资源优势，发展具有资源综合利用特色的钢铁工业。

有序推进与城市发展不协调的钢厂转型或搬迁。对于经济支撑作用下降和资源环境矛盾突出的钢铁企业，实施转型或搬迁改造。综合实力弱、技术水平低的企业应实行转型，发展钢铁服务业或其他产业。有实力、有技术、有特色的城市钢厂，要结合区域钢铁企业兼并重组、淘汰落后和产业升级，综合考虑城市总体发展规划、企业承受能力，特别是人员安置等因素，有序实施环保搬迁，严禁借搬迁之名扩大钢铁生产能力。“十二五”期间根据条件成熟情况，支持广州、青岛、昆明、合肥、唐山（丰南）、杭州、芜湖等城市钢厂搬迁改造或转型发展，科学论证西宁、抚顺、石家庄、贵阳等城市钢厂发展定位。

（六）增强资源保障能力

强化铁矿石资源保障体系建设。积极优化铁矿资源全球配置，鼓励钢铁企业建立与资源所在国利益共享的对外资源开发机制，实施投资区域多元化，在具有资源优势国家和地区以及周边国家，有序建立稳定、可靠的铁矿石、铬矿、锰矿、焦煤等原燃料供应基地和运输保障体系。规范国内铁矿石市场秩序，加大国内铁矿资源的勘探力度，提高尾矿回收综合利用水平。对闭坑矿山的生态恢复和复垦给予必要的支持。鼓励国内现有矿山资源的整合，提高产业集中度，保证有序开发，严禁大矿小开，乱采滥挖。

加快建立适应我国钢铁工业发展要求的废钢循环利用体系。依托符合环保要求的国内废钢加工配送企业，重点建设一批废钢加工示范基地，完善加工回收配送产业链，提高废钢加工技术装备水平和废钢产品质量。积极研究制定进口废钢的优惠政策措施，鼓励在海外建立废钢回收加工配送基地。

（七）加快兼并重组

按照市场化运作、企业为主体、政府引导的原则，以符合国家钢铁产业政策和《钢铁行业生产经营规范条件》的企业为兼并重组主体，结合淘汰落后、技术改造和优化布局，加快钢铁企业兼并重组步伐。鼓励社会资本参与国有钢铁企业兼并重组。

重点支持优势大型钢铁企业开展跨地区、跨所有制兼并重组。充分发挥宝钢、鞍钢、武钢、首钢等大型钢铁企业集团的带动作用，形成3～5家具有核心竞争力和较强国际影响的企业集团。重点推进完善鞍钢与攀钢、本钢、三钢等企业，宝钢与广东钢铁企业，武钢与云南、广西钢铁企业，首钢与吉林、贵州、山西等地钢铁企业兼并重组。

积极支持区域优势钢铁企业兼并重组，大幅减少钢铁企业数量，促进区域钢铁企业加快产业升级，不断提升发展水平，形成6～7家具有较强市场竞争力的企业集团。巩固河北钢铁、山东钢铁重组成果，积极推进唐山渤海钢铁、太原钢铁开展兼并重组，引导河北、江苏、山东、山西、河南、云南等省内钢铁企业兼并重组。

加强兼并重组协调管理，保持各钢铁企业间的和谐健康发展，避免形成恶性竞争。重组企业要发挥协同效应，注重体制和机制创新，在战略管理、规划发展、技术创新、人财物、产供销等方面进行实质性整合，再造业务流程。重组企业要加大淘汰落后和节能减排力度，切实保障职工合法权益。

（八）加强钢铁产业链延伸和协同

转变服务理念、增强服务意识，建立钢铁企业与下游用户战略合作机制，发展钢材深加工，完善物流配送体系，提升产品价值和企业服务功能，促进由钢铁生产商向服务商转变。加强政府引导，推进产业结合，推广钢材新产品应用。鼓励钢铁企业建立钢材服务中心，联合下游行业开发钢铁新材料和下游产品，为用户提供全方位钢铁材料解决方案，实现钢铁工业与下游行业互利共赢。积极发展咨询服务、技术中介、工业设计、电子商务等钢铁服务业。积极开展维修、仓储、物流等服务外包，以及制氧、石灰、渣处理、废钢分类加工等辅助工序外包。

（九）进一步提高国际化水平

充分利用两个市场、两种资源，统筹“引进来”与“走出去”，加强国际化经营，深化经济技术合作。进一步扩大钢铁工业对外开放程度，鼓励国外先进知名钢铁企业参股和投资国内钢铁企业和项目，在钢材产品深加工领域投资设立企业和研发中心，提升我国钢铁企业的创新能力和管理水平。

将在国外投资建设钢铁厂作为我国钢铁工业实施“走出去”的重大战略，研究适合钢铁产业转移的境外地区和国家，制定鼓励政策措施，支持国内钢铁企业及其他企业在境外投资建设钢铁厂及经贸合作区，参与国外钢铁企业的兼并重组，开拓市场营销网络等，提高国内钢铁企业参与国际竞争的能力和水平，打造具有较强国际竞争力水平的国际化企业集团。支持部分沿边地区发展市场、原料及能源在外的钢铁产业。

五、政策措施

（一）完善行业管理体系

建立健全钢铁工业运行监测网络和预警体系，强化行业信息统计和信息发布。加强行业管理，及时协调解决行业发展中出现的重大问题，减轻企业负担，严格安全生产管理，促进行业平稳运行发展。发挥协会等中介组织在加强信息交流、行业自律、企业维权等方面的积极作用。

（二）营造公平竞争的市场环境

充分发挥市场配置资源的基础性作用，加强和改善宏观调控。规范钢铁行业生产经营秩序，完善钢铁工业市场进入和退出机制，营造各种所有制钢铁企业依法平等使用生产要素、公平参与市场竞争的市场环境，坚决制止偷税漏税、生产假冒伪劣产品、严重污染环境等违法行为。

（三）加强行业标准化工作

强化标准化在产品质量、企业管理、生产经营、市场开拓中的作用。抓紧修改完善落后于发展实际的标准。加强钢铁企业与下游用钢企业的合作，共同促进钢铁行业标准化体系建设。加强标准化工作的组织管理和监督，发挥企业在标准化中的主体作用。

（四）加强政策宏观引导

加强财税、金融、贸易、土地、节能、环保、安全生产等各项政策与钢铁产业政策的衔接。适时发布钢铁工业先进技术、产品和装备指导目录，引领钢铁工业先进生产力发展方向。加强现有钢铁企业生产经营规范管理，强化产品质量、节能减排、环境保护、装备水平、合理规模、安全生产和社会责任对企业的约束和引导作用，分批公告符合生产经营规范条件的企业名单。制订钢铁工业兼并重组指导意见，指导地方和企业开展兼并重组工作。

（五）促进国际交流合作

完善中外钢铁交流机制，促进各方在信息、技术、管理等方面的沟通。适时调整产品进出口贸易政策，积极应对国际贸易摩擦。建立高效协调机制，支持企业有序开发境外资源。引导具有国际竞争力的境外钢铁企业集团参与国内兼并重组和合资合作。支持大型优势企业围绕低碳制造技术开展国际合作。

（六）推动“两化”深度融合

推动钢铁行业“两化”融合发展水平评估，建立和完善钢铁工业信息化标准规范工作体系。推进企业建设产供销一体、管控衔接、三流同步（信息流、资金流、物资流）的信息化集成系统，支持跨地区企业集团建立完善异地分布的信息系统，提高管控效率。加强信息安全和系统安全的保障体系建设，提高信息化系统安全性和稳定保障能力。

（七）健全规划实施机制

各地区行业主管部门要将推进钢铁工业发展与本地区的兼并重组、淘汰落后、上大压小、能耗和环境容量等项工作结合起来，要联系本地区发展实际，落实规划提出的任务和政策措施。有关企业要制订与本规划相衔接的规划方案，做好与本规划提出的主要目标和重点任务的协调。中国钢铁工业协会等行业组织要发挥桥梁和纽带作用，及时反映钢铁行业贯彻落实规划的新情况、新问题，提出政策建议。

附录2 - 10 《工业清洁生产推行“十二五”规划》(工信规[2011] 480号，2011. 10. 24)

目　　录

前　　言

清洁生产是从源头提高资源利用效率、减少或避免污染物产生的有效措施，是促进产业升级、推动工业发展方式转变的重要途径。加快推行清洁生产，不断提高清洁生产水平，是“十二五”期间工业发展的一项重要任务。

为指导工业领域全面推行清洁生产，根据《国民经济和社会发展第十二个五年规划纲要》、《工业转型升级规划（2011～2015年）》、《国家环境保护“十二五”规划》和《重金属污染综合防治“十二五”规划》，结合工业领域清洁生产发展实际，制定本规划。

一、工业领域清洁生产推行现状与面临的形势

（一）现状

自2003年《中华人民共和国清洁生产促进法》实施以来，各级工业主管部门将实施清洁生产作为促进节能减排的重要措施，不断完善政策、加大支持、强化服务，工业领域清洁生产推行工作取得积极进展。

清洁生产基础工作得到加强。专家、咨询服务队伍不断壮大，已建立冶金、化工、轻工、有色、机械等行业清洁生产中心及760多家清洁生产审核咨询服务机构。审核培训取得积极进展，累计6万家工业企业负责人接受培训，2万多家企业开展清洁生产审核，分别占规模以上工业企业总数的23.4%和9%。

清洁生产政策标准体系初步建立。中央与地方制定颁布了《关于加快推行清洁生产的意见》、《清洁生产审核暂行办法》等一系列推进清洁生产的政策、法规和制度；发布《工业企业清洁生产审核技术导则》、《工业清洁生产评价指标体系编制通则》以及30个行业清洁生产评价指标体系等清洁生产标准；中央财政设立了清洁生产专项资金，地方工业主管部门加大节能减排资金对清洁生产的支持力度，累计安排财政专项资金16亿元，带动社会投资1200亿元，实施清洁生产技术改造项目5万多项。

科技对清洁生产支撑作用进一步加强。发布3批清洁生产技术导向目录、27个重点行业清洁生产技术推行方案；重点领域清洁生产技术研发加快，轻工、石化、建材、有色、纺织等行业成功开发出一批先进的清洁生产技术；电解锰、铅锌冶炼、电石法聚氯乙烯、氮肥、发酵等行业重大关键共性清洁生产技术产业化示范应用取得进展，为全面推广应用奠定了技术基础。

清洁生产促进节能减排效果明显。钢铁、有色、化工、建材、轻工、纺织等重点工业行业的清洁生产审核有序推进，实施了一批清洁生产技术改造项目，企业资源能源利用效率有效提高，污染物产生量大幅削减。据统计，通过实施清洁生产，2003年至2010年累计削减二氧化硫产生量93.9万吨、化学需氧量245.6万吨、氨氮5.6万吨，节能约5614万吨标准煤，为节能减排做出了重要贡献。

尽管工业领域清洁生产工作取得了一些成绩，但总体仍处于起步阶段，还存在一些突出问题：一是企业普遍重末端治理，轻源头预防，清洁生产尚未全面展开，实施清洁生产审核的企业数量比例偏低，特别是清洁生产技术改造方案实施率不高，仅为44.3%。二是清洁生产科技开发投入不够，重金属污染减量、有毒有害原料替代和主要污染物削减等领域缺乏先进有效的技术。同时，成熟适用技术推广应用不够，制约了清洁生产技术水平的提升。三是政策机制尚不健全，市场机制在推行清洁生产过程中的作用尚未得到充分发挥。

（二）面临的形势

“十二五”是全面建设小康社会的关键时期。深入贯彻落实科学发展观，转变经济发展方式，建设资源节约型、环境友好型社会，对节约资源、保护环境提出了新的更高的要求。“十二五”期间，国家进一步加大环境保护力度，明确四种主要污染物总量减排约束性指标，并对重金属污染和持久性有机污染物防治提出要求。为从源头减少污染物产生量，尽可能降低末端治理压力，促进国家“十二五”规划纲要提出的各项资源节约和环境保护指标完成，必须进一步加大推行清洁生产力度，全面提升清洁生产水平。

工业是资源消耗和污染物排放的重点领域。2010年，工业领域能源消耗占全社会70%以上，二氧化硫、化学需氧量、氨氮排放分别占85.3%、35.1%和22.7%。降低工业领域资源能源消耗，减少污染物产生，既是实现国家节能减排任务的需要，也是促进工业转型升级的紧迫任务，是新型工业化道路的本质要求。“十二五”期间，我国工业化仍将继续快速推进，工业将面临资源消耗、污染物排放增加的压力。特别是在常规污染物问题尚未解决的同时，非常规污染物如持久性有机污染物（POPs）、持久性有毒污染物（PTS）、重金属污染物等带来的环境风险和压力越来越突出，血铅中毒等严重污染事件频发，影响经济发展和社会稳定，严重制约着工业可持续发展。为更好地统筹协调资源环境制约与工业化进程加快的矛盾，实现工业转型升级的战略任务，必须加快推行清洁生产，由高消耗、高排放的粗放方式向集约、高效、低排放的清洁生产方式转变，实现资源科学利用和污染源头预防。

从国际形势看，节能环保、绿色低碳已成为国际产业发展潮流和趋势，以清洁生产方式提供节能环保技术和产品已成为国际产业竞争的重要内容。同时，履行持久性有机污染物（POPs）国际公约，适应欧盟电子电气设备中限制使用某些有害物质指令等规则要求，应对汞污染控制谈判以及国际贸易中以节能环保低碳技术标准为特征的绿色贸易壁垒带来的挑战，客观要求我国工业必须加快推行清洁生产，在实现生产过程清洁化的同时，提供无毒无害或低毒低害的绿色技术和产品，提升产业竞争力。

二、指导思想、基本原则和主要目标

（一）指导思想

深入贯彻科学发展观，牢固树立源头预防、过程控制的清洁生产理念，紧紧围绕“十二五”节能减排要求，以高能耗、高排放、污染重和资源消耗型行业为重点，以提升工业清洁生产水平为目标，以技术进步为主线，突出企业主体责任，创新清洁生产推行方式，加大政策支持力度，完善市场推进机制，强化激励约束作用，加快建立清洁生产方式，推动工业转型升级。

（二）基本原则

——坚持技术攻关与推广应用相结合的原则。以减少化学需氧量、二氧化硫、氨氮、氮氧化物以及重金属、有毒有害污染物产生量为目标，集中力量开发一批重大、共性清洁生产工艺技术和绿色环保原材料（产品），推广应用一批先进、成熟适用技术和低毒低害或无毒无害原材料（产品）。

——坚持重点突破与全面推进相结合的原则。在与主要污染物减排紧密相关的行业、重金属污染防控行业，以及资源消耗、污染排放集中的领域加大力度推动企业实施清洁生产；加强对其他领域行业企业实施清洁生产的指导和支持，全面推进工业领域实施清洁生产。

——坚持政策引导和市场机制相结合的原则。加强宏观指导，加大财政投入和税收优惠等政策支持力度；通过建立生态设计产品标志制度，利用政府采购等措施，引导绿色消费，建立有利于清洁生产实施的市场环境。

（三）主要目标

“十二五”期间，工业领域清洁生产推进机制进一步健全，技术支撑能力显著提高，清洁生产服务体系更加完善，重点行业、省级以上工业园区企业清洁生产水平大幅提升，清洁生产对科学利用资源、节能减排的促进作用更加突出，为全面建立清洁生产方式奠定坚实基础。

具体目标：

——清洁生产培训和审核逐步展开。规模以上工业企业主要负责人接受清洁生产培训比例超过50%，通过清洁生产审核评估的企业不低于30%。重金属污染防控企业每两年开展一轮审核；与主要污染物减排紧密相关的11个行业规模以上工业企业，以及中央企业所属工业企业完成一轮清洁生产审核。

——清洁生产技术水平显著提高。成功开发并产业化应用示范一批重点行业关键共性清洁生产技术；推广一批可显著减少生产过程中污染物产生的先进成熟技术；实现一批有毒有害原料（产品）替代。

——重点行业、省级以上工业园区清洁生产水平明显提升。审核报告中提出的清洁生产技术改造项目实施率达到60%以上；到2015年，通过实施重点工程有效削减主要污染物产生量；重点行业70%以上企业达到清洁生产评价指标体系中的“清洁生产先进企业”水平；培育500家清洁生产示范企业。

表1 “十二五”工业清洁生产主要指标

指 标	2010年	2015年
清洁生产培训和审核		
规模以上工业企业负责人培训比例	[23.4%]	[>50%]
规模以上工业企业通过审核比例	[9%]	[>30%]
审核报告中清洁生产技术改造实施率	[44.3%]	[>60%]
削减生产过程污染物产生量		
化学需氧量	[245.6万吨]	65万吨
二氧化硫（排放量）	—	60万吨
氨氮	[5.6万吨]	10.8万吨
氮氧化物	—	120万吨
汞使用量	—	638吨
铬渣及含铬污泥	—	73万吨
铅尘	—	0.2万吨
重点行业清洁生产水平		
重点行业达到“清洁生产先进企业”比例	—	[>70%]
培育清洁生产示范企业	—	[500家]

注：[ ] 表示2003~2010年累计数。

三、主要任务

（一）开展工业产品生态设计

生态设计是企业以资源科学利用和环境保护为目标，按照全生命周期理念，在产品设计开发阶段系统考虑原材料选用、制造、销售、使用、处理等各个环节可能对环境造成的影响，将节能治污从消费终端前移至产品的开发设计阶段，力求产品在全生命周期中最大限度降低资源能源消耗、尽可能少用或不用有毒有害物质，从而减少污染物产生，实现环境保护的活动。“十二五”期间，按照“试点先行、稳步推进”的原则，围绕我国节能减排总体目标要求，综合考虑清洁生产技术水平和国际生态设计发展趋势，选择代表产品，开展产品生态设计试点，逐步完善产品生态设计标准体系，加快研发节能环保新材料和清洁生产技术工艺，奠定产品生态设计的技术基础。研究建立生态设计激励机制，鼓励倡导绿色消费，引导企业积极开展产品生态设计，使生态设计逐步成为提升清洁生产水平、促进工业向清洁生产方式转变的重要手段。

（二）提高生产过程清洁生产技术水平

按照源头预防急需、减量效果明显、应用前景明确的要求，围绕生产过程中污染物减量对工艺技术和装备的要求，区分不同阶段，提出重大清洁生产技术攻关、推广应用计划，充分运用国家科技重大专项和国家科技计划（专项）等渠道，支持相关领域的研究。积极支持科研院所、大专院校、工业企业等联合开发和攻关。对重大关键共性的清洁生产技术，鼓励建立多模式的产业创新联盟，形成利益共享、风险共担的创新主体，加快攻关步伐。依托技术基础好、创新能力强的科研单位和企业，建设一批清洁生产技术产业化服务中心，加强重大清洁生产技术的产业化应用示范，推动技术成果转化。

加快先进成熟技术的推广应用，鼓励企业积极实施清洁生产技术改造。创新技术成果转化机制，支持清洁生产技术拥有者采取技术转让、合作推广等多种方式，加快科技成果向生产力的转化。研究建立技术普及率与污染物排放控制标准相衔接的促进机制，对技术普及率达到一定程度的行业，通过制定修订相应的环保标准，引导企业使用清洁生产技术，加快技术推广应用步伐。

发展的重点是：

——化学需氧量削减技术。造纸行业，研发非木材植物纤维清洁制浆及其废液资源化利用技术，推广纸浆无元素氯漂白等技术。制糖行业，推广糖厂废水循环利用与深化处理等技术。发酵（含酿酒）行业，研发高效菌种定向选育及系统控制技术，推广高性能温敏型菌种发酵技术和连续等电转晶提取技术、新型色谱分离提取柠檬酸技术及废母液综合利用技术、酒精糟液废水全糟处理等技术。纺织染整行业，研发可生物降解（或易回收）聚乙烯醇（PVA）浆料替代应用技术、生物脱胶退浆精炼技术，清洁制溶解浆（浆粕）新技术，推广印染高效短流程前处理清洁生产助剂及工艺、酯化废水乙醛回收再利用技术、丝光淡碱回收再利用等技术。农药行业，研发原药及中间体清洁生产技术，推广草甘膦母液资源化回收利用等技术。制药行业，推广绿色酶法生产技术、生物活性酶综合生产抗生素/维生素等技术。

——氨氮削减技术。氮肥行业，推广氮肥生产污水零排放等技术。偶氮二甲酰胺（ADC）发泡剂行业，推广无酸缩合生产工艺替代有酸缩合工艺、改进尿素法ADC发泡剂生产工艺（配套多效蒸发技术回收缩合母液中氨氮）等技术。电解锰行业，研发电解锰氨氮废水全过程控制等技术。稀土行业，研发离子吸附型稀土矿原地浸出氨氮无组织排放控制等技术，推广无氨皂化稀土萃取分离等技术。焦化行业，研发废水深度处理循环利用等技术。

——二氧化硫削减技术。针对钢铁、水泥、玻璃、陶瓷等行业工业窑炉，研发清洁原燃料、可替代原燃料、低硫燃烧、多种污染物联合去除等清洁生产技术、工艺和装备。钢铁行业，推广循环流化床（LJS－FGD）烧结烟气多组分污染物干法脱除技术、石灰石－石膏湿法（空塔喷淋）等烧结烟气脱硫技术，烧结工艺小球烧结、厚料层烧结、热风烧结、低温烧结技术和装备，以及烧结烟气循环等技术。

——氮氧化物削减技术。钢铁行业，研发低氮燃烧技术。水泥行业，研发水泥窑炉低氮燃烧技术，推广中低温催化还原氮氧化物减排技术、高温低成本非催化还原氮氧化物减排等技术。平板玻璃行业，推广零号喷枪的全氧助燃技术，逐步扩大富氧、全氧燃烧技术的应用范围。

——重金属污染物削减技术。在生产过程中，实现汞、铬、铅等重金属污染物削减。汞污染削减，推广电石法聚氯乙烯低汞触媒和高效汞回收等技术，荧光灯生产行业推广固态汞注入技术等；电池行业，研发无汞氧化银电池技术，推广扣式碱性锌锰电池无汞化等技术。铅污染削减，研发新型铅蓄电池制造技术、铅锌冶炼行业电解锌浸出渣中水溶锌多级逆流洗涤回收等技术；铅蓄电池行业，推广扩展式（拉网式、冲孔式）连铸连轧式铅蓄电池板栅制造等工艺技术；铅锌冶炼行业，推广氧气底吹—液态高铅渣直接还原铅冶炼技术、铅锌冶炼废水分质回用集成等技术；电子电气行业，推广无铅焊料等技术。铬污染削减，铬盐行业完成铬铁碱溶氧化制铬酸钠技术、气动流化塔式连续液相氧化生产铬酸钠等技术工艺示范，推广无钙焙烧技术、钾系亚熔盐液相氧化法等技术；电镀行业研发三价铬镀铬，推广低铬镀铬技术、在线回收铬技术、无铬无氰钨合金电镀等技术；皮革行业推广高吸收铬鞣及其铬鞣废液资源化利用等技术。

（三）开展有毒有害原料（产品）替代

围绕工业生产所需的原材料及有关最终产品，减少含汞、六价铬、铅、镉、砷、氰化物及POPs等有毒有害物质的使用，研究制定原料及产品中有毒有害物质减量化与替代的实施路径，明确替代的时间节点，促进生产过程中使用低毒低害和无毒无害原料，降低产品中有毒有害物质含量。

——涉重金属领域。电池行业，研发无汞氧化银电池、无汞化糊式锌锰电池，推广无镉化铅蓄电池、无汞无镉减铅纸板锌锰电池。电石法聚氯乙烯行业，研发固汞触媒、无汞触媒，推广低汞触媒。有色金属行业，推广多金属复杂硫化矿选矿无氰组合药剂等。照明电器（荧光灯）行业，推广汞含量2mg以下长寿命节能灯。电镀行业，推广无磷无铬无镍涂装前处理液、无氰无甲醛酸性镀铜电镀液等产品。电子电气产品污染控制领域，加快无铅焊料的工程实验研究，提高其可靠性，推广二元、三元、多元合金类无铅焊料。

——有机污染物领域。电镀行业，重点推广使用不含全氟辛烷磺酸盐（PFOS）的铬雾和酸雾抑制剂。在钢铁烧结中推广低氯化物含量原料。电子电气产品污染控制方面，重点推广无卤素溴化阻燃剂等。半导体器件生产领域，研发光阻剂和防反射涂层等领域的PFOS替代品。涂料行业，推广水性涂料。此外，重点开发全氟辛基磺酸及其盐替代品、船用防污漆中滴滴涕（DDT）替代品，严格控制氯化石蜡生产原料中的短链氯化石蜡含量。

——农药领域。开发杀扑磷、甲拌磷、甲基异柳磷、克百威、灭多威、灭线磷、涕灭威、磷化铝、氧乐果、水胺硫磷等替代产品。

四、重点工程

综合分析工业行业污染物产生排放水平和成熟、适用的清洁生产技术发展现状，围绕“十二五”主要污染物减排指标以及重金属污染防控要求，实施汞、铬、铅、氨氮、化学需氧量、二氧化硫、氮氧化物等污染物产生量削减七项重点工程。通过采用先进成熟的适用技术，在行业内实施清洁生产技术改造，提高技术普及率，有效削减污染物产生量。研究建立重点工程实施机制，鼓励企业实施清洁生产；对于技术普及率高于60%的行业，研究通过提高相应的污染物排放标准，加快清洁生产技术在全行业的推广应用。

（一）化学需氧量削减工程

以产生化学需氧量较大的造纸、制糖、发酵（含酿酒）、制药（抗生素与维生素）行业为重点，实施化学需氧量削减工程。

在造纸行业，推广纸浆无元素氯漂白技术（包括中浓氧脱木素技术、中浓过氧化氢漂白技术、中浓二氧化氯漂白技术），到2015年实现技术普及率40%；在制糖行业，废水循环利用与深化处理技术普及率到2015年达到90%；在发酵（含酿酒）行业，推广高性能温敏型菌种发酵技术和连续等电转晶提取技术、新型色谱分离提取柠檬酸技术及废母液综合利用技术、酒精糟液废水全糟处理技术，到2015年技术普及率分别达到80%、70%、90%；在制药（抗生素与维生素）行业，绿色酶法生产技术普及率到2015年达到60%。通过推广以上技术，到2015年削减化学需氧量产生量65万吨/年。

(二) 二氧化硫削减工程

以二氧化硫产生量较大、排放源集中的钢铁行业为重点，实施二氧化硫削减工程。在钢铁行业，推广循环流化床（LJS－FGD）烧结烟气多组分污染物干法脱除技术、石灰石－石膏湿法（空塔喷淋）等烧结烟气脱硫技术，到2015年实现烧结烟气脱硫技术普及率50%。通过推广以上技术，到2015年削减二氧化硫排放量60万吨/年。

(三) 氨氮削减工程

以氨氮产生量较大的氮肥、ADC发泡剂和稀土行业为重点，实施氨氮削减工程。

在氮肥行业，推广氮肥生产污水零排放技术，到2015年实现技术普及率30%；在ADC发泡剂行业，推广无酸缩合生产工艺替代有酸缩合工艺、改进尿素法ADC发泡剂生产工艺（配套多效蒸发技术回收缩合母液中氨氮），到2015年技术普及率分别达到100%和40%；在稀土行业，推广无氨皂化稀土萃取分离技术，到2015年实现技术普及率80%。通过推广以上技术，到2015年削减氨氮产生量10.8万吨/年。

(四) 氮氧化物削减工程

在水泥行业，针对水泥煅烧过程中窑炉烟气高粉尘、强碱性、中低温工况下的氮氧化物减排特点，在日产2500～5000吨新型干法水泥生产线上，重点推广水泥窑炉中低温催化还原氮氧化物减排技术、高温低成本非催化还原氮氧化物减排技术，到2015年普及率均达到80%，削减氮氧化物产生量120万吨/年。

(五) 汞污染削减工程

以电石法聚氯乙烯行业触媒的低汞无汞化、电池产品无汞技术、荧光灯低汞及生产中固汞使用技术为重点，实施汞污染削减工程。

在电石法聚氯乙烯行业推广低汞触媒技术、高效汞回收技术，到2015年技术普及率分别达到100%、60%；在电池行业推广扣式碱性锌锰电池无汞化技术，到2015年实现技术普及率100%；在荧光灯行业普及固态汞注入技术，推广汞含量2mg以下的长寿命节能灯，到2015年实现技术普及率80%。通过推广以上技术，到2015年，削减汞使用量638吨/年。

(六) 铬污染削减工程

以铬化合物生产及应用环节减少含铬废物产生为重点，实施铬污染削减工程。

考虑产品特性和市场需求，在铬盐行业推广无钙焙烧和钾系亚熔盐液相氧化法等技术，到2015年全行业全部采用先进的清洁生产技术，大幅度削减铬渣产生量；在电镀行业推广低铬镀层、低铬镀铬技术和在线回收铬技术，到2015年技术普及率均达到30%；在皮革行业，推广高吸收铬鞣及其铬鞣废液资源化利用技术，到2015年实现技术普及率50%。通过推广以上技术，到2015年削减铬渣及含铬污泥产生量73万吨/年。

（七）铅污染削减工程

针对铅污染产生量较大的铅锌冶炼、铅蓄电池和电子电气行业，以生产过程控制为重点，实施清洁生产技术改造，削减铅污染。

在铅锌冶炼行业，推广氧气底吹-液态高铅渣直接还原铅冶炼技术和铅锌冶炼废水分质回用集成技术，到2015年技术普及率均达到50%；在铅蓄电池行业推广扩展式（拉网式、冲孔式）连铸连轧式铅蓄电池板栅制造工艺，到2015年实现技术普及率30%；在电子电气行业推广无铅焊料技术，到2015年实现技术普及率60%。通过推广以上技术，到2015年削减铅尘0.2万吨/年、废水中铅60吨/年、减少铅使用量18万吨/年。

五、保障措施

（一）加大财政资金支持力度

充分发挥中央财政清洁生产资金的支持引导作用，扩大资金规模，加大支持力度。重点支持重大关键共性清洁生产技术产业化应用示范等工作。地方财政要加大对清洁生产的支持力度，鼓励具备条件的设立地方清洁生产专项资金。

中小企业发展基金要安排适当数额支持中小企业实施清洁生产。中央财政在安排技术改造、节能减排、循环经济等有关专项资金时，把清洁生产技术改造项目作为重点支持方向，加大支持力度，加快提升清洁生产水平。充分利用地方节能减排资金、技术改造资金等资金渠道，加大对清洁生产项目特别是中小企业清洁生产项目的支持力度。

充分运用国家科技投入政策，鼓励科技风险投资、节能环保产业基金等机构投资，按照风险共担、利益共享的原则，参与重大清洁生产技术开发项目，对其中重点产业化应用示范项目，中央财政清洁生产资金给予优先支持。

创新财政资金支持清洁生产技术成果向产业化转化的方式，探索财政资金买断重大技术使用权、免费供行业使用的技术推广模式，加快成熟先进技术的推广应用。

（二）强化标准支撑引领作用

加快制修订产品生态设计、有毒有害物质控制、电子电气产品污染控制等方面的标准；在国家有关部门统一标准框架要求下，加快制修订工业行业清洁生产评价指标体系、工业清洁生产审核指南等有关标准；运用清洁生产评价指标体系，在重点行业开展清洁生产水平评价，公布清洁生产先进企业名单，引导企业不断提高清洁生产水平。加强与产业政策、环保政策等的衔接，把企业清洁生产水平作为环境影响评价、上市融资审查等政策的重要内容。创新标准实施机制，结合产业清洁生产技术发展现状，发布有毒有害物质减量替代的路线图，引导企业、科研院所加快科技开发和清洁生产技术应用；加强与环保标准的衔接配合，对技术普及率达到一定程度的行业，推动采取提高相应环保标准的措施，加快技术推广应用。

充分发挥清洁生产标准的引领作用，培育一批清洁生产示范企业和园区。按照标准规范引领、企业自愿申请、政府鼓励支持的原则，在钢铁、有色、建材、化工、造纸等行业，选择基础条件好、创新能力强的清洁生产企业，支持企业实施清洁生产示范企业建设方案。“十二五”期间，力争培育500家清洁生产示范企业。在省级以上工业园区中，选择管理规范、高排放企业相对集中的综合性园区，以及电镀、皮革、化工等专业性园区，按照创新管理机制、强化公共服务、加强科技进步的要求，建设循环利用水平高、科技创新能力强、污染物产生量少的先进清洁化示范园区。

（三）完善政策机制

鼓励企业开展产品生态设计。推动生态设计产品列入政府采购清单，实施政府绿色采购；加强国际政策、技术标准交流与合作，探索开展生态设计产品标志与国际相关标志互认，减少绿色贸易障碍，提高生态设计标志产品的市场竞争力。修订《电子信息产品污染控制管理办法》，开展国家统一推行的电子信息产品污染控制自愿性认证活动，探索建立符合我国电子电气产品污染控制合格评定制度。

鼓励支持企业开展清洁生产审核。对自愿开展清洁生产审核且通过审核评估的企业，在地方主要媒体上给予通报表扬；研究促进中小企业清洁生产机制；在安排中央和地方清洁生产、节能减排等专项资金时，对通过清洁生产审核评估的项目给予优先支持。

加强产业政策与信贷政策的协调配合，鼓励银行等金融机构对符合国家产业政策的清洁生产技术开发和产业化应用项目，优先给予信贷支持，实施绿色信贷工程。

鼓励清洁生产企业自愿与地方工业主管部门签订进一步削减污染物产生量的协议。地方工业主管部门及时在有关媒体公布自愿企业名单及实施清洁生产的成果，并给予相应的奖励和支持。

（四）加强基础能力建设

加强清洁生产审核等技术服务能力建设。鼓励成立行业清洁生产中心，完善清洁生产审核技术服务支撑体系，为清洁生产审核等提供技术及政策咨询、培训、评估等服务。制定《工业清洁生产审核咨询机构管理办法》、《工业清洁生产评估管理办法》等管理制度，规范清洁生产审核咨询服务和评估管理。

构建清洁生产信息系统。建立各级工业主管部门、行业协会、企业、咨询服务机构等有关方面信息沟通的渠道，及时发布清洁生产政策法规、重要信息、典型经验、可再生利用废物的供求信息等，为企业，特别是中小企业开展清洁生产提供信息服务和技术指导。

加强人才队伍建设。建立工业领域清洁生产专家库，为企业和政府开展清洁生产提供技术指导、政策咨询；建立清洁生产培训制度，分层次、分类别、有计划地培训清洁生产工作行政管理人员、专家、审核咨询服务机构从业人员和企业负责人，有计划地培训清洁生产潜力大的中小企业；重点行业、省级以上工业园区企业主要负责人接受培训比例达到90%以上，国有企业相关负责人完成一轮培训。

六、规划实施

省级工业主管部门要会同财政、科技等部门将《规划》目标分解落实，制定年度实施计划，建立和完善清洁生产推行机制，确保完成规划目标。

有关中央企业集团要结合本企业集团实际，制定自愿审核推进计划，确保完成审核任务；制定技术示范和推广的具体落实方案，加强清洁生产推进工作的组织协调，加大资金支持力度，组织所属企业加快推进清洁生产。

有关行业协会、清洁生产中心等机构要充分发挥熟悉行业、贴近企业的优势，为政府部门做好政策和技术咨询，为企业做好标准宣贯、技术推广、审核评估等方面咨询服务。

各单位要充分利用电视、报纸、网络等各种媒体，加大对清洁生产工作的宣传力度，逐步提高全社会对清洁生产的认识水平，为规划实施创造良好的舆论氛围。

参 考 文 献

[1] 段宁，陈文明．企业清洁生产审计手册［M］．北京：中国环境科学出版社，1996.
[2] 刘一男，杨晓东，肖莹．钢铁行业清洁生产审核指南［M］．北京：化学工业出版社，2004.
[3] 中国金属学会，中国钢铁工业协会．2006～2020年中国钢铁工业科学与技术发展指南［M］．北京：冶金工业出版社，2006.
[4] 苏天森．当前中国钢铁工业节能减排技术重点分析[J]．冶金信息导刊．2007,(3)：1～3.
[5] 中国钢铁工业协会，冶金工业信息中心．中国钢铁工业统计月报，2001～2009.
[6] 中国钢铁工业协会．中国钢铁工业节能减排统计季报，2009.
[7] 中国钢铁工业协会信息统计部，中国统计学会冶金统计分会．中国钢铁工业环境保护统计，2009.
[8] 环境保护部．中国环境状况公报，2009.
[9] 王申强，王建国．全球铁矿石资源态势与中国铁矿石资源战略分析［J］．资源与产业，2009，11（2）：13.
[10] 薛惠锋．钢铁行业二次能源回收利用效率亟待提高［EB/OL］．http：//news. sina. com. cn/o/2007－12－14/180013081006s. shtml. 2010－12－17.
[11] 中国金属学会．2001～2005中国钢铁工业科技进步报告［R］．北京：冶金工业出版社，2008：6.
[12] 方孺康，孙辰．钢铁产业与循环经济［M］．北京：中国轻工业出版社，2010：120.
[13] 苏天森．关于提高产业集中度一些问题的思考［C］．2007年西南五省市（区）第十二届铁合金学术交流会，2007.
[14] 殷瑞钰．拓展钢厂功能实施绿色制造向工业生态化转型［EB/OL］．http：//www. custeel. com/Scripts/viewArticle. jsp？articleID＝1219603. 2010－12－10.
[15] 苏天森．低碳经济指导下的钢铁工业发展和展望［J］．山东冶金，2010，32（2）：1～4.

冶金工业出版社部分图书推荐

书　名	定价(元)
洁净钢生产的中间包技术	39.00
洁净钢——洁净钢生产工艺技术	65.00
钢铁冶金的环保与节能（第2版）	56.00
冶金工业节能与余热利用技术指南	58.00
节能减排社会经济制度研究	28.00
钢铁产业节能减排技术路线图	32.00
既有公共建筑节能激励政策研究	18.00
钢铁工业烟尘减排与回收利用技术指南	58.00
大型循环流化床锅炉及其化石燃料燃烧	29.00
电磁辐射污染及其防护技术	29.00
环境污染物毒害及防护——保护自己、优待环境	36.00
流域水污染防治政策设计：外部性理论创新和应用	25.00
土壤污染退化与防治——粮食安全，民之大幸	36.00
缺氧环境制氧供氧技术	62.00
中国有色金属工业环境保护最新进展暨环保达标企业总览	90.00
金属压力加工原理及工艺实验教程	28.00
环境监测与治理技术专业理实一体人才培养方案及其课程标准	22.00
能源利用与环境保护——能源结构的思考	33.00
可持续发展——低碳之路	39.00
环境影响评价	49.00
微生物应用技术	39.00
环境工程微生物学实验指导	20.00
转炉干法除尘应用技术	58.00
金属矿山尾矿综合利用与资源化	16.00
除尘设备与运行管理	55.00
矿产资源开发利用与规划	40.00
污泥生物处理技术	35.00
污泥处理与资源化应用实例	32.00
冶金资源综合利用	46.00
资源型城市转型与城市生态环境建设研究	26.00
污泥资源化利用技术	42.00